“十四五”职业教育国家规划教材

高技能人才培养培训系列教材

AutoCAD 2018 机械绘图技术

主　编　李柏枝
副主编　蓝小红
参　编　巫　兵　黎　洁　李桂斌
　　　　周金玉　邓　燕　林海勤
主　审　吴光明

机　械　工　业　出　版　社

本书是“十四五”职业教育国家规划教材，包括14个项目，通过绘制典型的机械图样，结合AutoCAD绘图技术初学者遇到的实际情况，由浅入深地引导学生学习AutoCAD软件中常用的绘图编辑命令和绘图技巧，并尽量避免内容的重复性。学生在完成工作任务的过程中，学习并掌握命令的使用方法和解决问题的思路与技巧，具备实践工作技能。为了便于学习，书中配有二维码73个，可通过手机等移动终端设备扫描观看。

本书可作为大中专院校机电类专业教材，也适合作为机械类从业人员学习计算机辅助绘图的参考用书。本书基于AutoCAD 2018版本编写，如条件所限，建议用AutoCAD 2012及以上版本代替。

图书在版编目（CIP）数据

AutoCAD 2018机械绘图技术/李柏枝主编. —北京：机械工业出版社，2020.5（2026.1重印）

高技能人才培养培训系列教材

ISBN 978-7-111-65308-0

Ⅰ.①A… Ⅱ.①李… Ⅲ.①机械制图-AutoCAD软件-教材 Ⅳ.①TH126

中国版本图书馆CIP数据核字（2020）第059540号

机械工业出版社（北京市百万庄大街22号 邮政编码100037）

策划编辑：汪光灿 责任编辑：汪光灿 赵文婕

责任校对：李 杉 封面设计：张 静

责任印制：邓 博

北京中科印刷有限公司印刷

2026年1月第1版第12次印刷

184mm×260mm · 12.75印张 · 312千字

标准书号：ISBN 978-7-111-65308-0

定价：39.80元

电话服务

客服电话：010-88361066

010-88379833

010-68326294

网络服务

机 工 官 网：www.cmpbook.com

机 工 官 博：weibo.com/cmp1952

金 书 网：www.golden-book.com

机工教育服务网：www.cmpedu.com

关于“十四五”职业教育
国家规划教材的出版说明

为贯彻落实《中共中央关于认真学习宣传贯彻党的二十大精神的决定》《习近平新时代中国特色社会主义思想进课程教材指南》《职业院校教材管理办法》等文件精神，机械工业出版社与教材编写团队一道，认真执行思政内容进教材、进课堂、进头脑要求，尊重教育规律，遵循学科特点，对教材内容进行了更新，着力落实以下要求：

1. 提升教材铸魂育人功能，培育、践行社会主义核心价值观，教育引导学生树立共产主义远大理想和中国特色社会主义共同理想，坚定“四个自信”，厚植爱国主义情怀，把爱国情、强国志、报国行自觉融入建设社会主义现代化强国、实现中华民族伟大复兴的奋斗之中。同时，弘扬中华优秀传统文化，深入开展宪法法治教育。

2. 注重科学思维方法训练和科学伦理教育，培养学生探索未知、追求真理、勇攀科学高峰的责任感和使命感；强化学生工程伦理教育，培养学生精益求精的大国工匠精神，激发学生科技报国的家国情怀和使命担当。加快构建中国特色哲学社会科学学科体系、学术体系、话语体系。帮助学生了解相关专业和行业领域的国家战略、法律法规和相关政策，引导学生深入社会实践、关注现实问题，培育学生经世济民、诚信服务、德法兼修的职业素养。

3. 教育引导学生深刻理解并自觉实践各行业的职业精神、职业规范，增强职业责任感，培养遵纪守法、爱岗敬业、无私奉献、诚实守信、公道办事、开拓创新的职业品格和行为习惯。

在此基础上，及时更新教材知识内容，体现产业发展的新技术、新工艺、新规范、新标准。加强教材数字化建设，丰富配套资源，形成可听、可视、可练、可互动的融媒体教材。

教材建设需要各方的共同努力，也欢迎相关教材使用院校的师生及时反馈意见和建议，我们将认真组织力量进行研究，在后续重印及再版时吸纳改进，不断推动高质量教材出版。

机械工业出版社

前　言

AutoCAD 软件是由美国欧特克有限公司（Autodesk）出品的一款计算机辅助设计软件，可以用于绘制二维图形和完成三维实体设计。使用该软件时，工作人员无须懂得编程知识，即可绘图。该软件自 1982 年开发以来不断更新完善，在全球范围被广泛使用，可以用于土木建筑、装饰装潢、工程制图、电子工业、服装加工等领域。计算机辅助绘图技术属于工业设计类软件，我国相对外国先进国家，起步晚，技术还有一定差距，有部分行业的辅助设计软件仅是在 AutoCAD 软件上二次开发而成，仍属于须急起直追阶段。目前在该领域软件的使用上，我国中望软件公司的中望 CAD 也有着广泛的应用，其使用习惯类似 AutoCAD，相对于国内用户，其提供的用户界面和性能则更加友好。

党的二十大报告中指出“实施科教兴国战略，强化现代化建设人才支撑”，将“大国工匠”和“高技能人才”纳入国家战略人才行列，为职业教育的进一步发展指明了方向。为深入贯彻二十大精神，推动育人方式、办法模式、管理体制的改革，本书在讲解每个项目过程中，针对知识点与教学要求，将教学中的经验与技巧运用其中，特别强调学者技能方面的培养。

本书具有如下特点：

1. 内容编排合理、行业针对性强。由于 AutoCAD 软件应用广泛，功能强大，命令繁多，而其中的命令及功能设置会针对不同的行业，往往使初学者迷失于众多的命令和功能中。本书精选 14 个由浅入深、在机械绘图中常用的案例，从工作情境中学习命令的功能及详细操作方法，旨在节省读者对大量“富余”命令的学习时间和精力，并能准确、快捷地使用软件功能，实现本专业工程绘图的应用。

2. 工作情境设计符合学习规律。本书以提高职业情境中的行动能力为培养目标，强调以基于职业情境的学习情境中的行动过程为学习途径，通过完成项目，学生在实践过程中培养职业能力，从而构建经验和知识体系。本书特别适合采用“六步法”教学及项目教学的大中专院校作为教材使用。

3. 资源丰富，便于学习。本书的 14 个项目均有详细的操作示范，并提供视频教学资源。

全书学习大概需要 74 课时（每课时按 45 分钟计），内容及课时分配如下：

项目名称	课时	项目名称	课时
项目一　绘制图纸边框线	4	项目八　绘制徽章	6
项目二　绘制三角板	4	项目九　绘制齿轮轴	4
项目三　绘制六角螺母	4	项目十　建立一个绘图样板文件	4
项目四　绘制专用扳手	4	项目十一　绘制泵体零件图	8
项目五　绘制吊钩	4	项目十二　绘制齿轮轴三维实体图	6
项目六　绘制椭圆形垫片	4	项目十三　绘制齿轮泵体三维实体图	8
项目七　绘制交换齿轮架	6	项目十四　装配齿轮泵	8

本书由李柏枝任主编，蓝小红任副主编，巫兵、黎洁、李桂斌、周金玉、邓燕、林海勤参与编写。具体编写分工如下：项目一、二由李柏枝编写；项目三、四由蓝小红编写，项目五、六、十三由巫兵编写；项目七、八及附录由黎洁编写；项目九、十由李桂斌编写；项目十一、十二、十四分别由周金玉、邓燕、林海勤编写。全书由吴光明主审。在本书编写过程中，编者得到了东莞市高技能实训中心的大力支持，在此一并致谢！

AutoCAD 软件功能强大，更新快，虽然编者竭尽全力，以期确保质量，但书中难免存在不足和疏漏之处，敬请读者批评指正。

编　者

目　录

出版说明

前　言

项目一　绘制图纸边框线 …… 1

项目二　绘制三角板 …… 10

项目三　绘制六角螺母 …… 18

项目四　绘制专用扳手 …… 25

项目五　绘制吊钩 …… 36

项目六　绘制椭圆形垫片 …… 49

项目七　绘制交换齿轮架 …… 60

项目八　绘制徽章 …… 75

项目九　绘制齿轮轴 …… 89

项目十　建立一个绘图样板文件 …… 105

项目十一　绘制泵体零件图 …… 118

项目十二　绘制齿轮轴三维实体图 …… 136

项目十三　绘制齿轮泵体三维实体图 …… 148

项目十四　装配齿轮泵 …… 178

附录　AutoCAD 2018 常用快捷命令一览表 …… 194

参考文献 …… 198

项目一

绘制图纸边框线

【学习任务描述及具体要求】

按图 1-1 的尺寸要求，用直线命令绘制出 A3 图纸边框线。图框的左下角点要在坐标点（0，0）处。在教师指定的盘符上，自建一个以自己学号命名的文件夹，并将绘制好的以“sm1”为文件名的图形文件保存在该文件夹上。

图 1-1　A3 图纸边框线

【学习目标】

1）掌握 AutoCAD 2018 的启动方法。
2）熟悉 AutoCAD 2018 的用户界面。
3）掌握 AutoCAD 2018 常用命令的输入方式。
4）学会使用直线命令。
5）掌握图形文件的保存方法和格式。
6）学会使用绝对坐标确定点的位置。

【知识准备】

一、启动 AutoCAD 2018 的方式

正确安装 AutoCAD 2018 后，可以通过下面两种方式启动软件：

1）双击桌面 AutoCAD 2018 快捷图标，启动 AutoCAD 2018 简体中文版。

2）选择【开始】⇨【程序】⇨【AutoCAD 2018-简体中文】命令，启动 AutoCAD 2018 简体中文版。

二、AutoCAD 2018 的【草图与注释】界面

启动 AutoCAD 2018 后，进入 AutoCAD 2018 初始工作界面，如图 1-2 所示。选择【开始】选项卡中的【开始绘制】命令，进入【草图与注释】界面，如图 1-3 所示。

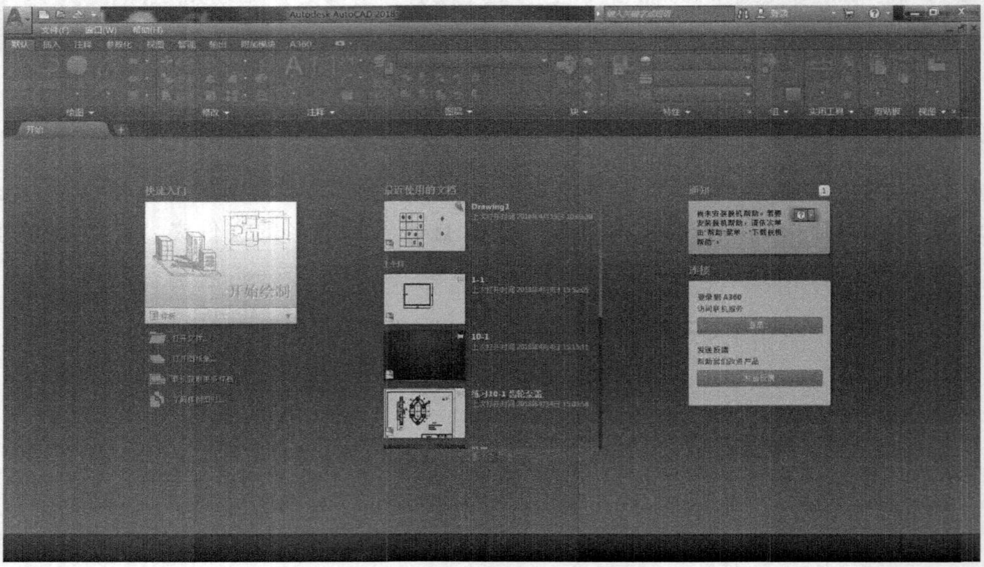

图 1-2　AutoCAD 2018 初始工作界面

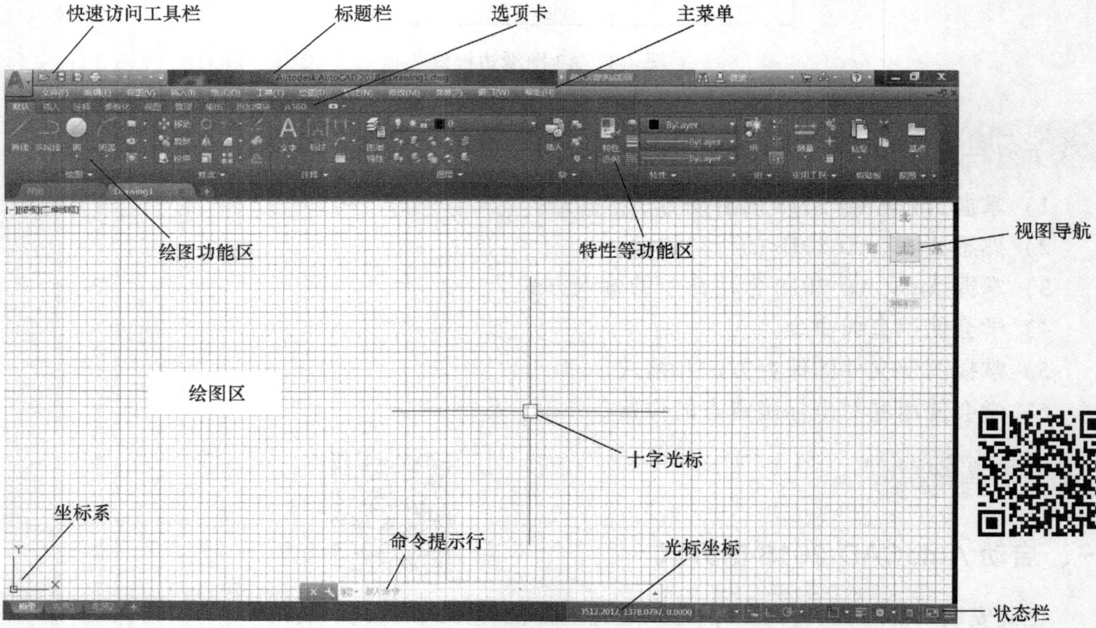

图 1-3　AutoCAD 2018【草图与注释】界面

AutoCAD 2018 的操作界面有不同的选项卡，用户可在绘图功能区操作各个常用的工具按钮，同时兼顾旧版用户的使用习惯，提供了主菜单，用户可以在快速访问工具栏里选择显示或隐藏。

> **说明：**
> 使用 AutoCAD 软件建议采用三键鼠标，中间滚轮按键会有指定用途。本书中的“单击”“双击”操作，默认操作鼠标左键。

1. 快速访问工具栏

思考与练习：

① 快速访问工具栏包括哪些常用的命令？

② 单击快速访问工具栏最右侧按钮，观察有什么意义？

③ 找出【显示菜单栏】（或【隐藏菜单栏】），并设置成显示主菜单状态。

2. 标题栏

思考与练习：

① 当前编辑的图形文件名是______________，扩展名是______________；

② 如何关闭当前绘图文件？

③ 列出关闭系统的几种操作方法。

④ 分别对【草图与注释】界面和 AutoCAD 系统界面进行最小化、最大化及窗口大小的调整。

3. 主菜单

AutoCAD 2018 的主菜单包括【文件】【编辑】【视图】等 12 个菜单项，几乎包括了 AutoCAD 的所有命令。单击主菜单中的菜单项，可以弹出其下拉菜单，用户可以通过单击下拉菜单中的命令按钮来执行相应的绘图或图形编辑等操作。

思考与练习：

① 在主菜单或下拉菜单的菜单项后面都有一个字母，该字母与键盘上一些功能键组合，可执行该菜单项的操作。试操作，并找出下列横线处的功能键：

主菜单项与______键组合，下一级菜单与______键组合，再次级菜单与______键组合。（提示，请在横线处选择填<Ctrl><Shift><Alt>。）

② 如图 1-4 所示，某些菜单项后面还带有“▶”“…”“Ctrl+0”等标记，它们代表了菜单项的什么含义？

③ 在主菜单里，找出【全部】 全部(A) 和【直线】 直线(L) 命令。

4. 选项卡

AutoCAD 2018 将主要命令按不同的功能分成【默认】【插入】【注释】等 10 项选项卡。在【默认】选项卡里，包含了【绘图】【修改】【注释】等功能区，提供了日常绘图中最常用到的各种命令按钮，如图 1-5 所示。

将光标移至命令按钮处稍做停顿，系统便弹出该命令的帮助信息，单击按钮，便运行该命令。

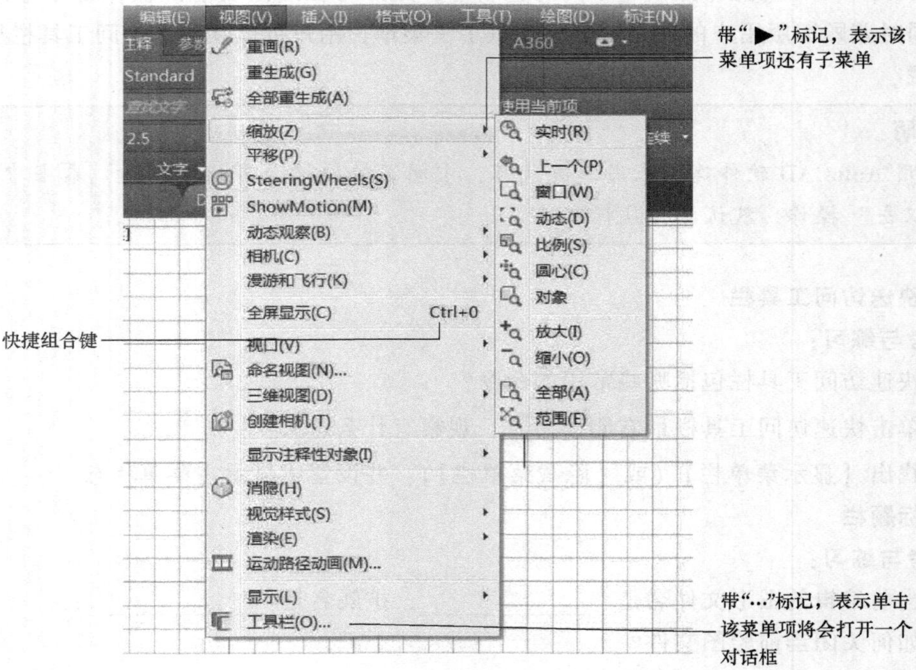

图 1-4 主菜单栏操作

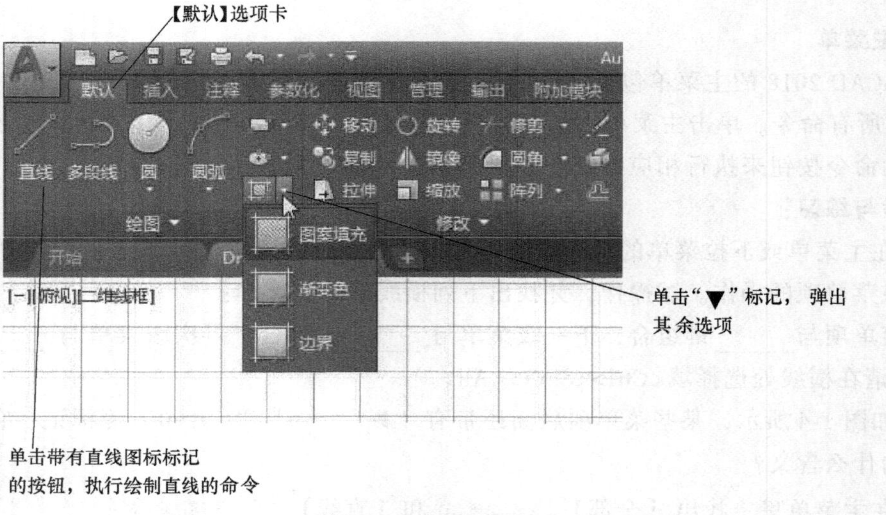

图 1-5 功能区操作

5. 视图导航

视图导航默认位于绘图区的左上方，处于非活动状态，呈半透明显示，如图 1-6 所示。当光标放置在 ViewCube 工具上时，视图导航变为活动状态，作为用户在二维模型空间或三维视觉样式中处理图形时显示的导航工具。通过视图导航，用户可以在标准视图和等轴测视图间切换。

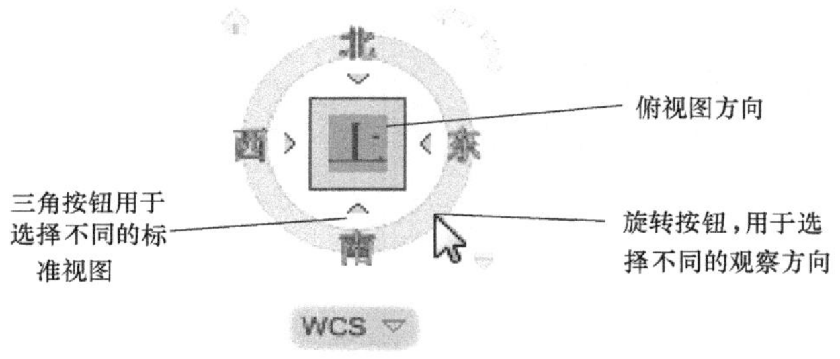

图 1-6　视图导航

6. 状态栏

状态栏位于绘图区的正下方，如图 1-7 所示，主要显示绘图时的当前状态，例如当前光标的坐标以及一些辅助工具；捕捉、栅格、正交、极轴、对象捕捉、对象追踪、线宽、模型等设置状态。

图 1-7　状态栏

> **注意：**
> 平面绘图中，由于 Z 轴的坐标值一直为零，因此可以忽略 Z 轴坐标。

思考与练习：

① 尝试找出打开绘图区网格显示的按钮，并关闭绘图区网格显示。

② 状态栏中的▾符号代表什么含义？

7. 命令提示行

命令提示行位于绘图区的正下方，呈半透明方式显示，是人机交互的主要窗口。用户通过键盘输入的命令和参数，以及在命令的执行过程中，系统的提示信息等都显示在这里。对于初学者来说，执行操作时认真阅读系统提示的信息是非常有必要的。

思考与练习：

① 使用键盘输入一个命令时，例如输入 L（直线命令 LINE），一定要将光标移至命令提示行吗？

② 使用键盘输入 L 与单击绘图功能区的直线命令按钮，命令提示行所提示的信息是一样的吗？

三、命令的输入方式

AutoCAD 常用的命令输入方式有如下三种：

1）直接单击命令按钮。

2）在主菜单栏找出命令名称，选择该命令。

3）通过键盘输入命令名称。

思考与练习：

① 直线命令名称及命令按钮是什么？

② 试在绘图区使用【直线】命令绘制一条直线。

【计划与实施】

一、制订绘图方案

1）A3 图纸的边框线是两个由四条首尾相接的直线段构成的矩形。

2）如图 1-8 所示，由于点 A 定位于坐标系的原点，那么外框线四个端点坐标分别为：A（0，0）、B（420，0）、C（420，297）、D（0，297）。

3）由 A、B、C、D 四点的坐标，我们可以计算出 E、F、G、H 四个点的坐标。

4）用直线将对应的端点连接起来，完成图形的绘制。

图 1-8　A3 图纸外框线

二、实施绘图

1. 绘制 A3 图纸的外框线

单击【默认】选项卡下【绘图】功能区中的【直线】命令按钮，输入直线命令（在命令提示栏中显示直线命令并提示："LINE 指定第一点："），如图 1-9 所示。

图 1-9　直线命令提示

> **注意：**
>
> 1. AutoCAD 在命令执行过程中的每一步都会进行提示，初学者操作时必须注意提示栏中的提示，并根据系统的提示，输入相应的数据或命令。
>
> 2. 各轴间坐标用逗号分隔，中间不能有空格。

思考与练习：

① 除单击工具条中的按钮外，还能找出其他输入直线命令的方法吗？

② 用键盘输入直线命令时，直线的命令是________，可以简写成字母____；

③ 用键盘输入直线命令后，按<Enter>键和按<Space>键，效果一样吗？

此时命令提示栏显示如下内容。

*命令：_LINE 指定第一点：*0,0 ↵

　　//指定 A 点的坐标值为（0，0）。

*指定下一点或［放弃（U）］：*420,0 ↵

　　//输入 B 点坐标值。

*指定下一点或［放弃（U）］：*420,297 ↵

　　//输入 C 点坐标值。

*指定下一点或［闭合（C）/放弃（U）］：*0,297 ↵

　　//输入 D 点坐标值。

*指定下一点或［闭合（C）/放弃（U）］：*C ↵

　　//闭合线段 DA。

> **说明：**
>
> 在命令提示栏中，带“[ ]”的内容为可选项，此时可以输入“( )”内的字母，执行“[ ]”里的某一选项。例如在上述直线命令中，当命令行提示为“指定下一点或［闭合（C）/放弃（U）］：”时，说明有两个可选项：输入 C，执行闭合（直线）命令；输入 U，执行放弃上一段画线操作。

2. 绘制 A3 图纸的内框线

参考绘制外框线的操作，填好下划线内容，并上机操作验证。

单击命令按钮：________

*命令：_LINE 指定第一点：*________ ↵

*指定下一点或［放弃（U）］：*________ ↵

*指定下一点或［放弃（U）］：*________ ↵

*指定下一点或［闭合（C）/放弃（U）］：*________ ↵

*指定下一点或［闭合（C）/放弃（U）］：*________ ↵

思考与练习：

任务完成了吗？未完成的尝试从下面几点找找原因。

① 直线命令找到了吗？单击命令按钮后命令提示栏中的提示信息是否一致？

② 坐标值是否正确？坐标输入格式是否正确？

③ 查看屏幕的坐标，是否画在绘图区的其他位置？

3. 保存文件到指定目录

1）单击快速访问工具栏中的【保存】按钮，弹出【图形另存为】对话框，如图 1-10 所示。

2）选择保存路径。

3）在【文件名】文本框中输入文件名：sm1。

4）在【文件类型】框中选择文件的类型。

5）单击【保存】按钮 保存(S) 。

思考与练习：

① 在指定的目录里，是否已找到刚保存的文件？

② 保存的文件默认扩展名是__________。

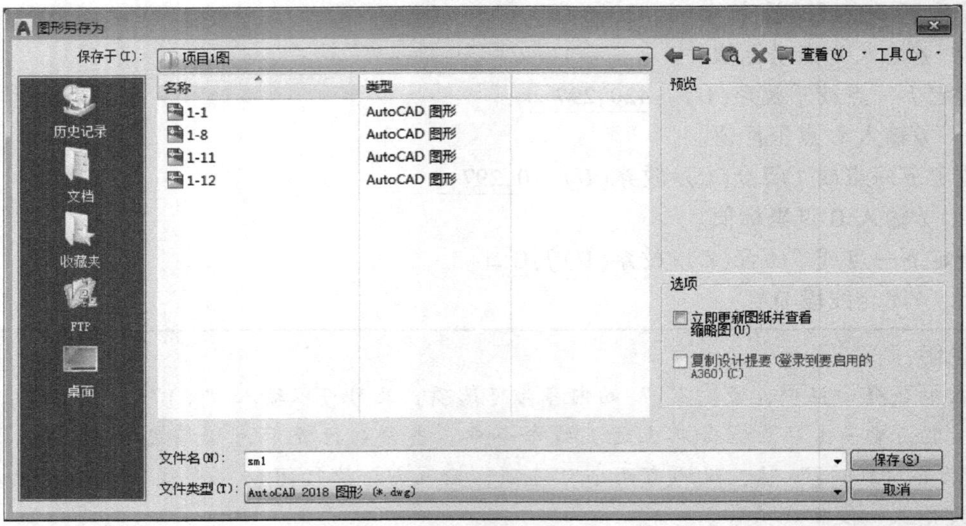

图 1-10　【图形另存为】对话框

【知识拓展】

1）绘制完成的图形，显示太小，应如何调整？

按照如下方式操作鼠标，并观察图形大小和位置的变化。

① 双击滚轮。

② 将光标移至屏幕不同位置，然后滚动滚轮。

③ 将光标移至屏幕中心位置，按住滚轮并移动鼠标。

2）如果绘制的直线不封闭，如何结束直线命令，返回命令等待状态？

方法一：______________________________

方法二：______________________________

方法三：______________________________

3）除用直线命令外，尝试过用其他绘图命令绘制矩形线框吗？请详细说明操作方法。

4）如何删除画错的图线？

提示：

AutoCAD 编辑图形的格式一般是先输入命令，根据提示选择对象，然后按<Enter>键确认。

【检查与评价】（表 1-1）

表 1-1　项目一学生表现评价表

评价项目		具体评价内容	配分	自评	互评	教师评
项目完成的质量		项目按时且保质完成，图线绘制正确	20			
知识与技能	AutoCAD 2018 基本知识	正确启动 AutoCAD 2018，熟练操作基本命令	15			
	绝对坐标	熟练且正确确定点的位置	15			
	直线命令	正确使用直线命令，数据准确	15			
	课后练习完成情况	熟练、正确完成课后练习	20			
学习过程	信息技能	通过系统的帮助功能及试操作，解决“思考与练习”及“知识拓展”所提问题	5			
	创新	提出可行绘图实施方案，具有创新意识	5			
	合作	小组互动性好，主动提问并正确解决	5			
评语（优、缺点与建议）：			合计			
			总评价（等级）			

注：评价等级与分数的关系是 85≤优≤100，70≤良<85，55≤中<70，40≤差<55。

【强化练习】

1）根据图 1-11 给出的坐标，绘制直线。

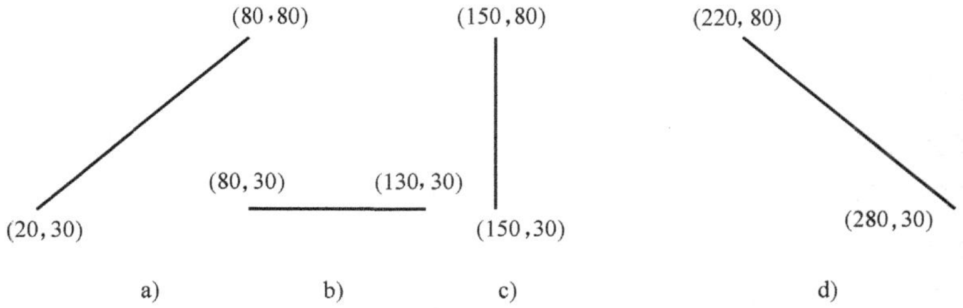

图 1-11　直线练习 1

2）自定义直线端点坐标，绘制图 1-12 所示长度的直线和图形。

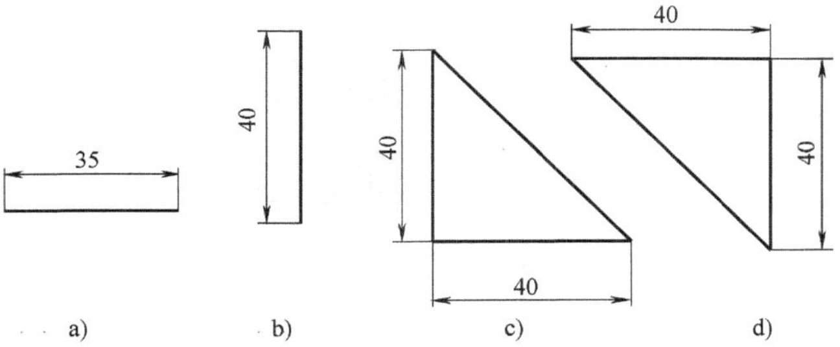

图 1-12　直线练习 2

项目二

绘制三角板

【学习任务描述及具体要求】

打开文件 sm1，在 A3 图纸边框线内，绘制两个三角板，尺寸如图 2-1 所示，并以"sm2"为文件名保存文件。

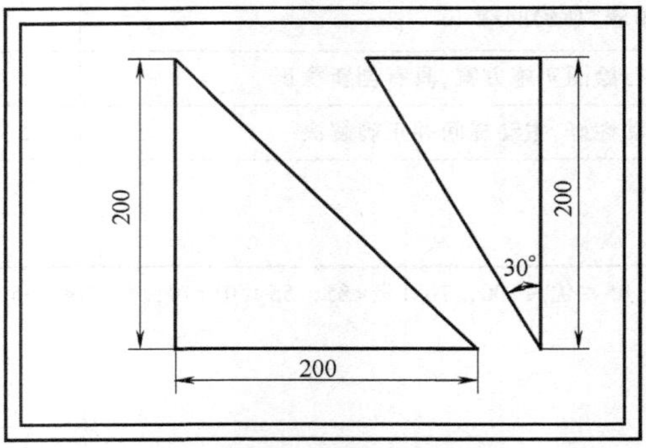

图 2-1 绘制三角板

【学习目标】

1）熟练掌握打开已有文件和另存文件的操作方法。
2）理解相对坐标、极坐标在不同情况下的应用。
3）掌握修剪命令的功能和操作方法。
4）能使用图形缩小和放大命令，对图形进行缩放。
5）了解动态输入方式的使用方法。
6）熟练掌握图线的删除及恢复操作。

【知识准备】

一、点的定位方式

1. AutoCAD 坐标系

在 AutoCAD 中，可以通过确定点的坐标来确定图素（点、直线、曲线等）的准确位置。AutoCAD 默认的坐标系为世界坐标系（简称 WCS），在任意一个 AutoCAD 图形中，都有一个世界坐标系。

AutoCAD 2018 绘图区内的 WCS 坐标系如图 2-2 所示，根据笛卡儿坐标系的规定，坐标系有 X、Y、Z 三个坐标轴。在绘制平面图时，是在 XY 平面上绘制，Z 轴坐标值一般为零，因此进入 AutoCAD 系统后，坐标系显示的是一个 XY 平面坐标。在绘制三维立体模型时，系统将显示三维立体坐标系。在坐标系中，X 轴和 Y 轴的交点便是原点，原点的坐标是（0，0，0）。

2. AutoCAD 中的点坐标

在执行 AutoCAD 绘图命令时，常常要确定点的位置。例如直线要确定端点的位置，圆弧要确定圆心、起点、终点位置等，都离不开点坐标的输入。

点的坐标输入有以下几种定位的方法。

（1）绝对直角坐标　点的绝对直角坐标是指该点相对于当前坐标系坐标原点的坐标，如图 2-3 所示，正四边形四个顶点的坐标分别是：A（0，0）、B（50，0）、C（50，50）、D（0，50）。在项目一中，我们就采用了这种坐标方法绘制图形。

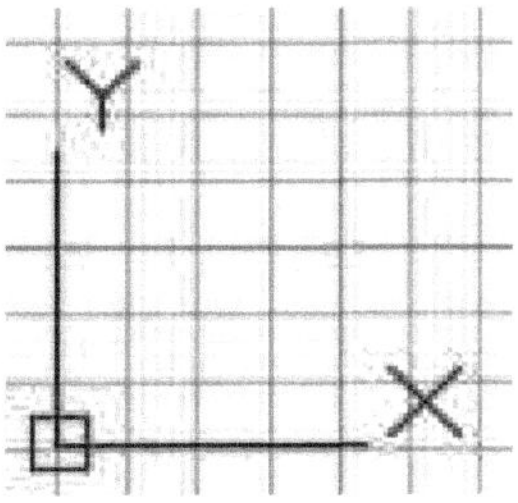

图 2-2　WCS 坐标系

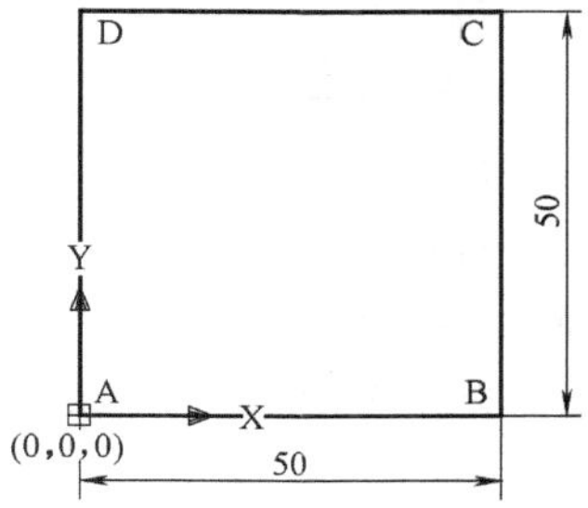

图 2-3　正方形的绝对直角坐标

（2）相对直角坐标　点的相对直角坐标是指以该点相对于另一个特定点在 X、Y 方向的坐标增量（ΔX、ΔY），相对直角坐标的格式为（@ΔX，ΔY）。

如图 2-3 中，B 点相对于 A 点的位移为：ΔX=50、ΔY=0，那么 B 点相对于 A 点的相对直角坐标表达为（@50，0）；同样，C 点相对于 B 点的相对直角坐标为（@0，50）；D 点相对于 C 点的相对直角坐标为（@-50，0）。

（3）极坐标　点的极坐标是以该点到坐标原点的距离值和从原点出发到该点的方向与 X 轴的夹角值组成坐标，原点称为极点，X 轴的正方向为 0°，逆时针方向为正，顺时针方向为负，点极坐标的格式为：（距离<角度）。例如图 2-4 所示图形，极点的极坐标是（0<0°），S 点的极坐标为（r<α°）。

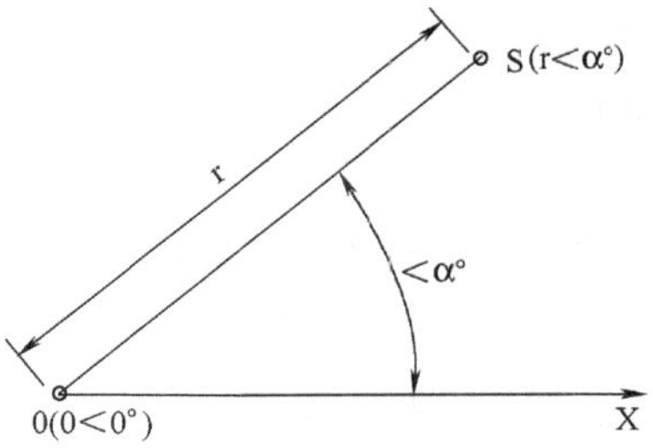

图 2-4　点的极坐标

注意：

由于角度代号“∠”不能用键盘直接输入，所以在 AutoCAD 中，都用“<”符号代替；而度数符号“°”则省略。

（4）相对极坐标　以某一特定点为参考极点的极坐标便是相对极坐标，相对极坐标的格式为：(@距离<角度)。例如图 2-3 所示的图形中，B 点相对于 A 点的相对极坐标为（@50<0），C 点相对于 B 点的相对极坐标为（@50<90）。

思考与练习：

① 下列是一则台风警报信息：2018 年第 10 号台风“安比”的中心 7 月 22 日上午 8 点位于浙江省宁波市象山县东南方向大约 1370km，就是北纬 20.2°、东经 131.0°。请分析其中用了哪些坐标方式来描述台风的位置？

② 平面直角坐标是以 X 轴和 Y 轴进行定位的，极坐标是以方向和距离进行定位的，它们各有哪些特点？试列举生活中的一些例子进行说明。

二、修改命令与删除命令

1. 修改命令的常用格式

在实际绘图过程中，常会遇到因画错或其他因素而需要删除的图线，可使用删除命令对其进行删除。在 AutoCAD 2018 中，修改命令的基本格式是：输入命令→选择对象→按<Enter>键确认→输入参数（部分命令需要，例如移动、复制等）。

2. 删除一条直线

单击【修改】功能区中的【删除】命令按钮，此时命令提示栏显示如下内容。

命令:_ERASE

观察此时光标的变化。

*ERASE 选择对象:*将小方格光标移到直线处，然后单击（观察直线的变化）

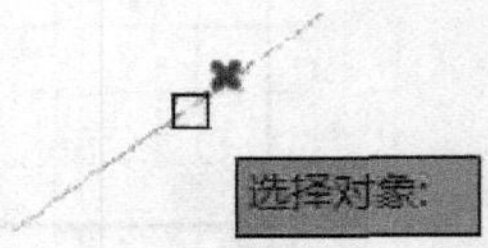

图 2-5　选择直线

//选择要删除的直线，如图 2-5 所示。

ERASE 选择对象:↵

//按<Enter>键结束选择，所选择的对象被删除。

> **说明：**
> 被选中的图线会呈虚线形式显示，如图 2-5 所示。选择完毕后，按<Enter>键或<Space>键结束选择，同时删除已被选中的全部对象。因为<Space>键的便捷性，在 AutoCAD 中，很多时候，<Space>键的功能等同<Enter>键。

3. 恢复被删除的对象

如果在删除操作时，误删除了其他图形对象，可用以下两种方法进行恢复。

（1）逐项取消　单击快速访问工具栏中的【放弃】命令按钮，每单击一次，取消最近的一次操作，如图 2-6 所示；键盘直接输入 U，每输入一次，取消最近的一次操作。

> **说明：**
> AutoCAD 2018 的部分命令是可以简化输入的，即只输入该命令的首字母，这里输入字母 U，是命令“UNDO”的简化输入。

（2）同时取消多项操作　单击快速访问工具栏中的【放弃】命令按钮旁边的下三角按钮▼，用光标在弹出的菜单中选择要放弃的内容，如图 2-6 所示，然后单击，可同时放弃被选择的以前多项操作。

（3）恢复操作　恢复操作（OOPS）命令的功能是恢复最近一次删除的内容，即使上一

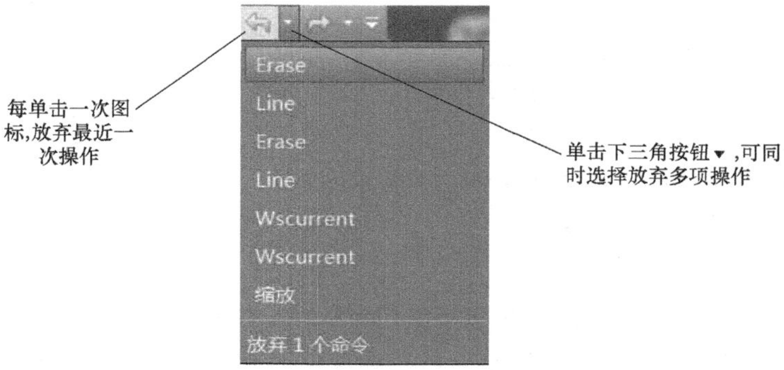

图 2-6　放弃/重做

删除操作被其他操作隔开，也同样可以进行恢复，这样可以使删除之后的其他操作不受到影响。

命令执行方法是在命令行直接输入 OOPS 后，按<Enter>键，即

命令:<u>OOPS ↵</u>

【计划与实施】

一、制订绘图方案

思考与练习：

① 可以使用什么命令绘制三角形？

② 如何确定各点的位置？

③ 绘制时，从哪一点开始绘制比较合理？

绘制方案如下：

1）打开项目一完成的文件 sm1。

2）绘制 45°角三角板的绘图顺序是：先画____点，再画____点，然后画__________。

3）绘制 30°角三角板的绘图顺序是：先画____点，再画____点，然后画__________。

4）另存为 sm2。

二、实施绘图

1. 打开 sm1 文件

思考与练习：

① 分别在主菜单和工具条里找出打开文件的操作命令。

② 是否找到了存盘的 sm1 文件？

2. 绘制 45°角三角板（图 2-7）

单击【默认】选项卡下【绘图】功能区中的【直线】命令按钮，此时命令提示栏显示如下内容。

*命令:_LINE 指定第一点:*__________________↲

*指定下一点或［放弃(U)］:*______________↲

*指定下一点或［放弃(U)］:*______________↲

*指定下一点或［闭合(C)/放弃(U)］:*C↲

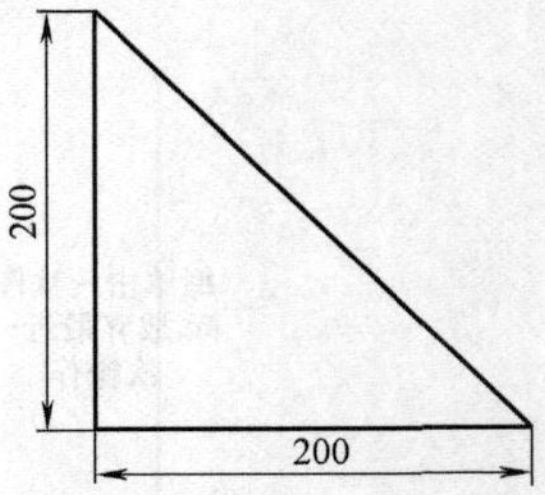

图 2-7　45°角三角板

思考与练习：

如何使用相对极坐标的方法绘制出图 2-7 所示图形？

3. 绘制 30°角三角板（图 2-8）

（1）制订绘图方案

1）先绘制出长度为 200mm 的直角边 AB，如图 2-9a 所示。

2）以 B 点为起点，沿 BC 方向绘制出另一条直角边 BC，如图 2-9b 所示。

3）再以直线的另一端点 A 点为起点，绘制角度为 30°的斜边，与直角边 BC 相交于 C 点，如图 2-9c 所示。

4）修剪多余的图线，完成 30°角三角板的绘制，如图 2-9d 所示。

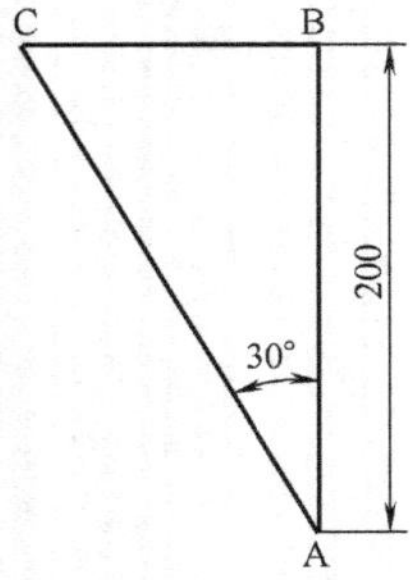

图 2-8　30°角三角板

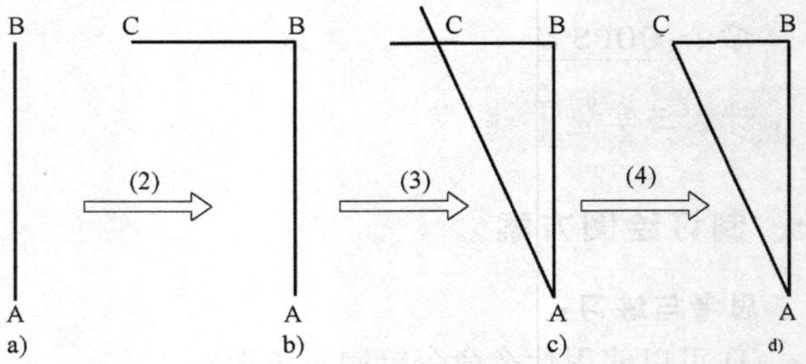

图 2-9　绘图过程

（2）实施绘图

1）绘制直线 AB。

单击【直线】命令按钮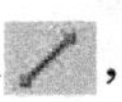，此时命令提示栏显示如下内容。

命令:_LINE 指定第一点:(光标移到合适位置,单击左键,以该点为直线起点)↲

　　//确定 A 点位置。

指定下一点或［放弃(U)］: @0,200↲

　　//输入 B 点对 A 点的相对坐标，绘制出直线 AB。

2）绘制直线 BC。

指定下一点或［放弃(U)］:@170<180↲

　　//由于直线 BC 长度未能确定，因而可画得稍长一些。

指定下一点或［闭合(C)/放弃(U)］:　↲

　　//结束直线命令。

3）绘制直线 AC。

命令： ↵

//重复直线命令。

命令：_LINE 指定第一点： 选择 A 点 ↵

//重复直线命令。

指定下一点或［放弃(U)］： <120 ↵

角度替代：120

//指定直线角度。

指定下一点或［放弃(U)］：

//移动光标，指定直线长度，如图 2-10 所示。

指定下一点或［放弃(U)］： ↵

//结束直线命令。

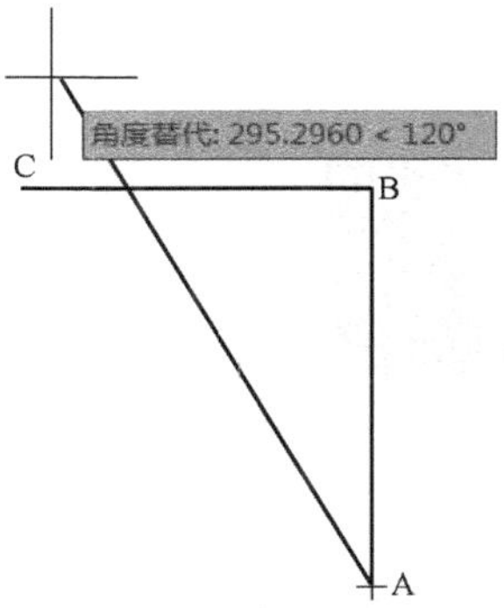

图 2-10 绘制直线 AC

说明：

相对极坐标的输入格式有两种，一种是直接输入点的相对极坐标值，例如上面输入 C 点坐标时所用的方法；另一种是先输入角度或确定角度方向，再输入长度或确定长度。例如本例中绘制直线 AC 时，提示“*指定下一点或［放弃（U)］:*”，先输入<120，按<Enter>键确认，再确定长度。

4）修剪图形。

修剪命令（TRIM）也是 AutoCAD 2018 的一个编辑命令，其功能是：按其与其他对象交点为边界，将图形的某一部分剪除掉。

单击【默认】选项卡下【修改】功能区中的【修剪】命令按钮，此时命令提示栏显示如下内容。

命令：_TRIM ↵

当前设置：投影=UCS，边=无

选择剪切边...

选择对象：找到 1 个

//移动显示为小方格的光标到图线上并单击，则该图线被选中，如图 2-11 a 所示。使用同样方法，选中另一条相交直线。

选择对象：找到 1 个，总计 2 个

选择对象：↵

//确认选择结束。

选择要修剪的对象，或按住<Shift>键选择要延伸的对象，或

*［栏选(F)/窗交(C)/投影(P)/边(E)/删除(R)/放弃(U)］：*选择完要修剪的部分后，按<Enter>键确认。

//修剪过程如图 2-11b 所示，结果如图 2-11c 所示。

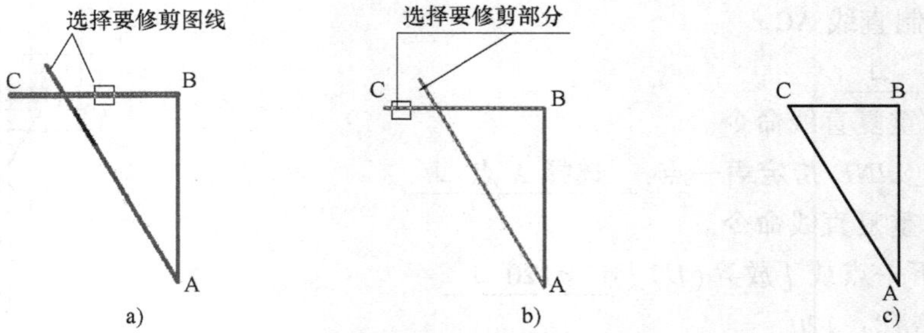

图 2-11　修剪图线

4. 另存为 sm2 文件

思考与练习：

文件的保存操作和另存为操作，在功能和操作上有何异同点？

具体操作方法同项目一“计划与实施”中的“3. 保存文件到指定目录”。

【知识拓展】

绘制图 2-12 所示的斜度为 1∶5 和锥度为 1∶5 的直线

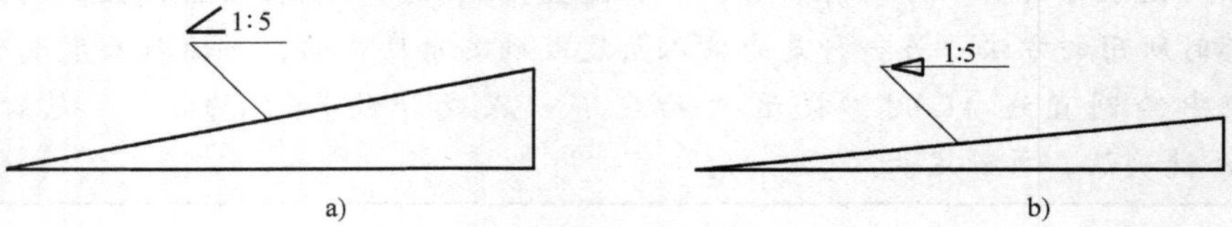

图 2-12　斜度、锥度的绘制

思考与练习：

① 斜度和锥度的定义分别是什么？

② 对于没有长度要求，只有角度要求的直线，应如何绘制？

【检查与评价】（表 2-1）

表 2-1　项目二学生表现评价表

评价项目		具体评价内容	配分	自评	互评	教师评
项目完成的质量		项目按时且保质完成，图线绘制正确	20			
知识与技能	实施方案	制订的绘图方案正确合理，切实可行	10			
	极轴	正确使用极轴	10			
	修剪命令	正确使用修剪命令	10			
	图线删除与恢复	正确使用删除和恢复命令	10			
	课后练习完成情况	熟练、正确完成课后练习	25			
学习过程	信息技能	钻研书本知识，并将其正确应用到实际操作中	5			
	创新	提出可行的绘图实施方案，具有创新意识	5			
	合作	小组互动性好，主动提问并正确解决	5			
评语（优、缺点与建议）：			合计			
			总评价（等级）			

注：评价等级与分数的关系是 85≤优≤100，70≤良<85，55≤中<70，40≤差<55。

【强化练习】

1）运用先输入角度，再输入长度的方法，绘制图 2-13 所示长度为 30mm 的直线。

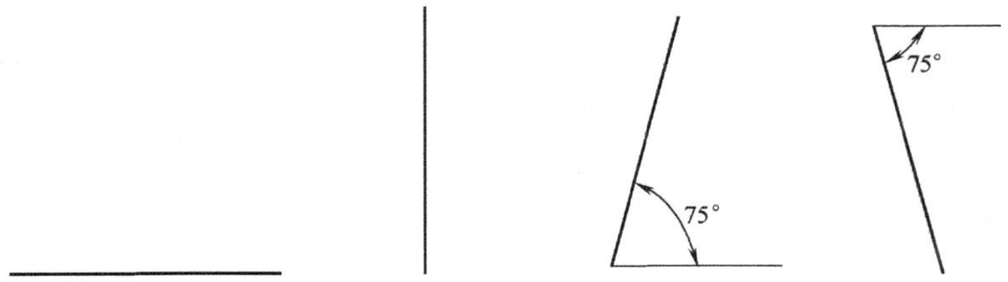

图 2-13　绘制直线

2）绘制图 2-14 所示的三角形。

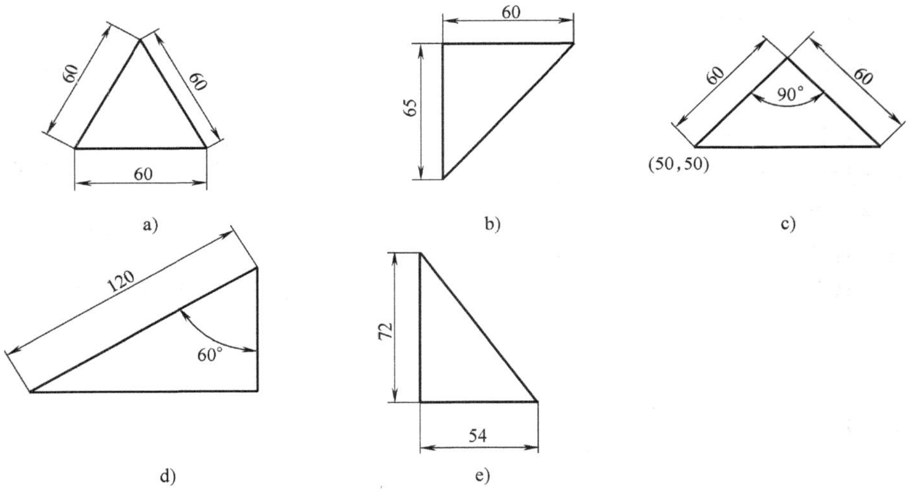

图 2-14　绘制三角形

项目三

绘制六角螺母

【学习任务描述及具体要求】

打开一个新的绘图文件，按照图 3-1 所示尺寸，绘制六角螺母（忽略线条粗细），并以“sm3”为文件名保存文件。

【学习目标】

1）学会使用正交模式绘制水平线和垂直线。

2）掌握圆命令的功能和操作方法。

3）掌握正多边形的绘制方法。

4）熟悉对象捕捉的设置和使用方法。

5）掌握修剪命令的功能和操作方法。

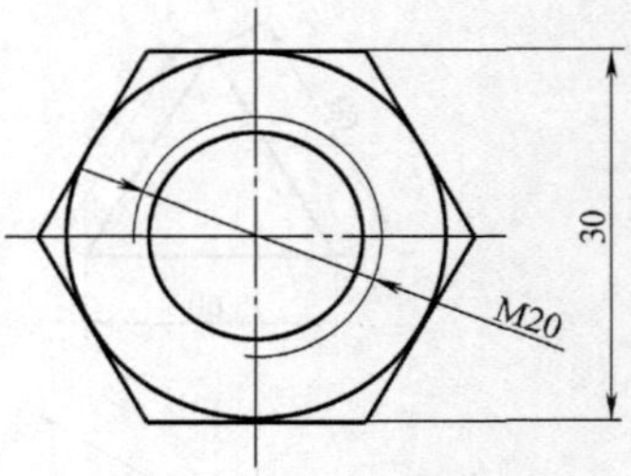

图 3-1　绘制六角螺母

【知识准备】

一、圆形的确定方式

思考与练习：

① 已知哪些条件，就可以绘出一个圆？可参考图 3-2 所示方法。

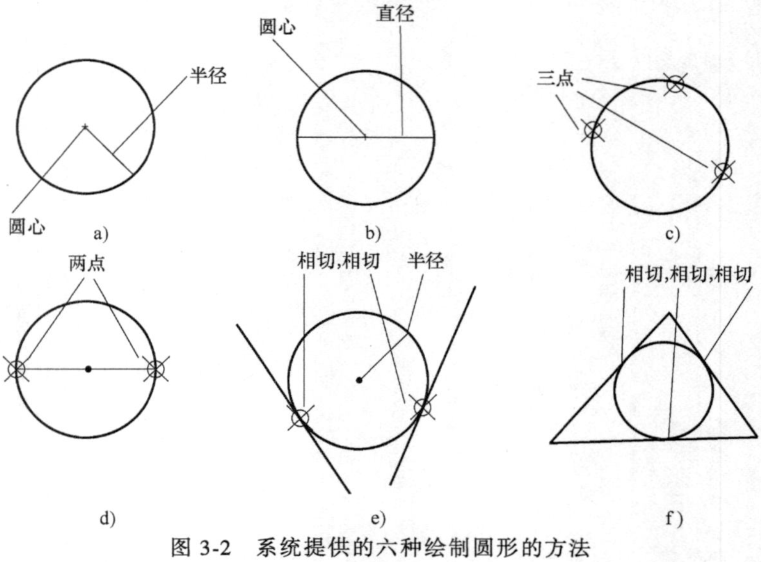

图 3-2　系统提供的六种绘制圆形的方法

② 绘图功能区里的绘制圆的命令按钮是________，主菜单中还提供了哪些绘制圆形的方法?

③ 已知圆周上的两个点，能绘制出圆形吗?为什么系统有两点的画圆方式?

④ 本项目中的圆，应该各采用什么方式绘制?

二、正多边形的确定方式

思考与练习:

① 已知哪些条件，就可以绘制出一个正多边形?可参考图 3-3 所示方法。

② 绘图功能区中的正多边形命令按钮是________，系统提供了哪些绘制正多边形的方式?

③ 本项目中的正六边形，应该采用什么方式绘制?

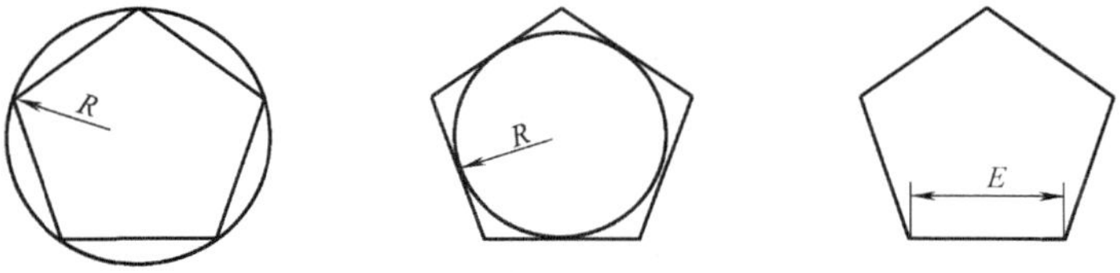

图 3-3　正多边形的确定方式

【计划与实施】

一、制订绘图方案

1）绘制相交的水平线和垂直线，将交点作为六角螺母的中心点。

2）用“圆心、直径”方式绘制 M20（大径 $D=20\text{mm}$，小径 $d=17\text{mm}$）的两个圆形。

3）利用修剪命令修剪 M20 的外圆。

4）用“中心点、外切于圆”方式绘制正六边形。

5）用“相切、相切、相切”方式绘制大圆。

二、实施绘图

1. 绘制相交的水平线和垂直线

（1）正交模式的设置　单击状态栏中的正交模式按钮，使其呈蓝色，此为打开状态，如图 3-4 所示。

> **注意:**
> 如果已经呈打开状态，省略本步骤。

图 3-4　打开正交模式

（2）绘制水平线和垂直线　单击【直线】命令按钮，在绘图区内适当的位置绘制两条相互垂直的直线作为定位线，如图 3-5 所示。

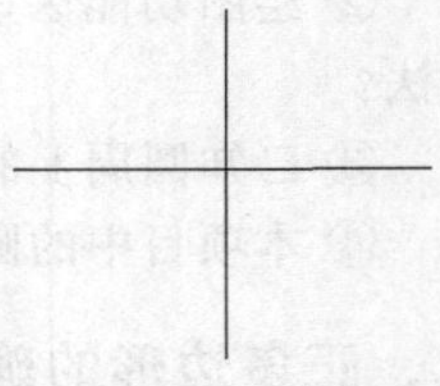

图 3-5　定位线

> **注意：**
>
> 此时光标只能左右或上下移动，以保证绘制出来的是水平线或垂直线。

思考与练习：

如何使正交模式失效？

2. 绘制 M20 的两个圆

思考与练习：

M20 的含义是什么？它的大径和小径分别是多少？

单击状态栏中的对象捕捉按钮，使其凹下，呈打开状态，如图 3-6 所示。

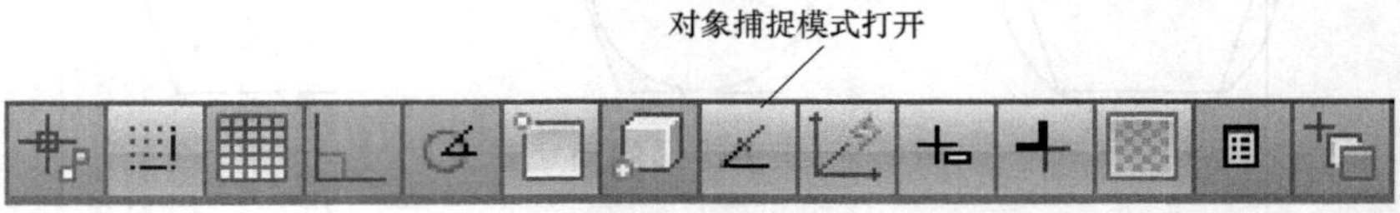

图 3-6　打开对象捕捉

单击【绘图】功能区中的【圆心，半径】创建圆命令按钮，此时命令提示栏显示如下内容。

命令：_CIRCLE 指定圆的圆心或［三点（3P）/两点（2P）/切点、切点、半径（T）］：捕捉两直线的交点为圆心

//确定圆心位置。

> **注意：**
>
> 当光标移近交点位置时，会出现一个交叉符号，说明已捕捉到交点，如图 3-7 所示。

*指定圆的半径或［直径（D）］：*D ↵

//输入 D，选择“圆心，直径”的方式绘制圆形。

*指定圆的直径：*20 ↵

//输入圆的直径值：20，即螺纹的大径 $D=20$mm，

结果如图 3-7 所示。

按<Enter>键，重复上一个命令。

命令：_ CIRCLE

指定圆的圆心或［三点（3P）/两点（2P）/切点、切点、半径（T）］：捕捉两直线的交点为圆心 ↵

//确定圆心位置。

*指定圆的半径或［直径（D）］<10.0000>：*D ↵

//输入 D，选择“圆心，直径”的方式绘制圆形。

指定圆的直径 <20. 0000>:17 ↵

//输入圆的直径值：17，即螺纹的小径 $d=17$mm。

结果如图 3-8 所示。

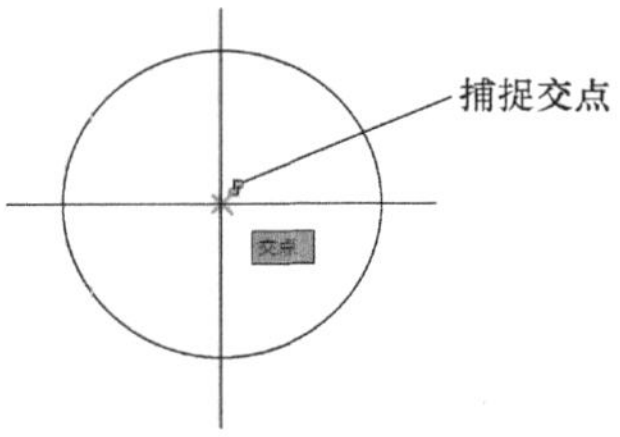

图 3-7　绘制 ϕ20mm 的圆

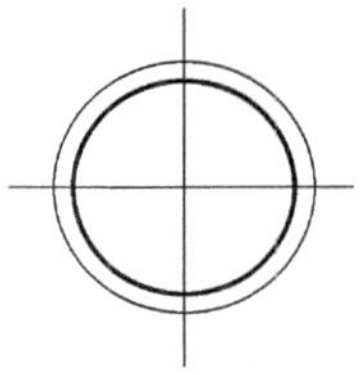

图 3-8　绘制 ϕ17mm 的圆

思考与练习：

在绘图区指定圆心后，如果不输入 D，直接输入 17，结果会如何？

3. 修剪图线

单击【修改】功能区中的【修剪】命令按钮 修剪，此时命令提示栏显示如下内容。

命令:_TRIM

当前设置:投影=UCS,边=无

选择剪切边 . . .

选择对象或 <全部选择>:　找到 1 个

选择对象:找到 1 个,总计 2 个

选择对象:找到 1 个,总计 3 个

//分别单击 ϕ20mm 的圆和两条中心线。

选择对象:　↵

//结束选择。

选择要修剪的对象,或按住 Shift 键选择要延伸的对象,或[栏选(F)/窗交(C)/投影(P)/边(E)/删除(R)/放弃(U)]:

//选择要删除的线条部分，结果如图 3-9 所示。

4. 绘制正六边形

单击【绘图】功能区中的【正多边形】命令按钮，此时命令提示栏显示如下内容。

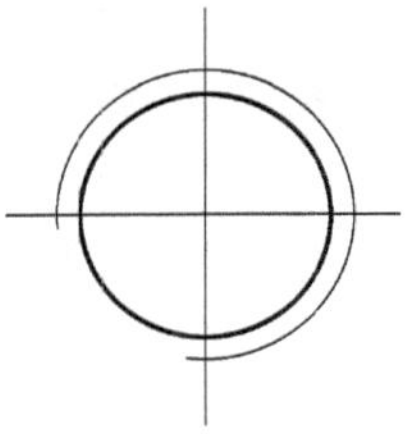

图 3-9　修剪图线

命令:_POLYGON 输入边的数目 <4>:6 ↵

//输入正多边形的边数。

指定正多边形的中心点或 [边(E)]:

//启用节点捕捉模式，捕捉直线交点为中心点。

输入选项 [内接于圆(I)/外切于圆(C)] <I>:C ↵

//选用外切于圆的方式。

指定圆的半径:　15 ↵

//输入圆的半径，即 30mm 的一半。

结果如图 3-10 所示。

5. 绘制大圆

思考与练习：

① 这里的大圆可以采用哪一种圆的绘制方式来创建？

② 在【绘图】功能区里如何切换不同的绘制圆的命令？

③ 除了在【绘图】功能区里选择不同的创建圆的命令，还可以用哪种方法创建圆形？

单击【绘图】功能区中的“相切，相切，相切”创建圆命令按钮，此时命令提示栏显示如下内容。

命令：_CIRCLE 指定圆的圆心或[三点(3P)/两点(2P)/相切、相切、半径(T)]：_3p 指定圆上的第一个点：_tan 到：单击正六边形其中一条边↵

指定圆上的第二个点：_tan 到：单击正六边形另一条边↵

指定圆上的第三个点：_tan 到：单击正六边形另一条边↵

结果如图 3-11 所示。

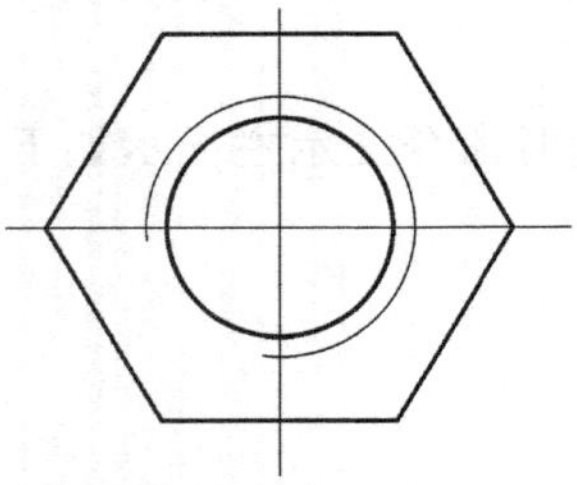

图 3-10　绘制正六边形

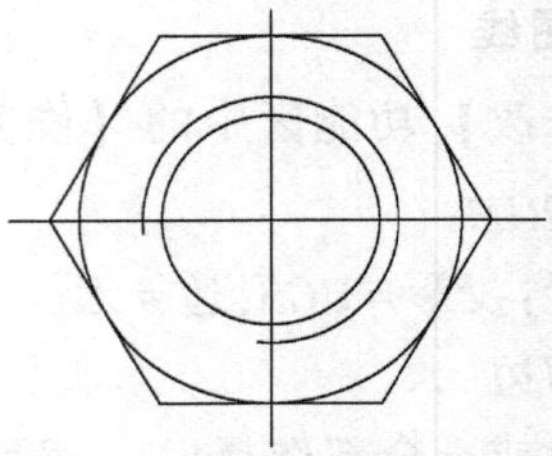

图 3-11　用“相切，相切，相切”的方式绘制大圆

【知识拓展】

绘制正多边形的其他方式

1. 绘制已知边长的正多边形

单击【绘图】功能区中的【正多边形】命令按钮，此时命令提示栏显示如下内容。

命令：_POLYGON 输入边的数目 <4>：6 ↵

//输入正多边形的边数。

指定正多边形的中心点或［边(E)］：E ↵

//选择用边长方式绘制正多边形。

指定边的第一个端点：单击任一点作为边的起点 ↵

//输入正多边形一条边的起点位置。

指定边的第二个端点：　@20,0 ↵

//输入边的终点位置坐标。

结果如图 3-12 所示。

2. 绘制已知内接圆半径的正多边形

单击【正多边形】命令按钮，此时命令提示栏显示如下内容。

命令：_POLYGON 输入边的数目 <4>：6 ↵

//输入正多边形的边数。

指定正多边形的中心点或［边(E)］：

//启用节点捕捉模式，捕捉直线交点为中心点。

*输入选项 [内接于圆(I)/外切于圆(C)] <I>:*I ↵

//选用内接于圆的方式。

指定圆的半径： 20 ↵

//输入圆的半径。

结果如图 3-13 所示。

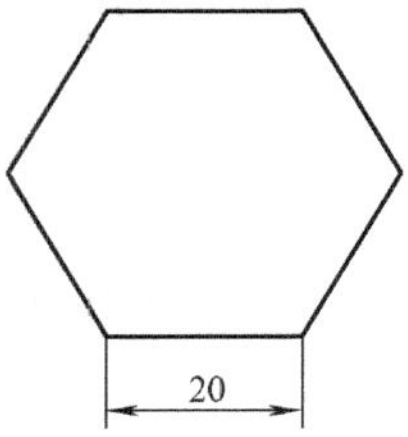

图 3-12　用边长方式绘制正六边形

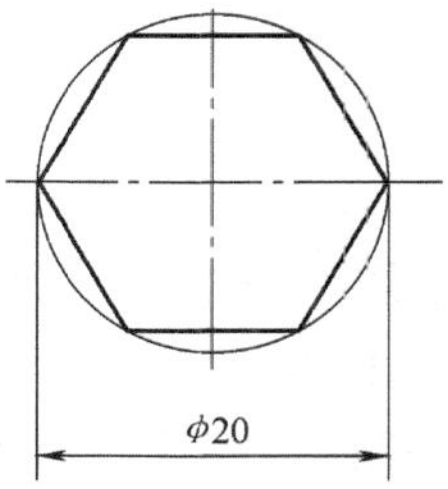

图 3-13　用内接圆方式绘制正六边形

思考与练习：

① 如何绘制倾斜的正多边形？

② 如何找出一个正多边形的圆心？

③ AutoCAD 最多能绘制多少个边的正多边形？

【检查与评价】（表 3-1）

表 3-1　项目三学生表现评价表

<table>
<tr><th colspan="2">评价项目</th><th>具体评价内容</th><th>配分</th><th>自评</th><th>互评</th><th>教师评</th></tr>
<tr><td colspan="2">项目完成的质量</td><td>项目按时且保质完成，图线绘制正确</td><td>20</td><td></td><td></td><td></td></tr>
<tr><td rowspan="4">知识与技能</td><td>圆命令</td><td>正确使用圆命令</td><td>15</td><td></td><td></td><td></td></tr>
<tr><td>正多边形</td><td>掌握正多边形的三种绘制方法</td><td>15</td><td></td><td></td><td></td></tr>
<tr><td>修剪命令</td><td>正确使用修剪命令</td><td>15</td><td></td><td></td><td></td></tr>
<tr><td>课后练习完成情况</td><td>熟练、正确完成课后练习</td><td>20</td><td></td><td></td><td></td></tr>
<tr><td rowspan="3">学习过程</td><td>信息技能</td><td>通过系统的帮助功能及试操作，解决“思考与练习”所提问题</td><td>5</td><td></td><td></td><td></td></tr>
<tr><td>创新</td><td>提出可行的绘图实施方案，具有创新意识</td><td>5</td><td></td><td></td><td></td></tr>
<tr><td>合作</td><td>小组互动性好，主动提问并正确解决</td><td>5</td><td></td><td></td><td></td></tr>
<tr><td colspan="3" rowspan="2">评语（优、缺点与建议）：</td><td>合计</td><td></td><td></td><td></td></tr>
<tr><td colspan="3">总评价（等级）</td><td></td></tr>
</table>

注：评价等级与分数的关系是 85≤优≤100，70≤良<85，55≤中<70，40≤差<55。

【强化练习】

1）用正多边形、直线、修剪命令完成图 3-14 所示图形的绘制。

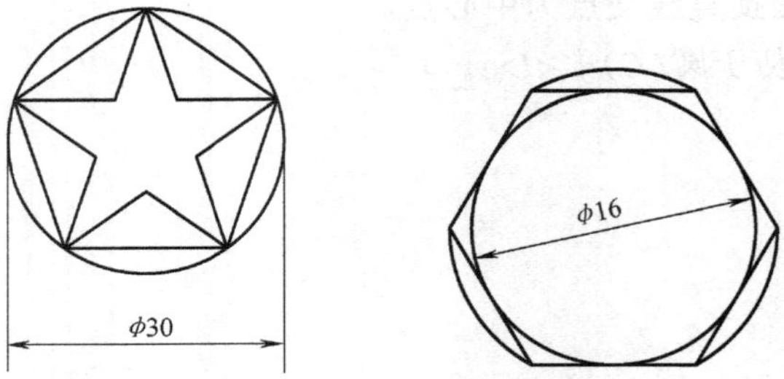

a)　　　　b)

图 3-14　绘制图形 1

2）绘制图 3-15 所示图形。先绘制三角形 ABC，其中 AB 边长为 90mm，BC 边长为 70mm，AC 边长为 50mm；绘制三角形 ABC 的高 CO。绘制三角形 OBC 的内切圆；绘制三角形 ABC 的外接圆。完成后如图 3-15 所示。

3）设置切点的捕捉方式，绘制图 3-16 所示图形。先绘制两直角边的边长分别为 400mm 和 300mm 的直角三角形，再绘制三角形的内切圆，然后绘制与三角形、内切圆都相切的圆。

4）绘制图 3-17 所示图形。小圆为 12 个相切的圆，圆心与圆心的距离为 12mm。先绘制 12 个相切圆，再绘制其外接圆。

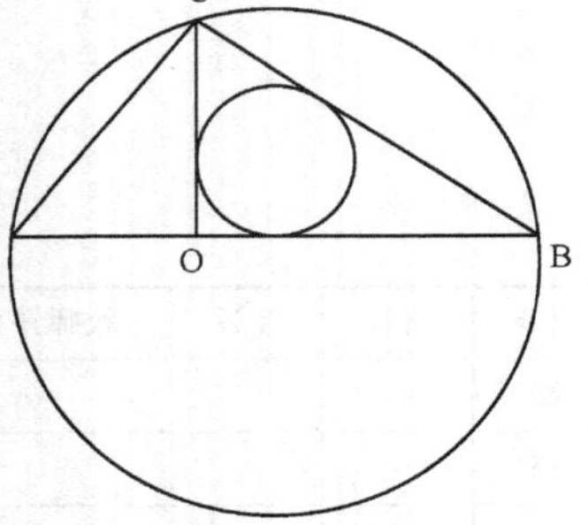

图 3-15　绘制图形 2

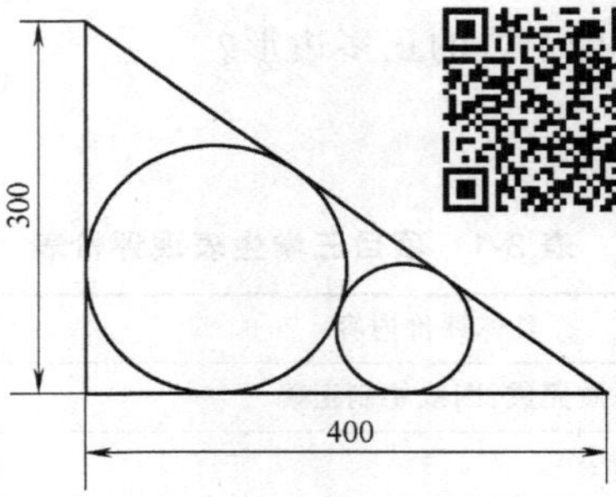

图 3-16　绘制图形 3

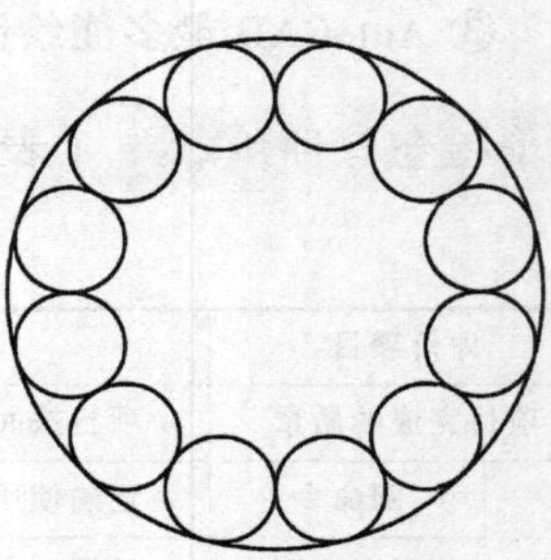

图 3-17　绘制图形 4

项目四

绘制专用扳手

【学习任务描述及具体要求】

打开一个新的绘图文件，按图 4-1 所示的尺寸绘制专用扳手零件图，并对图形基本的尺寸进行标注，以“sm4”为文件名保存文件。

【学习目标】

1）学会使用偏移命令绘制平行线。

2）掌握按指定角度方式旋转图形。

3）掌握圆的相切、相交及用半径方式绘制连接弧或圆弧的方法。

4. 学会使用线性标注和半径标注进行尺寸的标注。

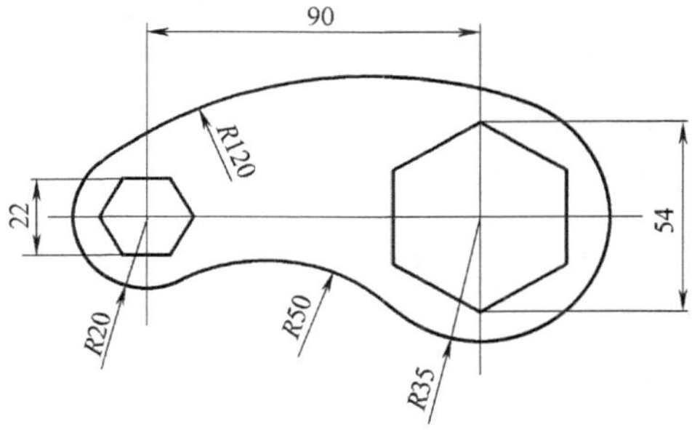

图 4-1 绘制专用扳手

【知识准备】

使用偏移命令创建同心圆、平行线和平行曲线

思考与练习：

① 修改功能区中，偏移命令按钮是______。

② 偏移命令有什么功能？

对一个对象进行重复偏移，可以得到多条平行的线条，效果如图 4-2 所示。

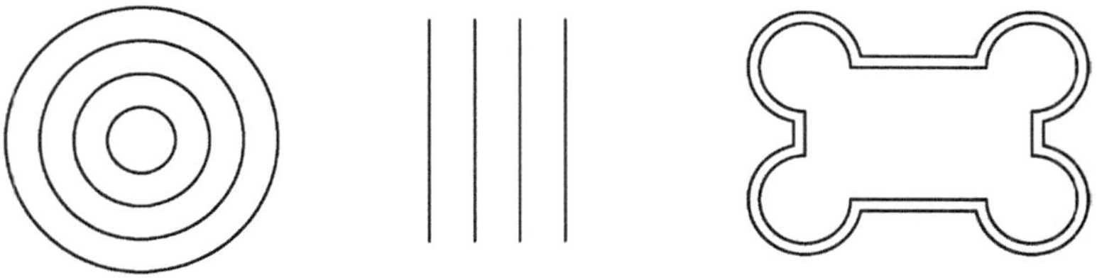

a) 偏移一个圆　　b) 偏移一条直线　　c) 偏移样条曲线

图 4-2 偏移效果图

思考与练习：

对比偏移、复制和移动命令，找出三个命令的异同点。

【计划与实施】

一、制订绘图方案

1）绘制定位基线，完成各中心线的绘制。

2）绘制正六边形，按指定角度方式旋转图形。

3）绘制已知圆。

4）绘制连接圆弧，修剪图线。

5）标注尺寸。

二、实施绘图

1. 绘制中心线

（1）绘制定位基线　使正交模式呈打开状态，用直线命令在绘图区内适当的位置绘制两条相互垂直的直线，如图4-3所示。

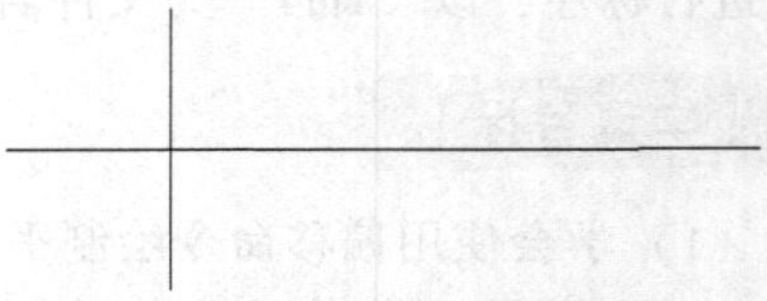

图4-3　绘制定位基线

（2）使用偏移命令绘制两圆中心线　单击【修改】功能区中的【偏移】命令按钮，此时命令提示栏显示如下内容。

命令:_OFFSET

当前设置:删除源=否　图层=源　OFFSETGAPTYPE=0

指定偏移距离或［通过(T)/删除(E)/图层(L)］<通过>: 90 ↵

//输入中心线的偏移距离。

选择要偏移的对象,或［退出(E)/放弃(U)］<退出>:

//选择垂直线作为偏移对象。

指定要偏移的那一侧上的点,或［退出(E)/多个(M)/放弃(U)］<退出>:

//将光标移至垂直线右方后单击。

*指定要偏移的那一侧上的点,或［退出(E)/放弃(U)］<下一个对象>:*E ↵

//退出偏移操作，结果如图4-4所示。

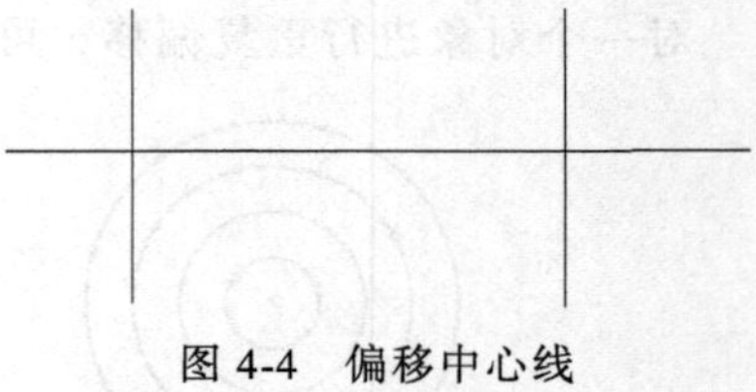

图4-4　偏移中心线

2. 绘制正六边形

（1）利用外切于圆的方式绘制左边的正六边形　单击【绘图】功能区中的【正多边形】命令按钮，此时命令提示栏显示如下内容。

*命令:_POLYGON 输入边的数目 <4>:*6 ↵

//输入正多边形的边数。

指定正多边形的中心点或［边(E)］:

//捕捉左边中心线的交点作为中心点。

*输入选项［内接于圆(I)/外切于圆(C)］<I>:*C ↵

//选用外切于圆的方式。

指定圆的半径： 11 ↵

//输入圆的半径，即 22mm 的一半。

结果如图 4-5 所示。

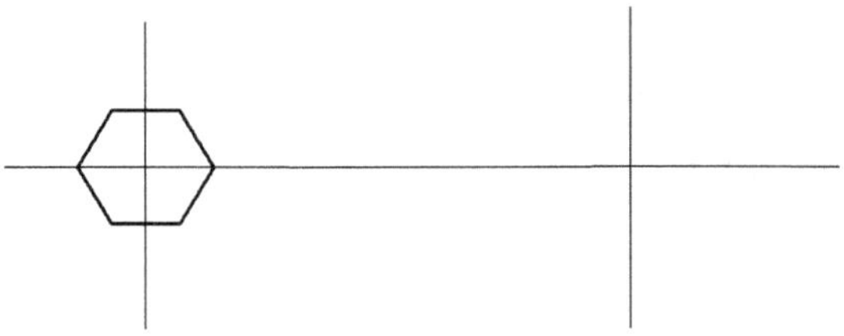

图 4-5　用外切于圆的方式绘制左边的正六边形

（2）利用内接于圆的方式绘制右边的正六边形　按<Enter>键，重复上一个命令。

*命令：_POLYGON 输入侧面数 <4>：*6 ↵

//输入正多边形的边数。

指定正多边形的中心点或［边(E)］：

//捕捉右边中心线的交点作为中心点。

*输入选项［内接于圆(I)/外切于圆(C)］<C>：*I ↵

//选用内接于圆的方式。

*指定圆的半径：*27 ↵

//输入圆的半径，即 54mm 的一半。

结果如图 4-6 所示。

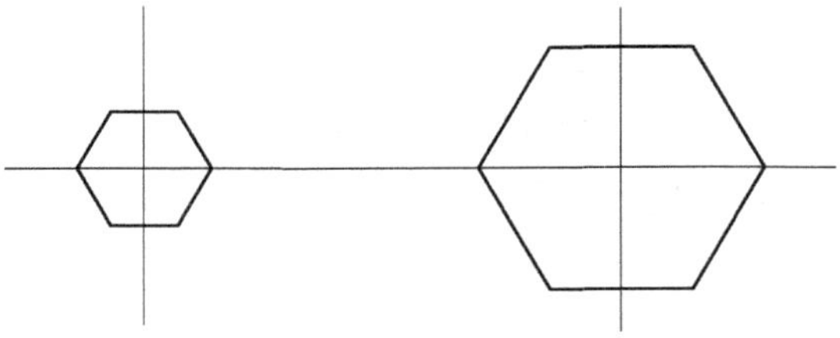

图 4-6　用内接于圆的方式绘制右边的正六边形

（3）按指定角度方式旋转图形　旋转命令（ROTATE）是 AutoCAD 2018 中一项常用的编辑命令，其主要功能是将图形对象绕指定基点旋转一定的角度。图 4-6 绘制的正六边形与题目要求方向不一致。这时，可以使用旋转命令将图形旋转至正确位置。该命令适用于所有实体，包括各种图线、文字、尺寸等。

单击【修改】功能区中的【旋转】命令按钮，此时命令提示栏显示如下内容。

命令：_ROTATE

UCS 当前的正确方向：　ANGDIR＝逆时针　ANGBASE＝0

//提示当前以“逆时针”方向为角度的正方向。

选择对象：找到 1 个

//选取右边的正六边形。

选择对象:↵

//结束选择。

指定基点:

//拾取圆心作为旋转基点。

指定旋转角度或［参照(R)］:90 ↵

//输入旋转的角度为90°。

结果如图4-7所示。

3. 绘制已知圆

对象捕捉呈打开状态，用圆命令分别在两条中心线交点处绘制半径分别为20mm和35mm的两个圆，如图4-8所示。

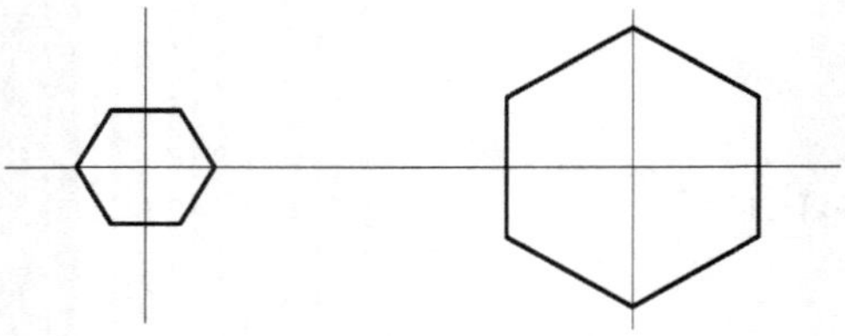

图4-7 旋转正六边形

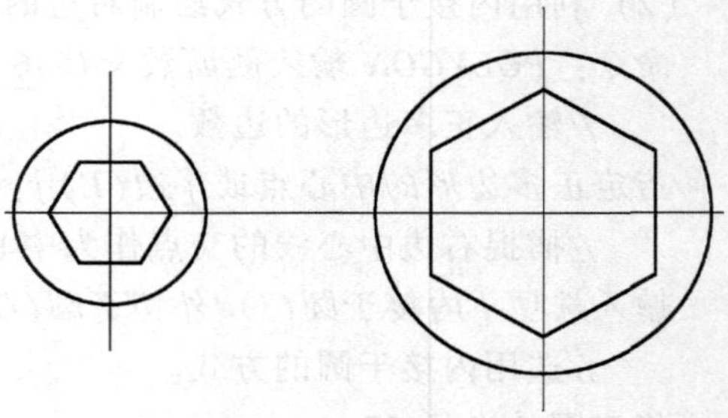

图4-8 绘制已知圆

4. 绘制连接圆弧

思考与练习：

① 分析图形，图4-1中的连接圆弧有哪些共同点？

② 用圆命令能否绘制出这些连接圆弧？采用哪种绘制圆形的方式？

③ 无论是外切圆还是内切圆，使用的命令和操作方式都一样，系统是如何实现的？

（1）利用相切，相切，半径方式绘制圆 单击【绘图】功能区中的【相切，相切，半径】创建圆命令按钮

，此时命令提示栏显示如下内容。

命令:_CIRCLE

指定圆的圆心或［三点(3P)/两点(2P)/切点、切点、半径(T)］:T ↵

//选择相切、相切、半径（T）方式画圆。

指定对象与圆的第一个切点:

//选定半径为20mm的圆的左上角作为第一个切点位置。

指定对象与圆的第二个切点:

//选定下方半径为35mm的圆的右上角作为第二个切点位置。

指定圆的半径:120 ↵

//输入内切圆半径，绘制出一个内切圆。

结果如图4-9所示。

重复上述操作，完成其下面相切圆的绘制，结果如图4-10所示。

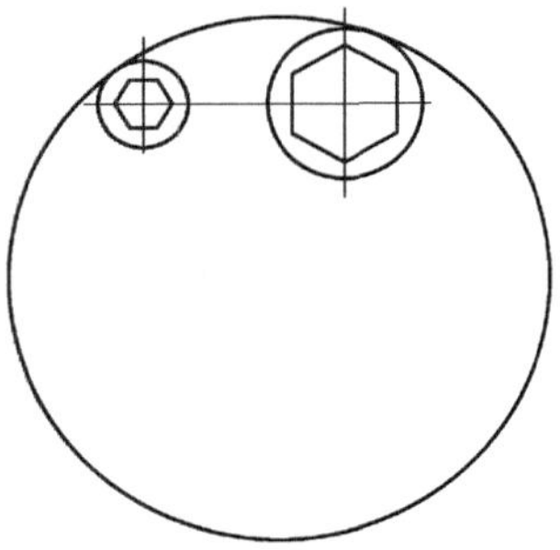

图 4-9　绘制半径为 120mm 的圆

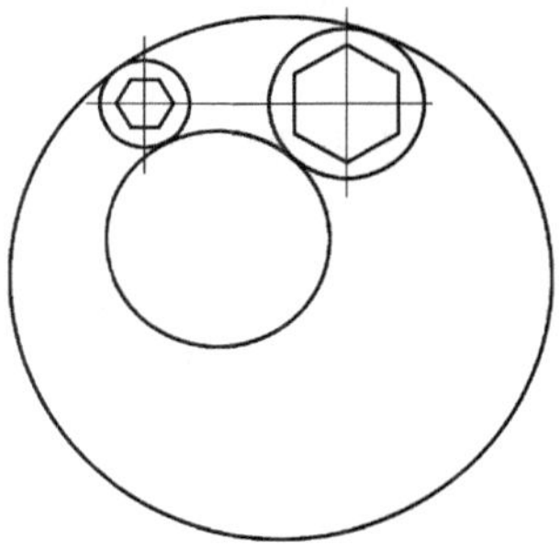

图 4-10　绘制半径为 50mm 的圆

（2）用修剪命令修剪圆弧　单击【修改】功能区中的【修剪】命令按钮，此时命令提示栏显示如下内容。

命令:_TRIM

当前设置:投影=UCS,边=无

选择剪切边...

选择对象或 <全部选择>:　找到 1 个

选择对象或 <全部选择>:　找到 2 个

选择对象或 <全部选择>:　找到 3 个

选择对象或 <全部选择>:　找到 4 个

//分别单击半径为 20mm、35mm、120mm 和 50mm 的圆。

选择对象:↵

//结束选择。

选择要修剪的对象,或按住 Shift 键选择要延伸的对象,或

[栏选(F)/窗交(C)/投影(P)/边(E)/删除(R)/放弃(U)]:

//单击要删除的线条部分，结果如图 4-11 所示。

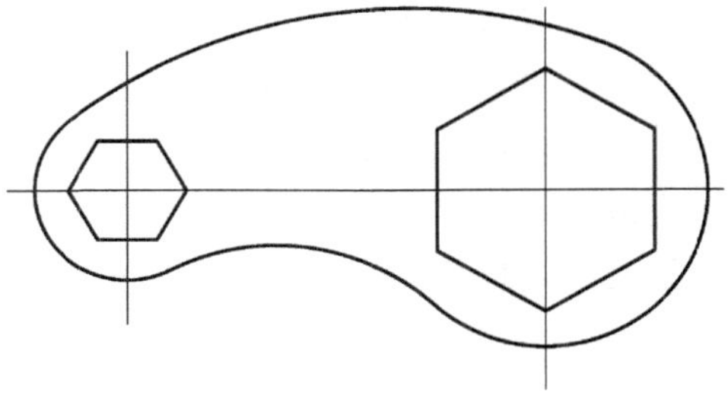

图 4-11　修剪圆弧

5. 标注尺寸

AutoCAD 2018 具有强大的尺寸标注功能，基本的标注有线性标注、半径标注、角度标注、同基准标注和弧长标注等。

（1）线性标注　单击【注释】功能区中的【线性】标注样式命令按钮，此时命令提示栏显示如下内容。

命令:_DIMLINEAR

指定第一个尺寸界线原点或 <选择对象>:

//单击第一条中心线的端点。

指定第二条尺寸界线原点:

//单击第二条中心线的端点。

指定尺寸线位置或

[多行文字(M)/文字(T)/角度(A)/水平(H)/垂直(V)/旋转(R)]:
标注文字 = 90
//在适当位置单击，指定尺寸线位置。
结果如图 4-12 所示。
重复上述操作，完成其他尺寸的线性标注，结果如图 4-13 所示。

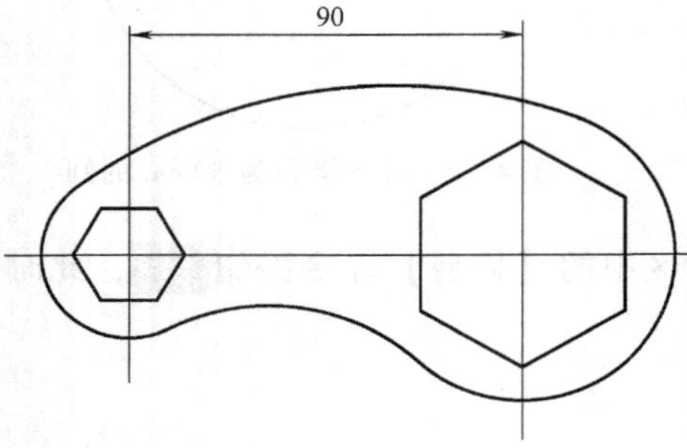

图 4-12　线性标注 1

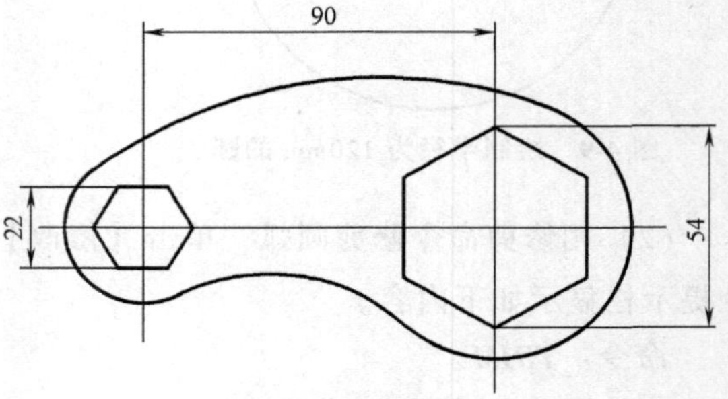

图 4-13　线性标注 2

注意：
标注的尺寸数字默认为绘图的实际尺寸，如果绘图的尺寸不准确，需要对标注的尺寸数字进行调整。

（2）半径标注　单击【注释】功能区中的【半径】标注样式命令按钮，此时命令提示栏显示如下内容。
命令:_DIMRADIUS
选择圆弧或圆:
//选择要标注的圆弧。
标注文字 = 120
指定尺寸线位置或[多行文字(M)/文字(T)/角度(A)]:
//单击指定尺寸线位置。
完成后结果如图 4-14 所示。
重复上述操作，完成其他尺寸的线性标注，结果如图 4-15 所示。

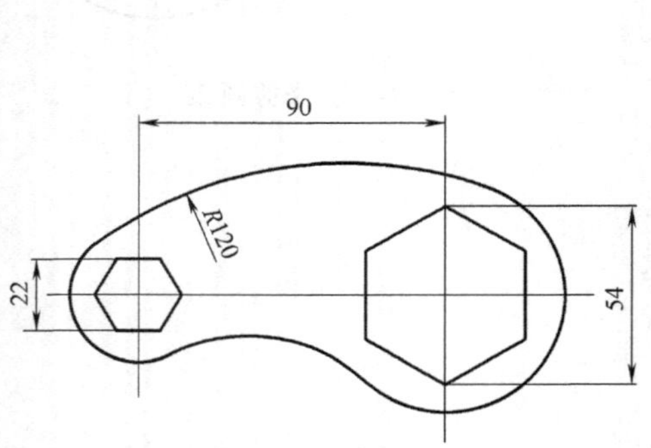

图 4-14　半径标注 1

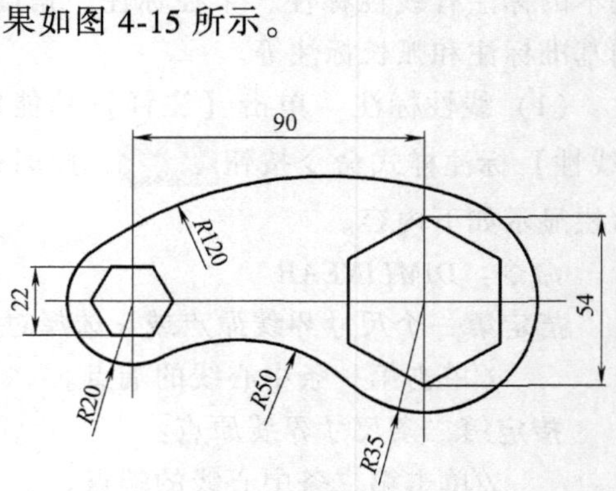

图 4-15　半径标注 2

【知识拓展】

在 AutoCAD 2018 绘图区空白区域单击鼠标右键，会弹出图 4-16 所示快捷菜单。选择【选项】命令，弹出【选项】对话框，如图 4-17 所示。

在【选项】对话框中可以进行如下设置。

1. 设置自动保存文件路径

自动保存文件项是配置当文件自动保存时的路径。当系统发生故障，用户需要找出自动保存的图形文件时，就可以迅速从指定的路径中查找到该文件。

选择【选项】对话框中的【文件】选项卡，如图 4-17 所示，双击【自动保存文件位置】选项，或单击该选项前面的+按钮，系统显示当前自动保存文件的位置，单击对话框右上方的【浏览】按钮，用户可重新设定自动保存文件的路径。

图 4-16　AutoCAD 2018 右键快捷菜单

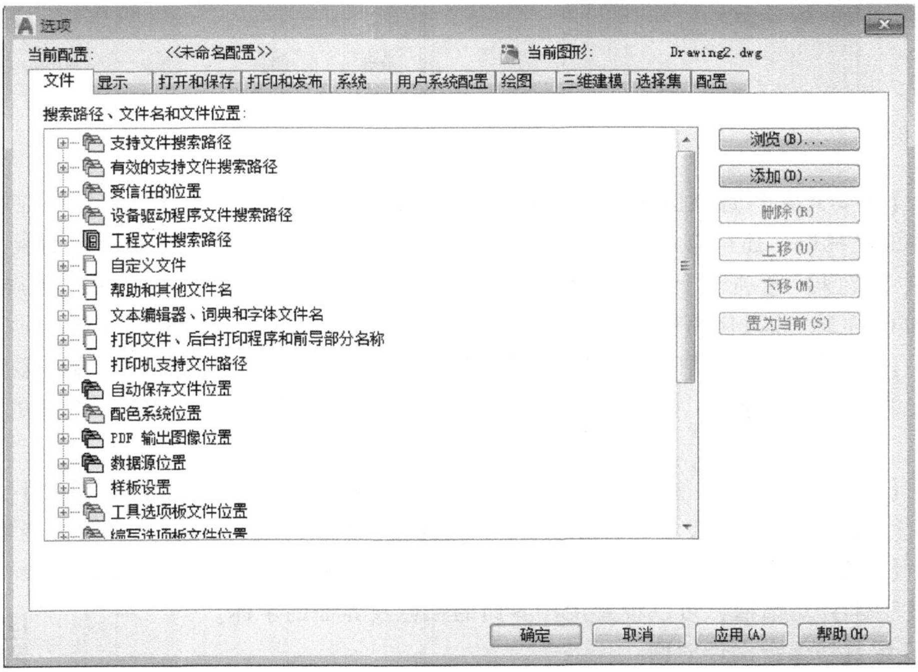

图 4-17　【选项】对话框

2. 调整用户界面的显示

选择【选项】对话框的【显示】选项卡，如图 4-18 所示。

(1)【窗口元素】选项区域　该选项区域可以控制用户界面是否显示滚动条，系统默认打开。由于 AutoCAD 2018 有丰富的图形显示控制命令，可以代替滚动条的滑动功能，关闭滚动条，可以加大绘图窗口的显示范围。

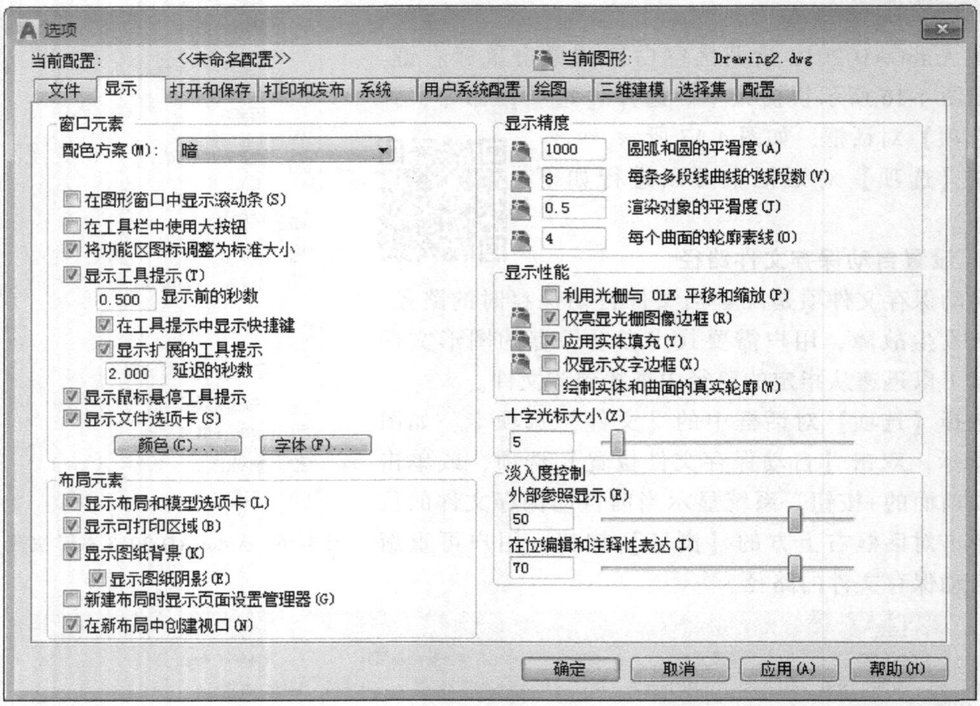

图 4-18 【显示】选项卡

(2)【布局元素】选项区域　在该选项区域可设置布局元素、图纸背景等。在布局中可以创建并放置视口，还可以添加标注、标题栏或其他几何图形。视口显示图形的模型空间对象，即在【模型】选项卡上创建的对象。默认情况下，新图形最开始有两个布局选项卡，布局 1 和布局 2。如果使用样板图形，图形中的默认布局配置可能会有所不同。

(3)【显示精度】选项区域　该选项区域可调节图形中曲线、曲面、三维图形实体渲染的显示效果，平滑度越大，显示效果越好。同时，由于运算量的增大，显示的速度相应也会变慢。

(4)【十字光标大小】选项区域　该选项区域可调整绘图界面的十字光标大小，文本框内的数字代表光标占屏幕大小的百分比，最大能设成 100，即十字光标充满整个屏幕。

(5)【颜色】【字体】按钮　单击对话框中的【颜色】或【字体】按钮，会出现【颜色】或【字体】对话框，可以设置用户界面的颜色及界面的字体。

3. 设置自动保存文件时间

选择【选项】对话框中的【打开和保存】选项卡，如图 4-19 所示。系统默认自动保存，但保存间隔时间为 10min，可在【保存间隔分钟数】文本框里输入自动保存的时间。自动保存后的文件扩展名为 .ac $，打开临时文件前，要将扩展名修改成 .dwg，才能被 AutoCAD 2018 打开使用。

4. 自定义鼠标右键意义

选择【选项】对话框中的【用户系统配置】选项卡，单击【自定义右键单击】按钮，

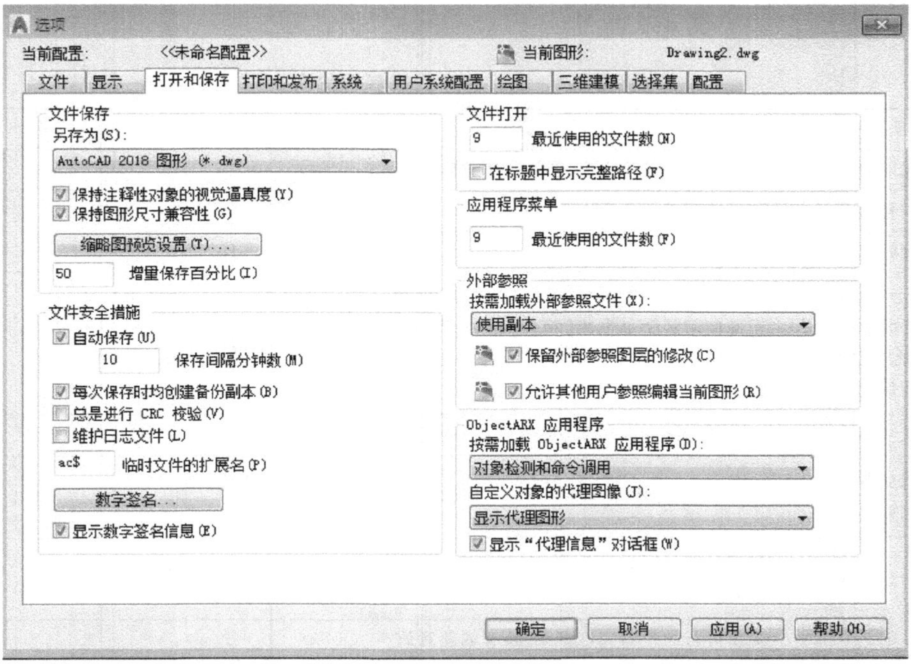

图 4-19　【打开和保存】选项卡

出现【自定义右键单击】对话框，如图 4-20 所示。用户可根据自己的操作习惯，设置右键单击的意义，可使绘图变得更为方便快捷。

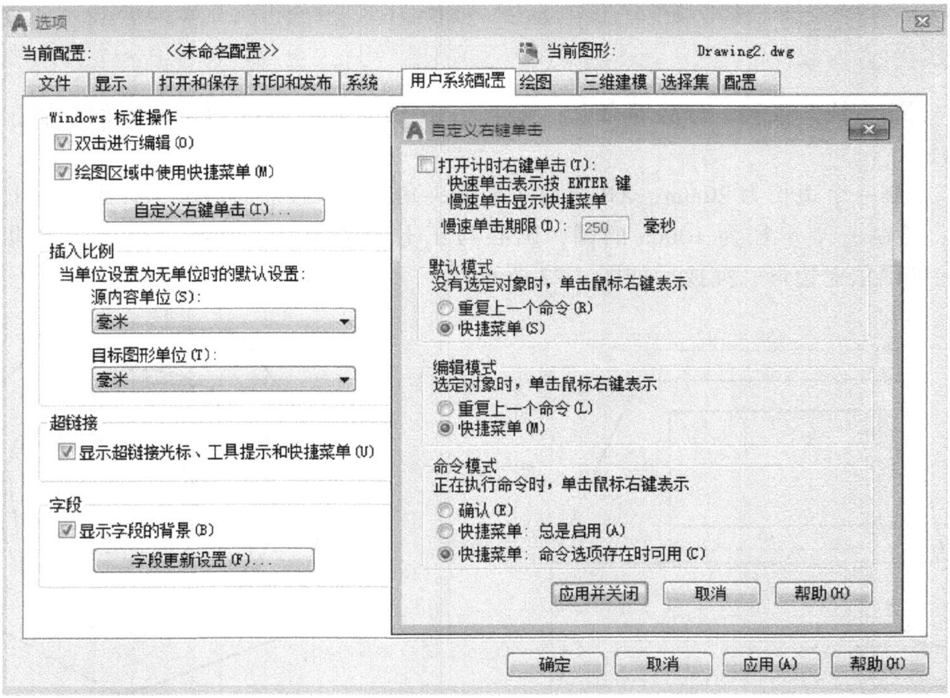

图 4-20　【自定义右键单击】对话框

【检查与评价】（表 4-1）

表 4-1　项目四学生表现评价表

评价项目		具体评价内容	配分	自评	互评	教师评
项目完成的质量		项目按时且保质完成，图线绘制正确	20			
知识与技能	偏移命令	正确使用偏移命令	10			
	旋转命令	正确使用旋转命令	10			
	圆命令中的“相切，相切，半径”命令连接圆弧	正确使用圆命令中的【相切，相切，半径】方式连接圆弧，并掌握选择切点的方法	15			
	尺寸标注	学会使用线性标注和半径标注方式标注尺寸	10			
	课后练习完成情况	熟练、正确完成课后练习	20			
学习过程	信息技能	通过系统的帮助功能及试操作，解决“思考与练习”所提问题	5			
	创新	提出可行的绘图实施方案，具有创新意识	5			
	合作	小组互动性好，主动提问并正确解决	5			
评语（优、缺点与建议）：			合计			
			总评价（等级）			

注：评价等级与分数的关系是 85≤优≤100，70≤良<85，55≤中<70，40≤差<55。

【强化练习】

1）利用直线、偏移、修剪等命令，按 1∶1 比例完成图 4-21 所示图形的绘制，并进行尺寸标注。

2）绘制一个边长为 20mm，AB 边与水平线夹角为 30°的正七边形，并绘制正七边形的外接圆；绘制一个半径为 10mm 的圆，圆心与正七边形同心；绘制一个与正七边形相距 10mm 的外围正七边形，完成后如图 4-22 所示。

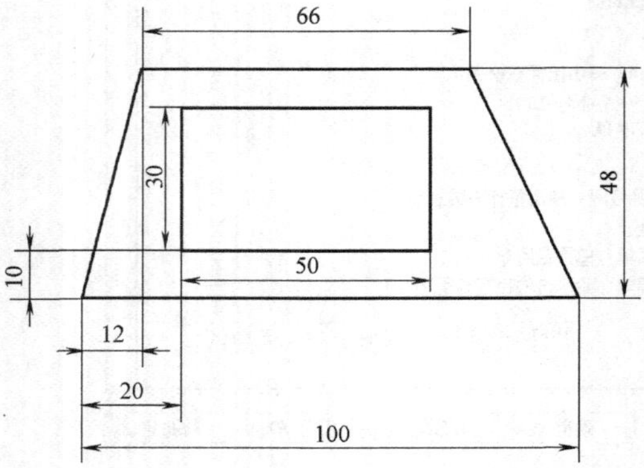

图 4-21　平面绘图练习 1

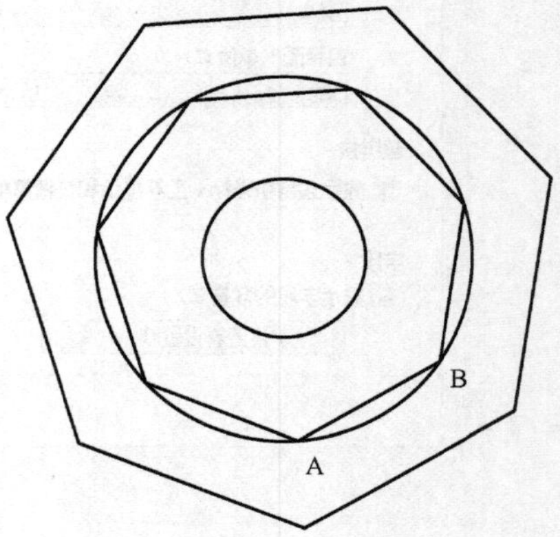

图 4-22　平面绘图练习 2

3）绘制两个圆，直径分别为 100mm 和 200mm，两圆（心）相距 300mm；绘制一条与两圆相切的圆弧，圆弧半径为 200mm，绘制两圆的外公切线；以两圆的圆心连线的中点为圆心绘制一个与圆弧相切的圆，完成后如图 4-23 所示。

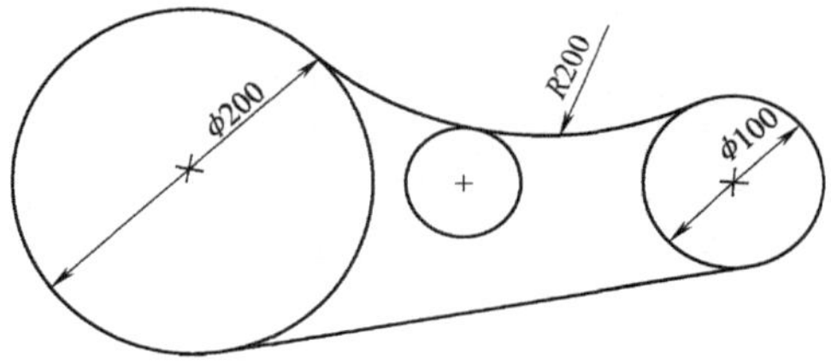

图 4-23　平面绘图练习 3

4）按 1∶1 的比例完成图 4-24 所示图形的绘制。

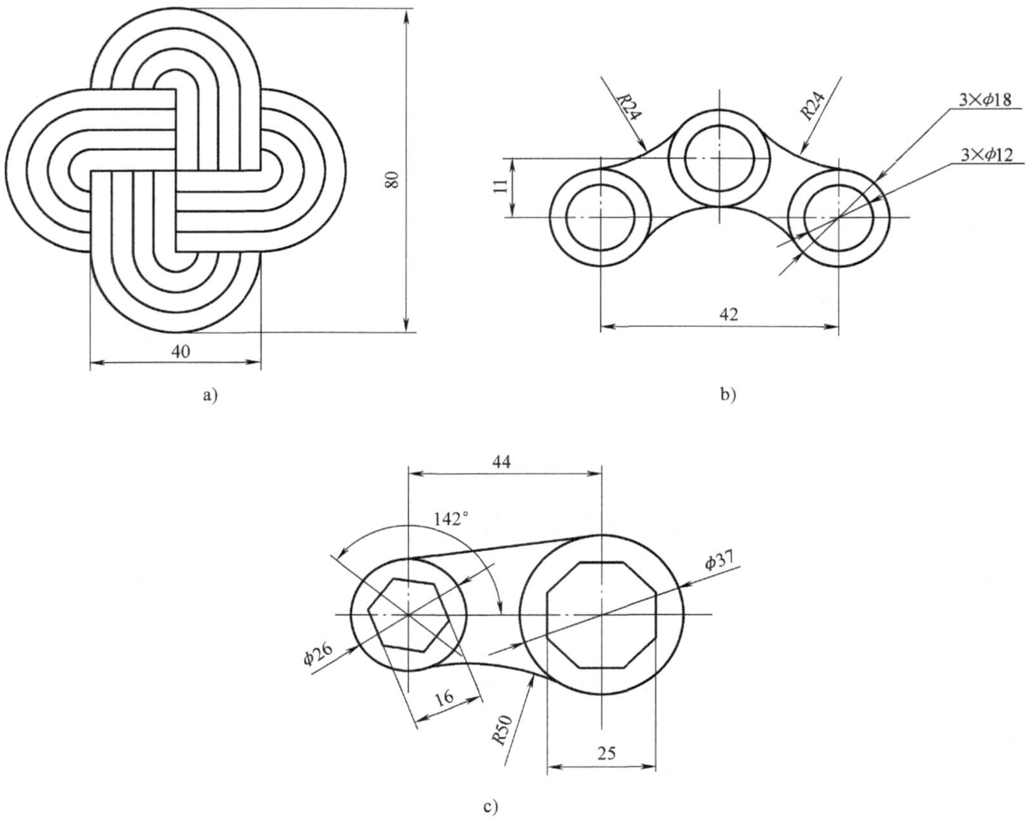

图 4-24　平面绘图练习 4

项目五

绘制吊钩

【学习任务描述及具体要求】

打开一个新的绘图文件，绘制图 5-1 所示吊钩，并对图形进行尺寸标注，以“sm5”为文件名保存文件。

【学习目标】

1）了解计算机辅助绘图中关于线型、颜色的规定。

2）掌握图层管理的方法，会设置图线的颜色和线型等。

3）掌握公切线的画法。

4）掌握打断命令的使用方法。

5）掌握对齐标注的尺寸标注方式。

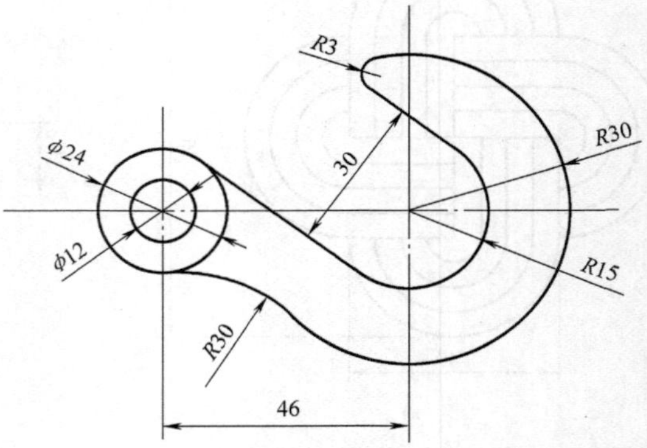

图 5-1　绘制吊钩

【知识准备】

一、计算机辅助绘图中关于图线颜色的规定

根据国家标准 GB/T 14665—2012《机械工程 CAD 制图规则》，在计算机辅助绘图中，对图线的颜色进行了如下规定（表 5-1）。

表 5-1　计算机辅助绘图中关于图线颜色的规定

图线类型	颜色	图线类型	颜色
粗实线	白色	虚线	黄色
细实线	绿色	细点画线	红色
波浪线		粗点画线	棕色
双折线		双点画线	粉红色

二、图线的颜色、线型和线宽的设定

1. 图线颜色的修改

选择图线后，单击【特性】功能区上的颜色选项，选择相应的颜色，如图 5-2 所示。

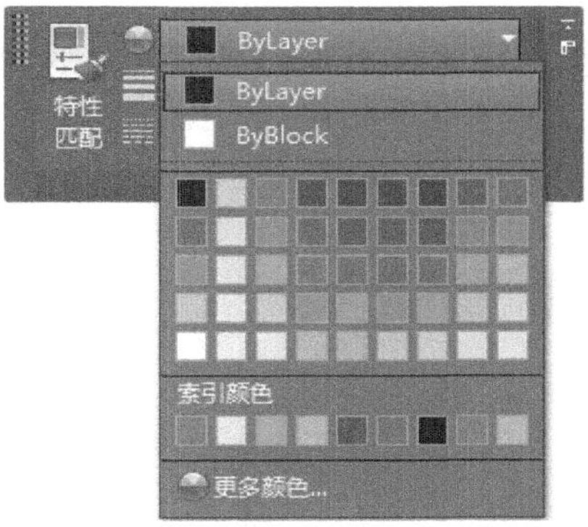

图 5-2 修改图线的颜色

2. 线型的修改

选择图线后，单击【特性】功能区上的线型选项，选择相应的线型。由于系统当前只加载了实线线型，如果要选择其他线型，需要先进行加载，然后才能选择，如图 5-3~图 5-5 所示。

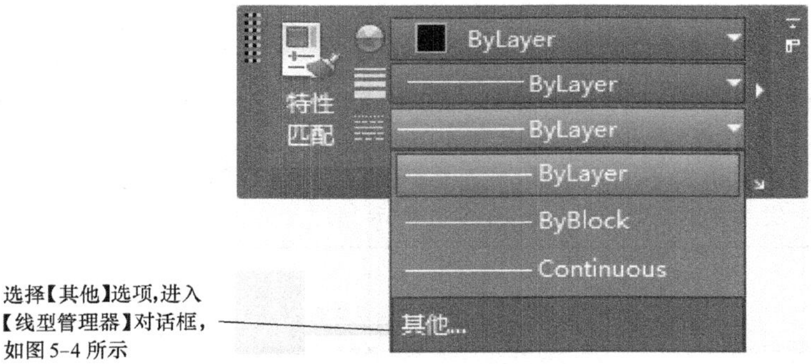

图 5-3 线型列表

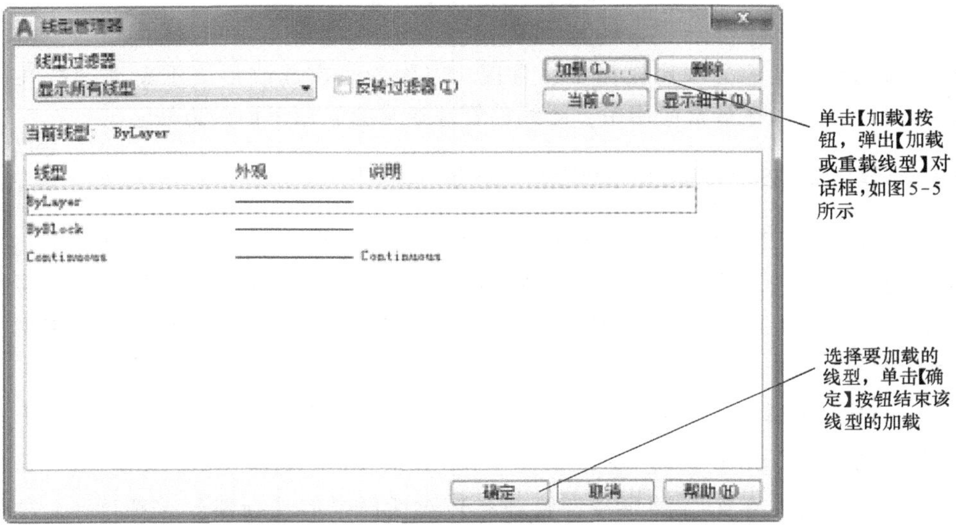

图 5-4 【线型管理器】对话框

3. 线宽的修改

选择图线后，单击【特性】功能区上的线宽选项，选择相应的图线宽度，如图 5-6 所示。

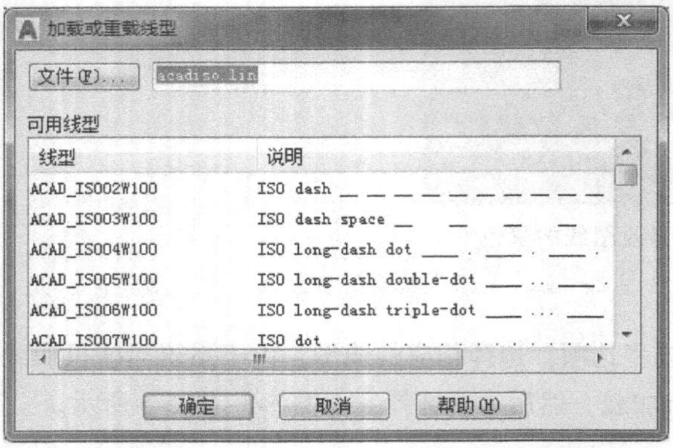

图 5-5 【加载或重载线型】对话框

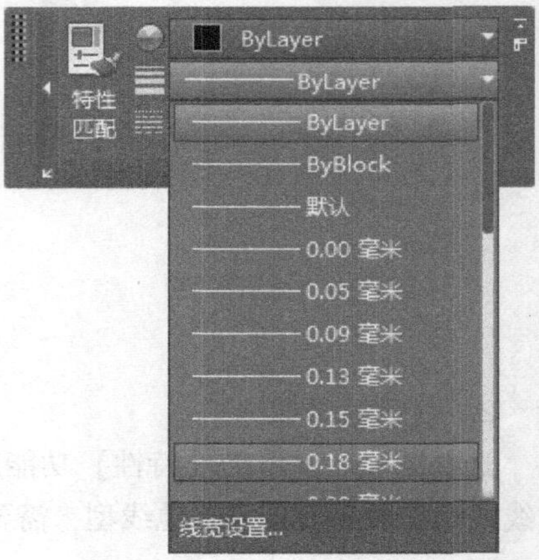

图 5-6 选择线宽

> **注意：**
>
> 为方便绘图，图线的宽度效果默认是关闭的，要观看线宽效果时，需要单击状态栏的线宽按钮，打开线宽的显示状态，如图 5-7 所示。

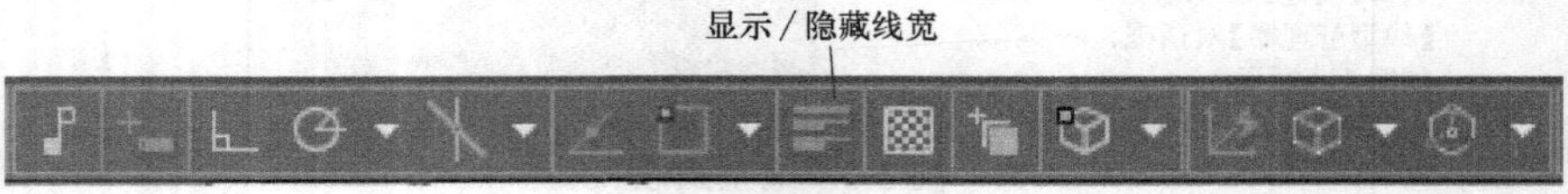

图 5-7 显示/隐藏线宽

这种修改图线特性的方法比较简单、直接，但因为每次修改都要重新选择特性，效率低、易造成混乱，所以在日常应用中，图线的管理通常会采用下面的方法。

三、图层管理的方法

在 AutoCAD 2018 中，图层（LAYER）就像是透明且重叠在一起的图纸，使用它可以有效地组织和管理图形。在绘图时将具有相同性质的对象放在同一个图层上，既可以节省存储空间，也可以对某些图层进行关闭、冻结和锁定操作，方便观察和编辑图形。

1. 新建图层

（1）打开图层对话框　单击【图层】功能区中【图层特性】命令按钮，打开【图层特性管理器】对话框，如图 5-8 所示。

（2）建立新图层　单击【图层特性管理器】对话框中的【新建】按钮，每单击一次，便建立一个新的图层，如图 5-9 所示。单击两次【新建】按钮，建立两个新图层。

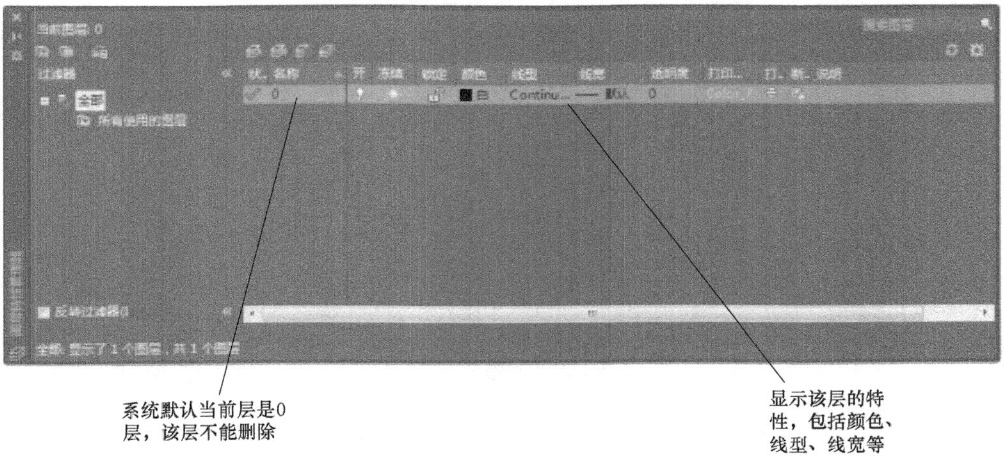

图 5-8　【图层特性管理器】对话框

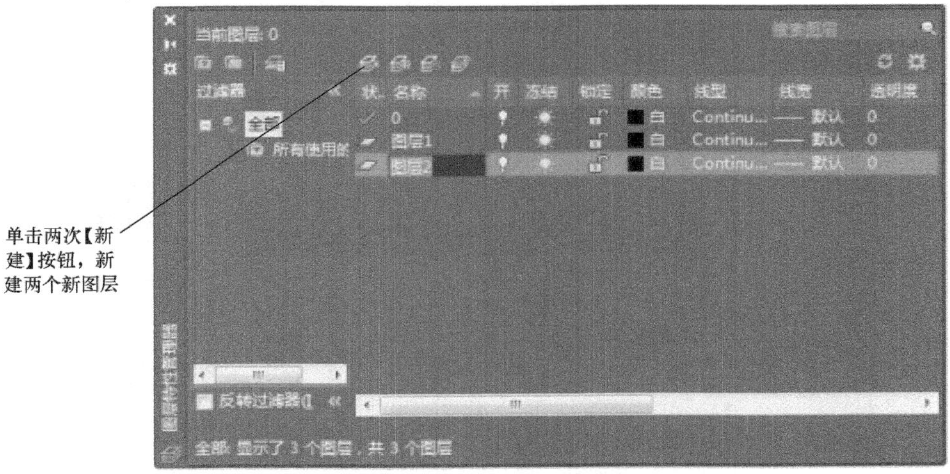

图 5-9　新建图层

（3）修改图层名称　选择要修改名称的图层，在其名称位置单击一下，然后输入新的图层名称。将新建的图层【图层 1】改为【轮廓线】，将【图层 2】改为【中心线】，如图 5-10 所示。

2. 修改图层的颜色、线型和线宽

（1）修改图层的颜色　单击【中心线】层的【颜色】选项的【白色】位置，出现【选择颜色】对话框，如图 5-11 所示。单击红色方块或直接在【颜色】文本框中填写 1，将颜色设定为红色。

以同样的方法，将【轮廓线】层的图线颜色设定为白色，然后单击【确定】按钮退出颜色设置。

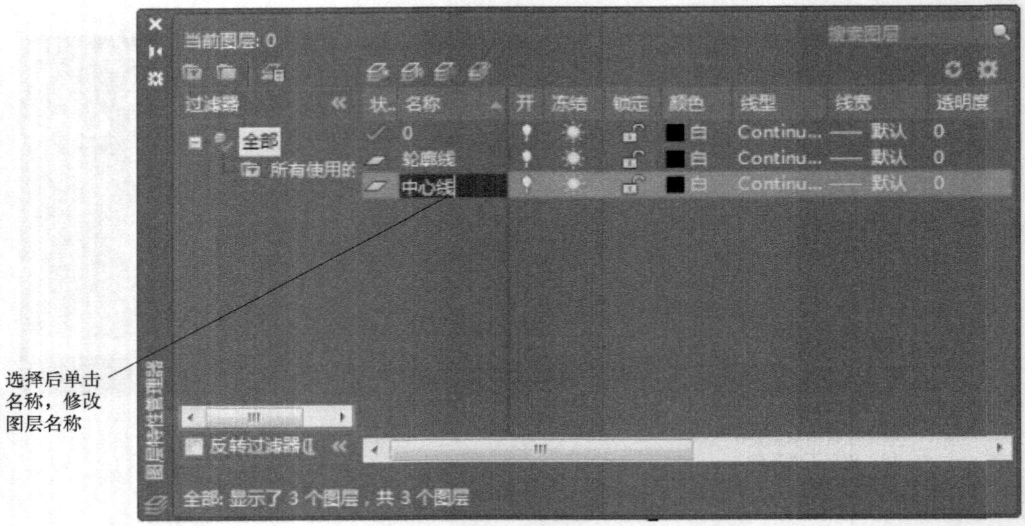

图 5-10 修改图层名称

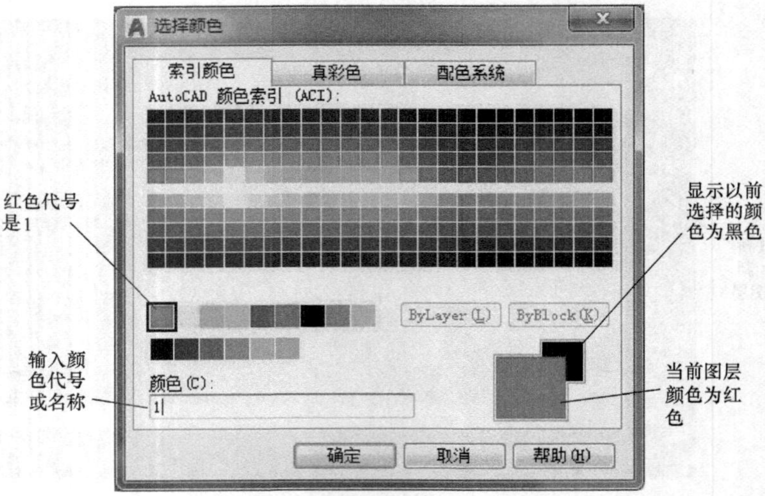

图 5-11 【选择颜色】对话框

说明：

AutoCAD 2018 提供了 256 种索引颜色，并对所有颜色进行了编号。例如红色的编号为 1、黄色为 2、绿色为 3……

(2) 修改图层的线型及线宽　单击该图层对应的【线型】【线宽】特性，其后操作参照修改图层颜色的方法。

3. 图层的应用

(1) 选择图层绘图　设置了图层的特性后，在绘图前，选择对应的图层作为当前层，所绘制的图线便放置在该层，颜色、线型、线宽等特性默认跟随图层的设置。

（2）修改已有线条的图层　对于绘制完成的图线，如果要改变其所在图层，可以先选择图线，再选择相应的图层。

四、公切线的绘制

思考与练习：

① 根据已知的两个圆，如何绘制出这两个圆的公切线？

② 公切线是唯一的吗？如果不是唯一的，应如何选择呢？

③ 在绘制公切线的时候，应当如何设置对象捕捉？

任意位置的两个圆，在不同位置，可绘制出不同的公切线，如图 5-12 所示。

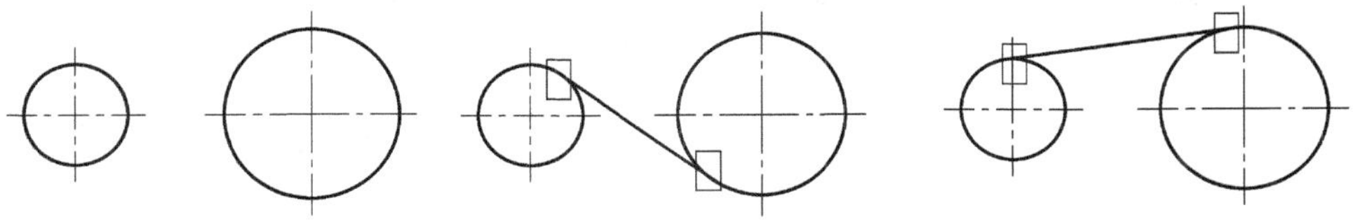

a) 原图　　　b) 内公切线　　　c) 外公切线

图 5-12　拾取不同位置得到不同的公切线

> **说明：**
> 在绘制公切线时，打开对象捕捉模式，取消选中其他捕捉模式，只选择切点模式。

【计划与实施】

一、制订绘图方案

1）设置图层、颜色、线型等内容，绘制出两条相互垂直的中心线，通过偏移命令获得垂直方向的另一条中心线。

2）分别绘制直径为 12mm 和 24mm、半径为 15mm 和 30mm 的两组同心圆。

3）绘制直径为 24mm 的圆与半径为 15mm 的圆弧的公切线。

4）通过偏移命令获得另一条公切线。

5）用相切，相切，半径的方式分别绘制出半径为 30mm 和 3mm 的两段圆弧。

6）修剪多余的线段、圆弧。

7）标注尺寸。

二、实施绘图

1. 设置图层

单击【图层】功能区中的【图层特性】命令按钮，打开【图层特性管理器】对话框。新建三个图层，其中【中心线】层的【线型】采用 ACAD_ IS004W100，并置为当前层，其余参数接受默认，如图 5-13 所示。

2. 绘制吊钩的中心线

使正交模式呈打开状态，用直线命令在绘图区内适当的位置绘制两条相互垂直的直线，如图 5-14a 所示，偏移垂直方向上的中心线获得另一条中心线，如图 5-14b 所示。

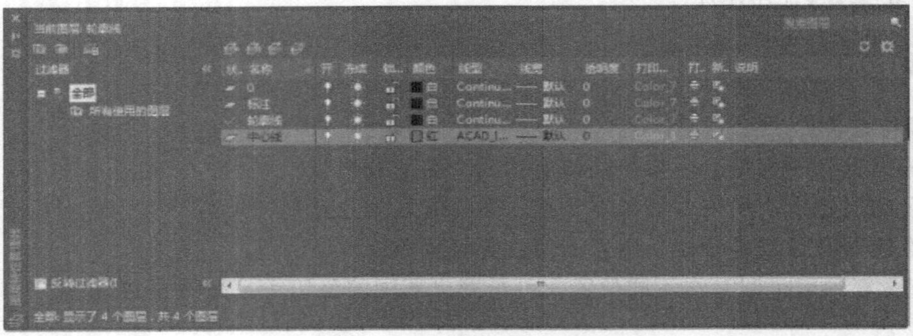

图 5-13　设置图层

a) 两条相互垂直的中心线

b) 偏移距离为46mm，得到另一条中心线

图 5-14　绘制中心线

3. 分别绘制两组同心圆

思考与练习：

① 如何能使圆心准确落在点画线的交点上？

② 采用什么方式绘制这些圆比较合适？

命令： C ↵

//快捷方式输入圆命令。

CIRCLE 指定圆的圆心或［三点(3P)/两点(2P)/切点、切点、半径(T)］:

//选择中心线左边的交点作为圆心。

指定圆的半径或［直径(D)］<0.0000>: D ↵

//选择直径 D 模式。

指定圆的直径 <0.0000>: 12 ↵

//输入直径值，结果如图 5-15a 所示。

选择同样的方法，完成其他圆的绘制，结果如图 5-15b 所示。

4. 绘制公切线

使正交模式呈关闭状态，使对象捕捉呈打开状态且只选择切点模式。

单击【绘图】功能区中的【直线】命令按钮，此时命令提示栏显示如下内容。

命令：_LINE

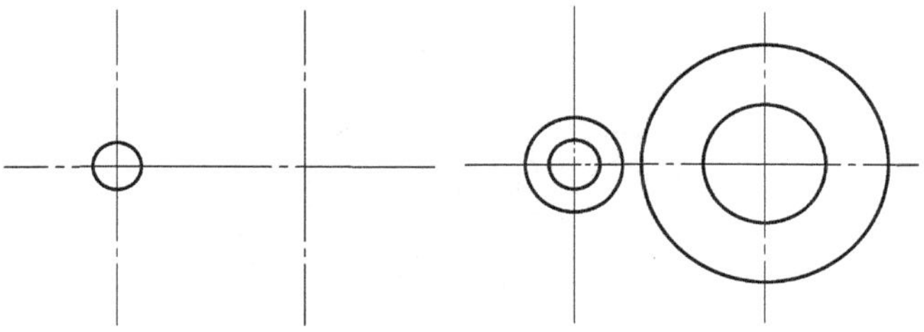

a) 绘制ϕ12mm的圆　　b) 分别绘制ϕ24mm、R15mm、R30mm的圆

图 5-15　绘制圆

*指定第一个点：*________

*指定下一点或［放弃(U)］:*________

//分别单击图 5-16a 所示圆弧区域上的两个点；

指定下一点或［放弃(U)］: ↵

//按<Enter>键完成公切线的绘制，结果如图 5-16b 所示。

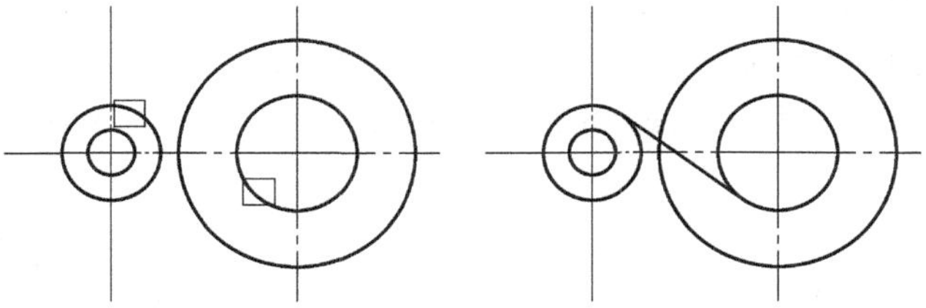

a) 单击这两个区域绘制公切线　　b) 完成公切线的绘制

图 5-16　绘制公切线

5. 偏移公切线

单击【绘图】功能区中的【偏移】命令按钮，此时命令提示栏显示如下内容。

命令:_OFFSET

当前设置:删除源=否　图层=源　OFFSETGAPTYPE=0

指定偏移距离或［通过(T)/删除(E)/图层(L)］<46.0000>: 30 ↵

//输入偏移距离。

*选择要偏移的对象,或［退出(E)/放弃(U)］<退出>:*______

//选择公切线作为偏移对象。

*指定要偏移的那一侧上的点,或［退出(E)/多个(M)/放弃(U)］<退出>:*______

//单击公切线的右上方。

选择要偏移的对象,或［退出(E)/放弃(U)］<退出>: ↵

//按<Enter>键结束偏移命令，结果如图 5-17 所示。

6. 绘制连接圆弧

单击【绘图】功能区中的【相切，相切，半径】创建圆命令按钮，此时命令提示栏显示如下内容。

命令:_CIRCLE

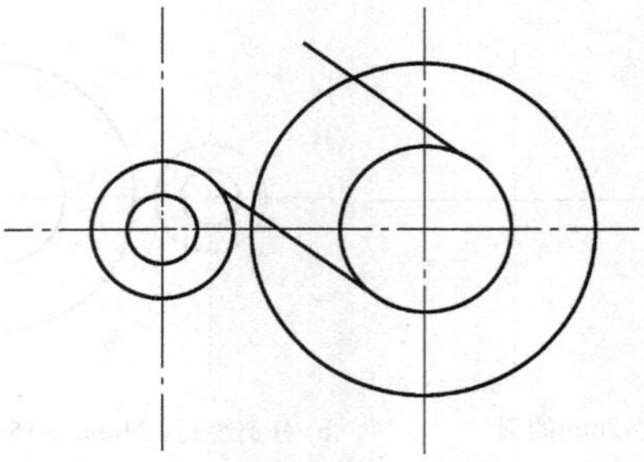

图 5-17 偏移公切线结果

指定圆的圆心或［三点(3P)/两点(2P)/切点、切点、半径(T)］:T ↵
指定对象与圆的第一个切点:
//单击左边 ϕ24mm 圆的右下方作为第一个切点位置。
指定对象与圆的第二个切点:
//单击右边 *R*30mm 圆的左下角作为第二个切点位置。
指定圆的半径 <0.0000>: 30 ↵
//输入外切圆半径绘制出一个外切圆，结果如图 5-18 所示。

重复上述操作，完成半径为 3mm 的连接圆的绘制，结果如图 5-19 所示。

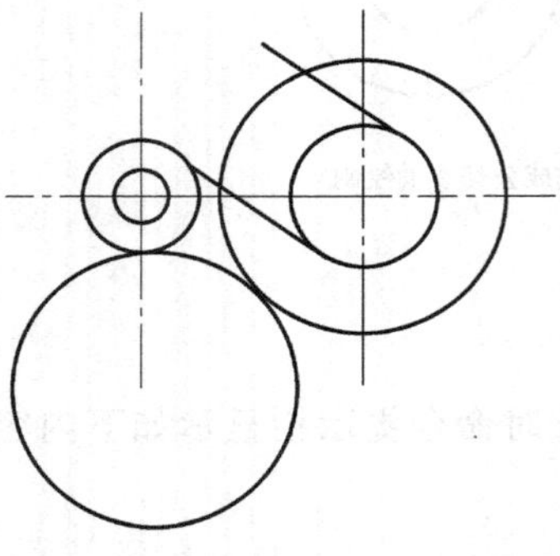

图 5-18 绘制 *R*30mm 的外切圆

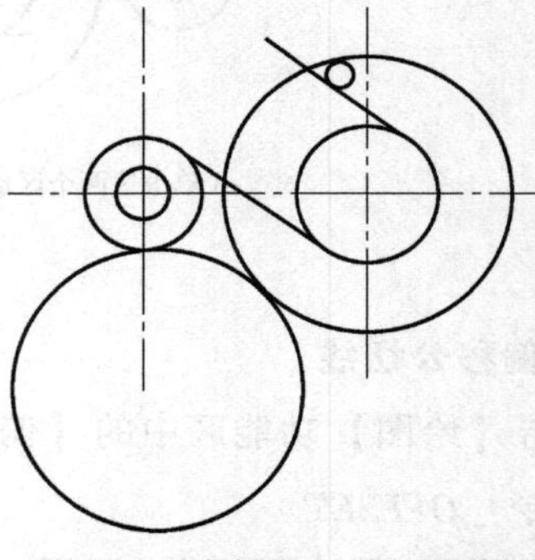

图 5-19 绘制 *R*3mm 的连接圆

7. 修剪多余的线段

（1）修剪多余线段 单击【修改】功能区中的【修剪】命令按钮 修剪，修剪多余的线段，结果如图 5-20 所示。

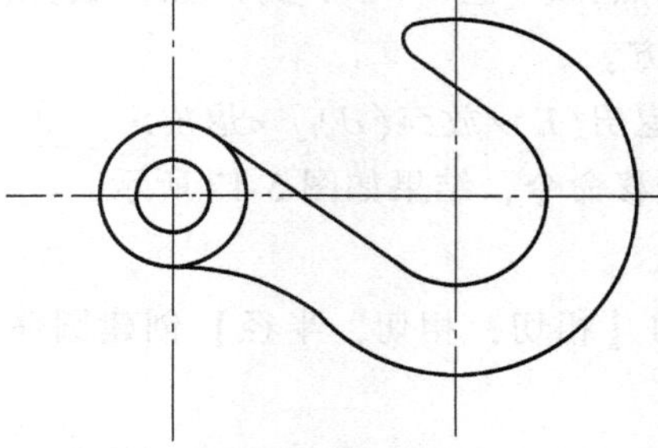

图 5-20 修剪结果

（2）打断多余中心线　单击【修改】功能区中的【打断】命令按钮，此时命令提示栏显示如下内容。

命令：__BREAK

选择对象：________

//选取要打断的对象，如图 5-21a 所示。

指定第二个打断点 或［第一点(F)］： F↵

//输入 F。

指定第一个打断点：__________

//选取中心线的最上方的端点。

指定第二个打断点：__________

//选取中心线上方适当位置的点作为第二个点，结果如图 5-21b 所示。

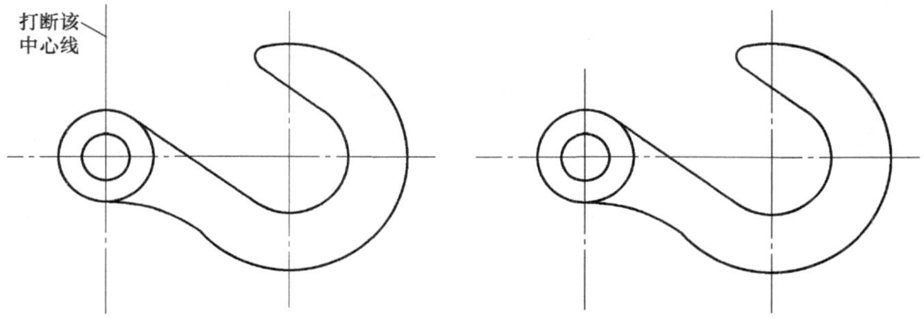

a)　　　　b)

图 5-21　打断命令

参照上述打断的操作步骤，继续打断其他中心线，结果如图 5-22 所示。

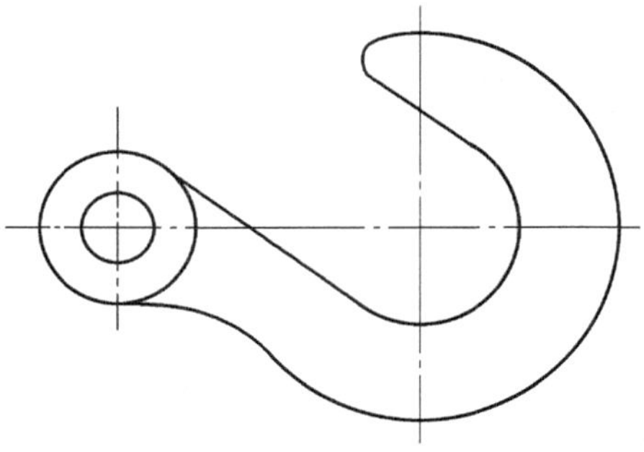

图 5-22　打断其余中心线

思考与练习：

① 打断命令有什么功能？它与修剪命令有何异同点？

② 在修剪图线过程中，常常有一些图线未修剪完全，剩下一些零碎的线段，因为没有了交点而不能修剪，怎样删除这些无用的线条？

③ 线条长了可以采用修剪、打断等命令处理；如果短了，应如何延长？

8. 标注尺寸

1）标注半径、直径、中心线距离，结果如图 5-23 所示。

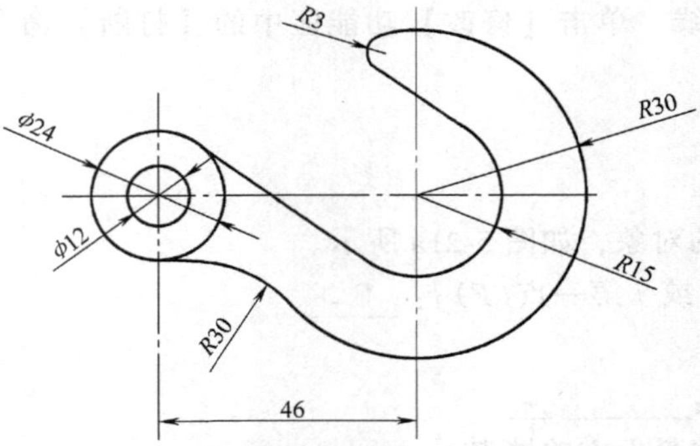

图 5-23　标注半径、直径、中心线距离

2）标注平行切线之间的距离 30mm。

思考与练习：

① 用线性标注进行该尺寸的标注。

② 找出对齐标注的命令按钮，对比对齐标注与线性标注的区别。

单击【注释】功能区里的【对齐】命令按钮 对齐，此时命令提示栏显示如下内容。

命令：_DIMALIGNED

指定第一个尺寸界线原点或 <选择对象>：____

　　//捕捉其中一条直线的一个点。

指定第二条尺寸界线原点：

　　//捕捉另一条直线的垂足点，如图 5-24a 所示。

指定尺寸线位置或

[多行文字(M)/文字(T)/角度(A)]：______

标注文字 = 30

　　//把文字放在合适的位置即可，结果如图 5-24b 所示。

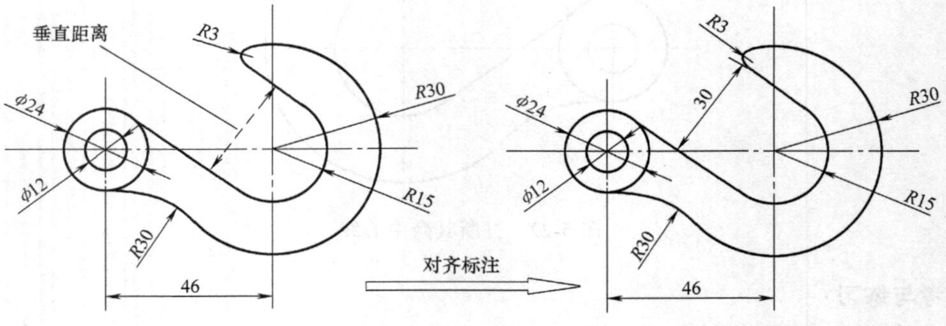

a)　　　　b)

图 5-24　用对齐标注的方式标注平行切线之间的距离

【知识拓展】

1）根据实际操作，总结图层的属性，完成表 5-2。

表 5-2　图层的属性

图标	名称	关闭时对图层的影响		
		图线的可见性	图线的可编辑性	图层的可操作性
	打开/关闭			
	冻结			
	锁定			

2）如果在删除某个图层时，系统出现图 5-25 所示的提示内容，请找出原因及解决办法。

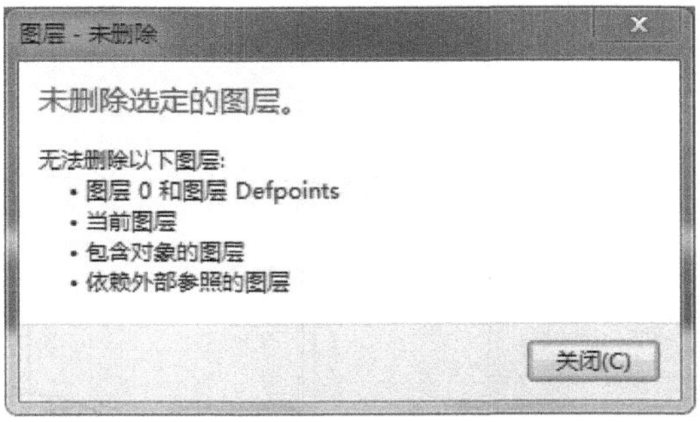

图 5-25　图层操作提示

【检查与评价】（表 5-3）

表 5-3　项目五学生表现评价表

评价项目		具体评价内容	配分	自评	互评	教师评
项目完成的质量		项目按时且保质完成，图线绘制正确	20			
知识与技能	图层设置方法	理解图层设置的相关知识并掌握图层设置的方法	10			
	公切线的绘制	掌握公切线的绘制方法	15			
	打断命令	正确使用打断命令	10			
	尺寸标注	学会使用对齐标注方式标注尺寸	10			
	课后练习完成情况	熟练、正确完成课后练习	20			
学习过程	信息技能	通过系统的帮助功能及试操作，解决“思考与练习”及“知识拓展”所提问题	5			
	创新	提出可行的绘图实施方案，具有创新意识	5			
	合作	小组互动性好，主动提问并正确解决	5			
评语（优、缺点与建议）：			合计			
			总评价（等级）			

注：评价等级与分数的关系是 85≤优≤100，70≤良<85，55≤中<70，40≤差<55。

【强化练习】

根据不同线型要求，设置不同图层，按 1：1 比例完成图 5-26～图 5-29 所示图形的绘制，并标注尺寸。

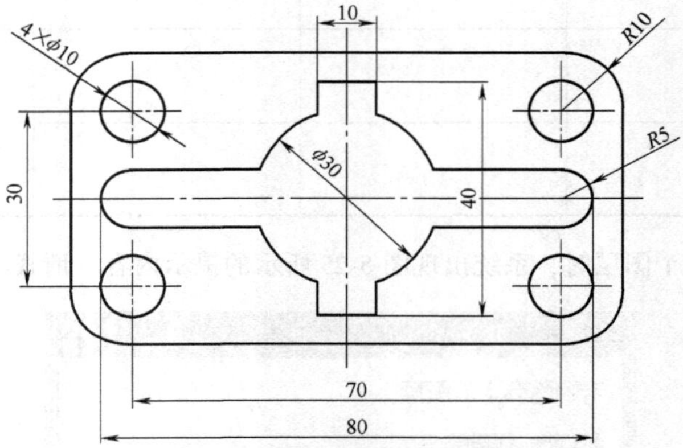

图 5-26　平面图形绘制练习 1

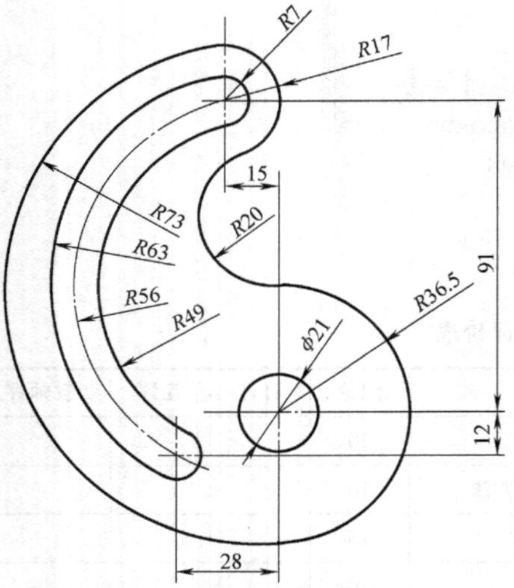

图 5-27　平面图形绘制练习 2

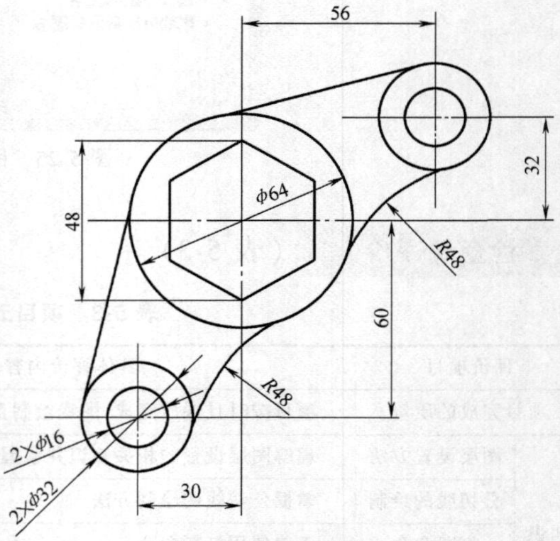

图 5-28　平面图形绘制练习 3

项目六

绘制椭圆形垫片

【学习任务描述及具体要求】

按 1∶1 比例完成图 6-1 所示椭圆形垫片的绘制，以“sm6”为文件名保存文件。

【学习目标】

1）掌握椭圆的绘制方法。
2）学会使用一般复制与镜像复制命令。
3）掌握倒圆角的操作方法。
4）能使用不同的选择方式，对图线进行选择。
5）学会对尺寸标注中的文字进行修改。

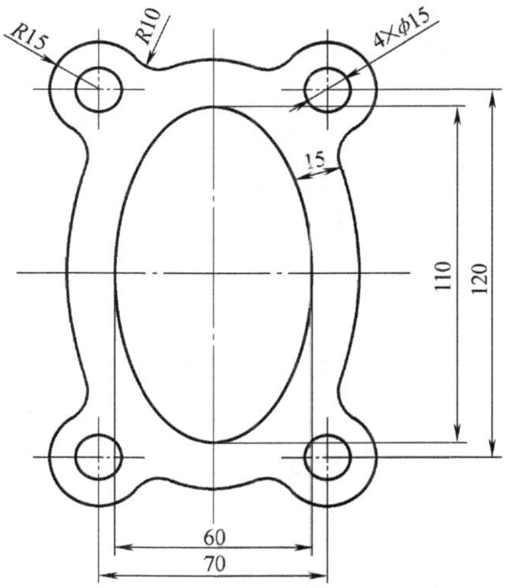

图 6-1 绘制椭圆形垫片

【知识准备】

一、确定椭圆的参数

思考与练习：

① 绘制一个椭圆，需要知道哪些参数？
② 绘图功能区上的椭圆命令按钮是____。
③ 菜单栏中一共有哪些绘制椭圆的方法？

AutoCAD 2018 提供的绘制椭圆方法如图 6-2 所示。

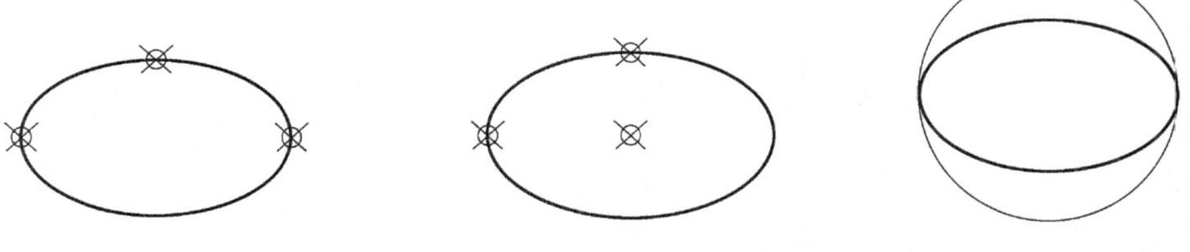

a) 已知长、短轴的任意三个端点　b) 已知中心与长、短轴端点　c) 圆旋转一定角度后的投影

图 6-2 三种绘制椭圆的方式

二、圆角命令

思考与练习：

① 圆角命令属于绘图命令还是编辑命令？找出该命令的命令按钮。

② 绘制两条成一定角度的直线，如图 6-3a 所示，并尝试运用半径为 10mm 的弧线对其进行圆角的修剪，如图 6-3b 所示。观察图 6-3c 所示结果。

③ 圆角在零件中起到什么作用？在机械制图中称之为什么？

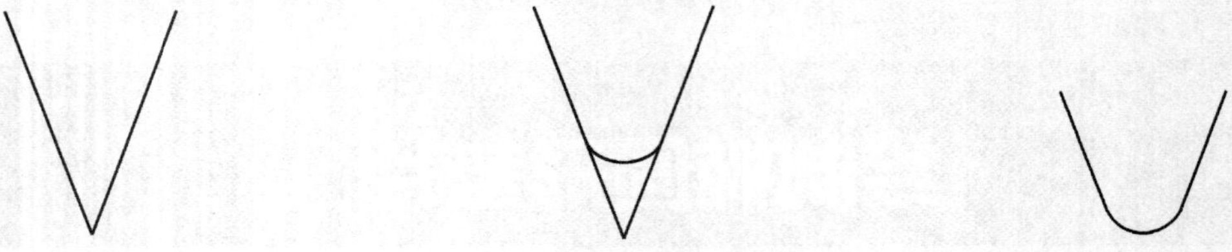

a) 原图　　b) 不修剪模式时的倒圆角效果　　c) 修剪模式时的倒圆角效果

图 6-3　不同圆角模式的效果

【计划与实施】

一、制订绘图方案

1）设置图层、颜色、线型等内容，绘制出两条相互垂直的对称中心线。

2）绘制里层小椭圆。

3）偏移距离为 15mm，获得外层大椭圆。

4）通过对垫圈的对称中心线进行偏移，确定四组同心圆的中心位置。

5）然后用圆心，直径/半径方式绘制出一组直径分别为 15mm 和 30mm 的同心圆。

6）复制其余三组同心圆。

7）绘制半径为 10mm 的连接圆弧。

8）修剪多余图线。

9）标注尺寸。

二、实施绘图

1. 设置图层

单击【特性】功能区中的【图层特性】命令按钮，打开【图层特性管理器】对话框。增加两个图层，其中【中心线】层的【线型】采用 ACAD_IS004W100，并设置为当前层，其余参数接受默认，如图 6-4 所示。

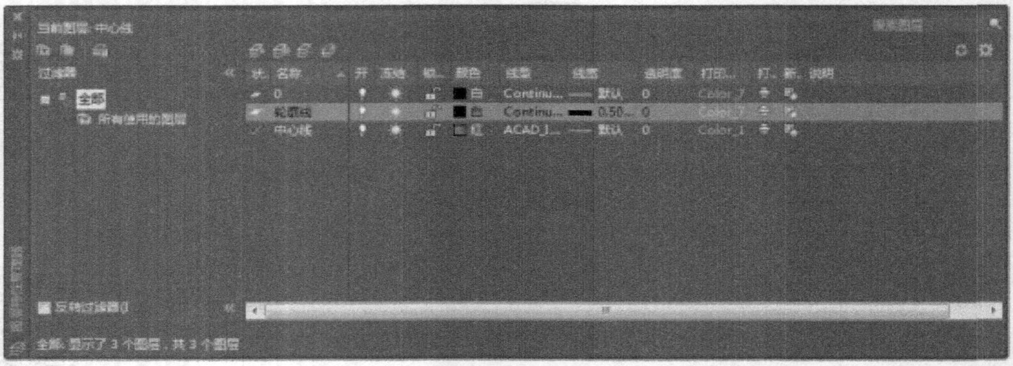

图 6-4　设置图层

2. 绘制椭圆垫片的中心线

打开正交模式状态，用直线命令在绘图区选择合适的位置绘制两条相互垂直的中心线，结果如图 6-5 所示。

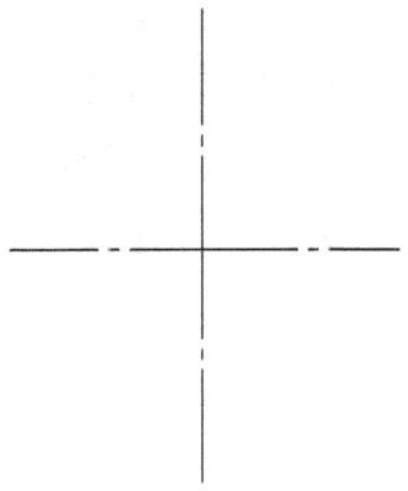

图 6-5　绘制中心线

3. 绘制里层小椭圆

思考与练习：

① 该椭圆已知哪些条件？

② 选择哪些绘图方式可以绘制出该椭圆？哪种方式比较方便？

单击【绘图】功能区中的【圆心】椭圆创建命令按钮，此时命令提示栏显示如下内容。

命令:_ELLIPSE

指定椭圆的轴端点或［圆弧(A)/中心点(C)］: C

指定椭圆的中心点:

//捕捉中心线交点。

指定轴的端点: @ 30,0 ↵

//输入短轴的数值。

指定另一条半轴长度或［旋转(R)］: 55 ↵

//输入长轴的数值，结果如图 6-6 所示。

4. 偏移出同心椭圆

单击【修改】功能区中的【偏移】命令按钮，此时命令提示栏显示如下内容。

命令:_OFFSET

当前设置:删除源=否　图层=源　OFFSETGAPTYPE=0

指定偏移距离或［通过(T)/删除(E)/图层(L)］<通过>: 15 ↵

//指定偏移距离为 15mm。

选择要偏移的对象,或［退出(E)/放弃(U)］<退出>:

//选取要偏移的对象。

指定要偏移的那一侧上的点,或［退出(E)/多个(M)/放弃(U)］<退出>:

//将光标移动至偏移的一侧，单击。

选择要偏移的对象,或［退出(E)/放弃(U)］<退出>:

//结果如图 6-7 所示。

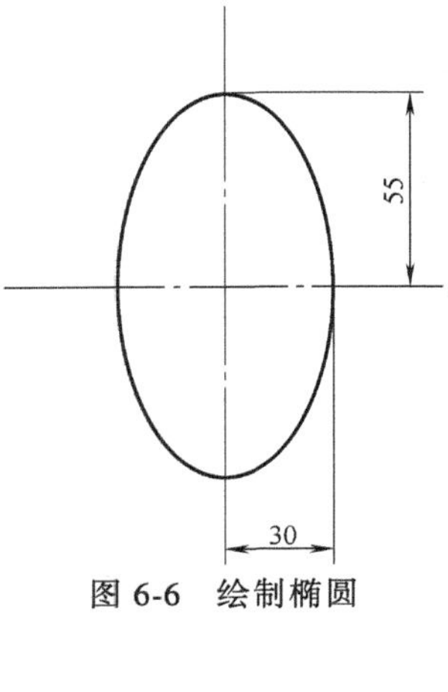

图 6-6　绘制椭圆

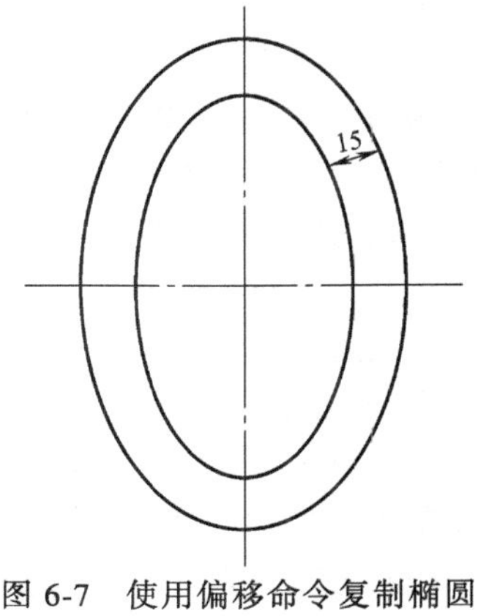

图 6-7　使用偏移命令复制椭圆

5. 偏移圆心定位中心线

用偏移命令，分别偏移出距离为35mm和60mm的中心线，偏移结果如图6-8所示。

6. 绘制直径分别为15mm和30mm的圆

利用已知圆心位置、直径条件，绘制其中一组同心圆，结果如图6-9所示。

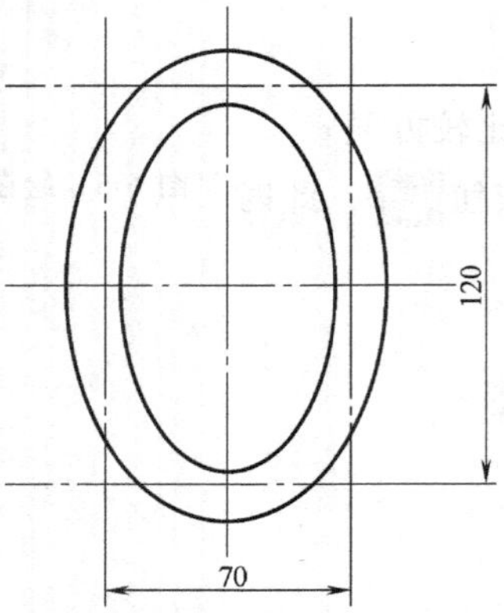

图6-8　使用偏移命令复制中心线

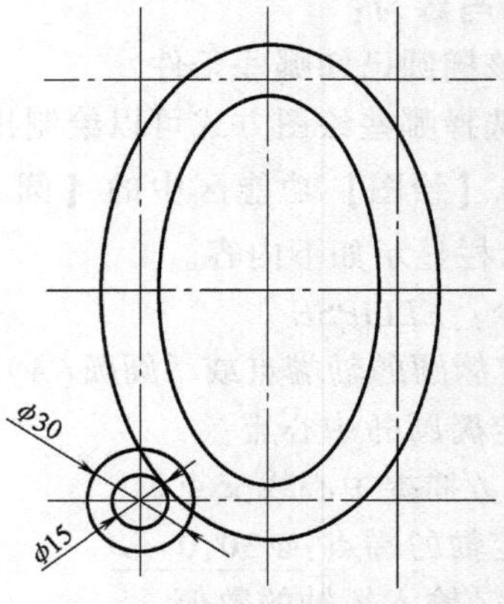

图6-9　已知圆心、直径绘制圆

7. 复制其余同心圆

思考与练习：

① 找出复制命令按钮及命令名称。

② 什么是复制命令中的基点和目标点？举例说明。

单击【修改】功能区中的【复制】命令按钮，此时命令提示栏显示如下内容。

命令:_COPY

选择对象:找到 1 个

选择对象:找到 1 个,总计 2 个

　　//选取 ϕ15mm 和 ϕ30mm 一组同心圆。

选择对象: ↵

　　//按<Enter>键结束选择

当前设置:　复制模式 = 多个

指定基点或［位移(D)/模式(O)］<位移>:

　　//单击选定圆的圆心作为基点。

指定第二个点或［阵列(A)］<使用第一个点作为位移>:

　　//单击其他圆的圆心位置。

指定第二个点或［阵列(A)/退出(E)/放弃(U)］<退出>:

　　//单击其他圆的圆心位置。

指定第二个点或［阵列(A)/退出(E)/放弃(U)］<退出>:

　　//单击其他圆的圆心位置。

指定第二个点或［阵列(A)/退出(E)/放弃(U)］<退出>: ↵

　　//按<Enter>键结束复制，结果如图6-10所示。

8. 用圆角命令绘制连接圆弧

单击【修改】功能区中的【圆角】命令按钮，此时命令提示栏显示如下内容。

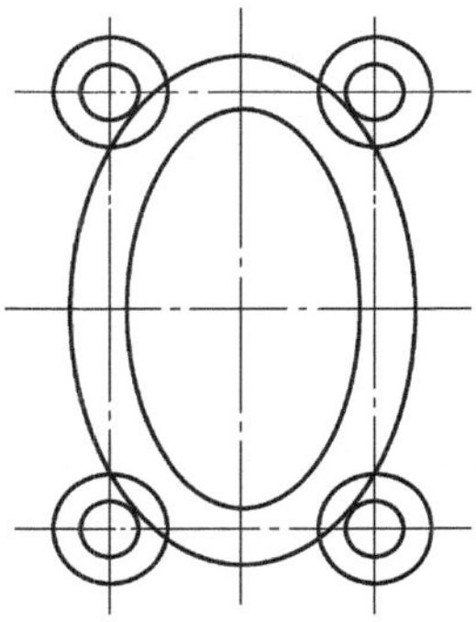

图 6-10　复制各同心圆

命令:_FILLET

当前设置:模式 = 修剪,半径 = 0.0000

//当前命令执行模式。

选择第一个对象或[放弃(U)/多段线(P)/半径(R)/修剪(T)/多个(M)]: R ↵

//设置倒圆角的半径。

指定圆角半径 <0.0000>: 10 ↵

//输入倒圆角半径为 6mm。

选择第一个对象或[放弃(U)/多段线(P)/半径(R)/修剪(T)/多个(M)]:

//单击选取圆弧过渡附近的椭圆圆角。

选择第二个对象,或按住 Shift 键选择对象以应用角点或[半径(R)]:

//单击选取过渡连接的圆相邻圆周上的一点。

完成一段过渡圆弧的绘制，重复上述操作，绘制左上方的圆弧，结果如图 6-11 所示。

说明：

1. 在选择倒圆角对象时，单击选取对象的不同位置，会产生不同的效果，如图 6-12 所示。

2. 修剪模式与不修剪模式的效果对比如图 6-13 所示。需要注意的是，修剪模式对圆、椭圆等封闭曲线不起作用。

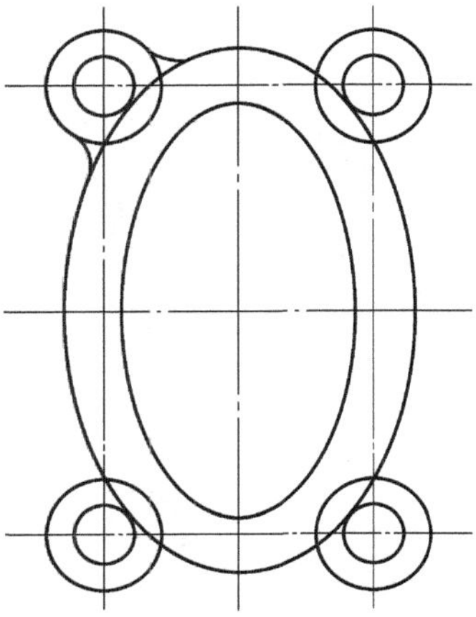

图 6-11　用圆角命令绘制连接圆弧

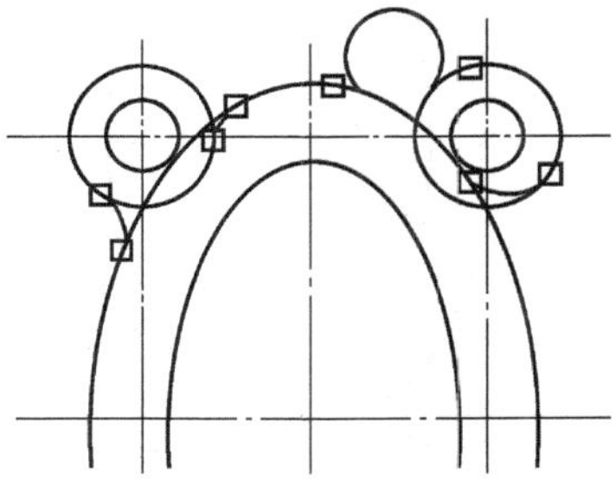

图 6-12　单击选取不同位置的不同效果

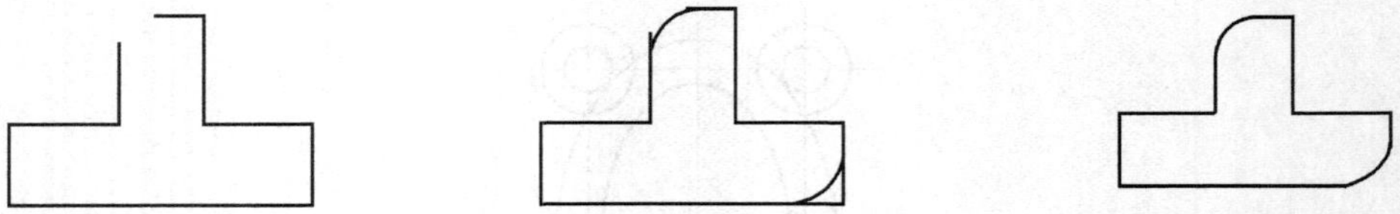

a) 原图　　b) 不修剪模式时的倒圆角效果　　c) 修剪模式时倒圆角效果

图 6-13　不同模式的倒圆角效果

思考与练习：

对两条成一定角度，但间隙过宽（大于倒圆半径）的直线，如图 6-14 所示，能进行倒圆角操作吗？分别将模式设置成修剪模式和不修剪模式，试一试，并总结两种模式下倒圆角的效果。

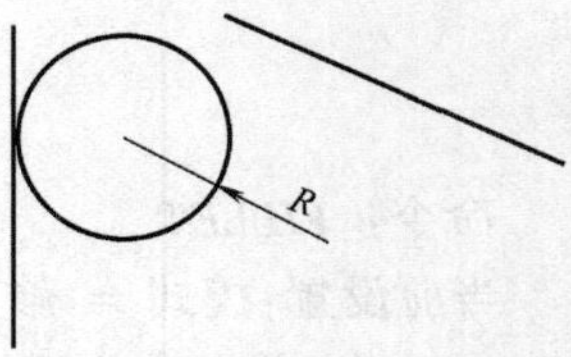

图 6-14　倒圆角练习

9. 使用镜像命令复制其余对称的圆弧

思考与练习：

① 镜像命令如何使用？

② 镜像后的图线与原图对比，有什么特征变化？

单击【修改】功能区中的【镜像】命令按钮，此时命令提示栏显示如下内容。

命令：_MIRROR

选择对象：找到 1 个

选择对象：找到 1 个，总计 2 个

//分别选取两段圆弧。

选择对象：↵

//按<Enter>键结束选择。

指定镜像线的第一点：指定镜像线的第二点：

//分别单击选取垂直中心线的两个端点。

要删除源对象吗？［是(Y)/否(N)］<否>：↵

//不删除源对象，结果如图 6-15 所示。

用同样方法，绘制上下对称的圆弧，结果如图 6-16 所示。

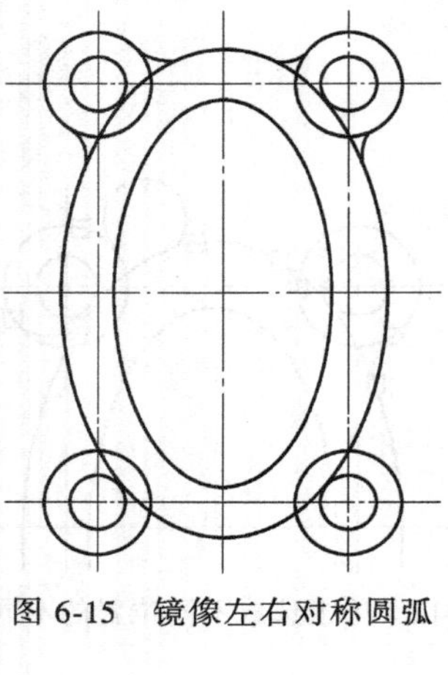

图 6-15　镜像左右对称圆弧

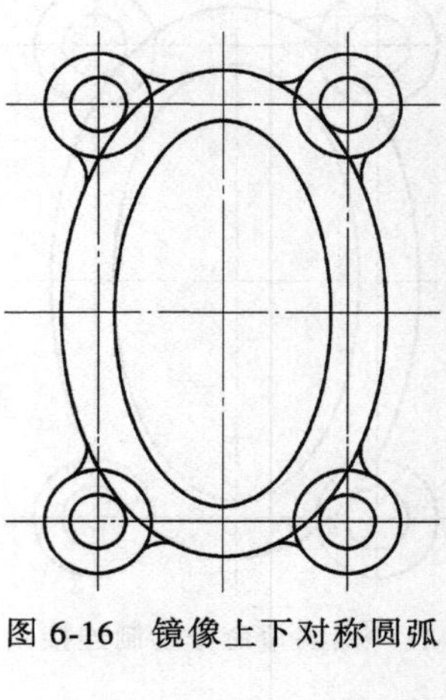

图 6-16　镜像上下对称圆弧

10. 修剪多余的图线

利用修剪功能对图像多余图线进修修剪，结果如图 6-17 所示。

11. 标注尺寸

单击【注释】功能区中的【直径】标注命令按钮，此时命令提示栏显示如下内容。

命令:_DIMDIAMETER

*选择圆弧或圆:*____

标注文字=15

　　//单击选取圆弧上任意的位置

指定尺寸线位置或[多行文字(M)/文字(T)/角度(A)]:　T↵

　　//指定编辑标注文字。

*输入标注文字 <15>:*4×%%c15 ↵

　　//输入标注的新文字内容 4×%%c15。

*指定尺寸线位置或[多行文字(M)/文字(T)/角度(A)]:*____

　　//指定适当的位置放置文字。

标注其余尺寸，结果如图 6-18 所示。

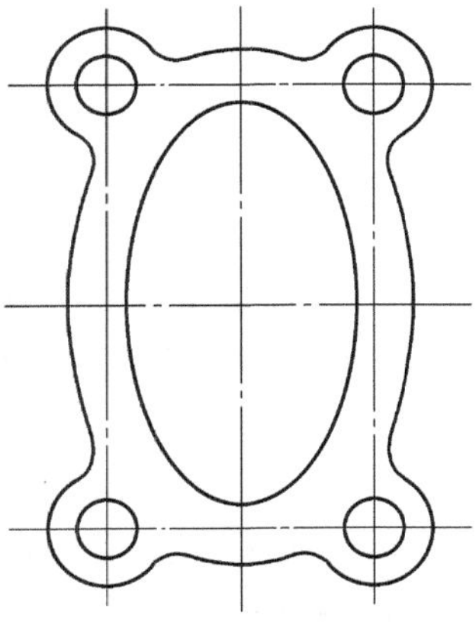

图 6-17　修剪多余图线

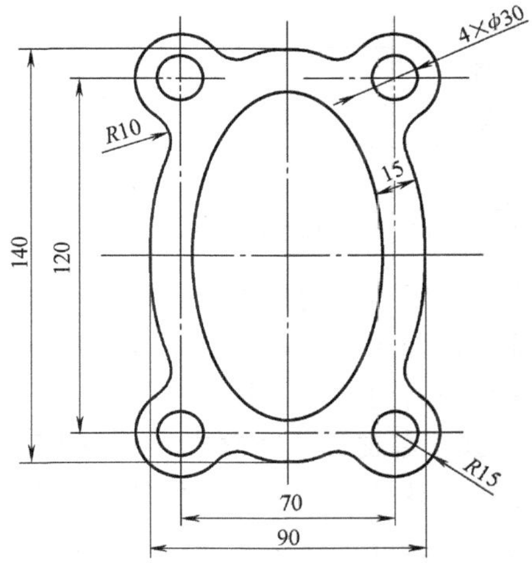

图 6-18　标注尺寸

说明:

1. 在 AutoCAD 2018 中，%%c 代表直径代号“φ”，%%d 代表度数符号“°”，%%p 代表正负符号“±”。

2. 乘号“×”和其他数学符号可以用数学符号软键盘输入。

【知识拓展】

一、指定距离的复制

复制命令，除了可以按基点和目标点复制外，还可以按指定距离复制，如图 6-19 所示，由已知的圆复制出指定距离的圆，不必先绘制中心线作为定位基准线。

单击【修改】功能区中的【复制】命令按钮，此时命令提示栏显示如下内容。

命令:_COPY

选择对象:指定对角点:找到 2 个

//选择圆和中心线,如图 6-19 所示。

选择对象: ↵

//按<Enter>键结束选择。

当前设置:复制模式=多个

指定基点或[位移(D)/模式(O)]<位移>: D ↵

//选择输入位移方式。

指定位移 <0.0000,0.0000, 0.0000>: @50,0 ↵

//输入位移量,X 方向位移为 50mm(Y 和 Z 方向因为位移为 0,可以省略)。

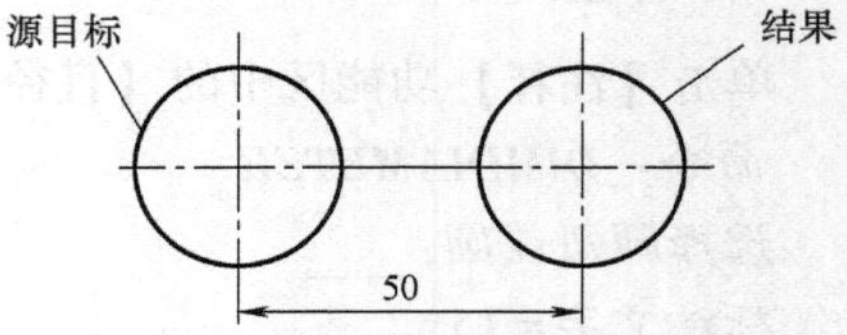

图 6-19　指定位移量复制圆

总结偏移、复制和镜像命令，并完成表 6-1。

表 6-1　偏移、复制和镜像命令说明

命令	命令图标	应用范围	所需参数
偏移			
复制			
镜像			

二、不同的对象选择方式

进行编辑命令的操作时，往往要选择图形，而 AutoCAD 2008 提供了极其丰富的选择操作，除了前面用到的直接单击选取对象、窗选和交叉选取，还有很多种其他的选择方法，以适应不同场合对象的选择。

1. 直接单击选取对象方式（POINT）

这是默认的一种选择目标的基本方式。当命令提示栏出现“选择对象:”提示时，将选择框直接移到欲选择实体的任意部分，并单击，系统将自动扫描画面，搜索出被光标选中的实体，该实体以虚线方式显示，表明实体被选中，并且在命令提示栏重复出现“选择对象:”提示，等待继续选择目标。

这种选取方式一次只能选择一个实体，若选择的实体具有一定宽度时，要单击边界上的点，而不能单击区域内的点。

2. 多重指定方式（MULTIPLE）

在命令提示栏出现“选择对象:”提示时，输入 M，进入该选择对象方式。在每次出现“选择对象:”提示下，用光标框选一个实体，可以反复多次选取，但所选择的实体不会立即以虚线显示，当按<Enter>键响应最后一次出现的“选择对象:”提示时，所有被选取的实体同时变为虚线显示。与直接单击选取方式的区别在于，该方式减少画面搜索次数，从而节省了时间。

3. 窗口方式（WINDOW）

该方式是通过定义一个矩形窗口来选择编辑目标，凡在该窗口内被完全包括的实体都被选中，因此可一次选择多个实体，此时，屏幕上的窗口显示为虚线框。

4. 交叉窗口方式（CROSSING）

与窗口方式基本相同，该方式也是用一个矩形窗口来选择编辑目标，但区别是只要实体有一部分处于窗口中即被选中，因此它的选取范围较大，此时，屏幕上的窗口显示为虚线框。

5. 选择盒方式（BOX）

在“选择对象:”提示下，输入 BOX，进入该选择方式，光标由方框变为十字形。可实现窗口及交叉窗口方式的选择，即根据提示给出窗口两角点，若拾取的第二角点位于第一角点的右边，则为窗口方式；若拾取的第二角点位于第一角点的左边，则为交叉窗口方式。

6. 自动选择方式（AUTO）

这是系统默认的选择方式，也是最常用的一种选择方式，其功能包括直接单击选取方式、窗口方式和交叉窗口方式。在“选择对象:”提示下，用光标拾取一点。若该单击选中了一个实体，即为直接单击选取方式；若拾取的点在屏幕空白处（未选中目标），则自动成为 Box 方式的第一个角点，此时功能与 BOX 方式相同。

7. 循环选择方式（CYCLING）

当几个实体交叉重叠在一起时，要从中选择一个实体十分困难。为解决这一问题，AutoCAD 2018 提供了循环选择的功能。方法是按<Ctrl>键的同时将光标移至重叠点，单击，光标由方框变为十字，同时在命令提示栏出现“<循环 开>”提示内容，表明循环方式被打开。此时重复单击屏幕上的一点，可以循环选择与该点相连接的实体。选中目标后，按<Enter>键，光标由十字变为方框，同时在命令提示栏出现“<循环 关>”提示内容，表明循环方式被关闭，系统回到默认的自动选择方式。

8. 多边形窗口方式（WPOLYGON）

在“选择对象:”提示下，输入 WP，进入该方式，其功能与窗口方式类似，但可用多边形区域选择实体。该多边形可以是任意多边形，但它本身不能封闭。最后按<Enter>键，系统自动形成封闭和选择区域。

9. 交叉多边形窗口方式（CPOLYGON）

在“选择对象:”提示下，输入 CP，进入该方式。其多边形的形成规则与 WP 方式相同，选择实体的功能与交叉方式相同。

10. 加入模式（ADD）**和扣除模式**（REMOVE）

系统在选择目标时有以下两种模式。

（1）加入模式　在该模式下，系统提示“选择对象:”，此时，任何最新选中的目标都被加到选择集中。每次调用一条编辑命令后，其初始的模式都为加入模式。

（2）移去模式　它是选择集中的目标进行操作，在选择集中，将被选中的目标移出选择集。在“选择对象:”提示下，输入 R，系统提示变为“删除对象:”，这时选择已虚线显示的原先被选中的图形，又恢复它的正常显示，表示它已被移出选择集。要转为加入模式，在“删除对象:”提示下输入 A，出现“选择对象:”的提示。

11. 最后方式（LAST）

在“选择对象:”提示下，输入 L，进入该方式，选择调用编辑命令之前最后绘制的图形实体作为编辑目标。但是该方式只能选取唯一目标，要想选取其他目标，需要用其他方式继续选择。

12. 重复前面的编辑目标（PREVIOUS）

在“选择对象:”提示下，输入 P 进入该方式，系统反调用编辑命令之前构造好的选择要作为当前的编辑目标。

13. 连线方式（FENCE）

在“选择对象:”提示下，输入 F，进入该方式，用多点连线的方式选择实体。凡是与连线相交的实体即被选中。

14. 全部选择（ALL）

在“选择对象:”提示下，输入 ALL 进入该方式，可选择该图形文件中的全部实体，包括冻结层和锁定层的全部实体。

15. 目标组方式（GROUP）

用于选择已定义的若干个目标组。当输入已定义的组名时，则选中该组名中所包含的所有实体；当用直接点取方式选中目标组的某一个实体时，则整个目标组被选中。

16. 取消选择操作（UNDO）

在“选择对象:”提示下，输入 U，将取消最后一次进行的目标选择操作。

【检查与评价】（表 6-2）

表 6-2　项目六学生表现评价表

评价项目		具体评价内容	配分	自评	互评	教师评
项目完成的质量		项目按时且保质完成,图线绘制正确	20			
知识与技能	椭圆命令	正确使用椭圆命令	15			
	复制、镜像命令	正确使用复制、镜像命令	10			
	圆角命令	正确使用圆角命令,数据准确	10			
	尺寸标注文字修改	学会尺寸标注中修改文字的方法	10			
	课后练习完成情况	熟练、正确完成课后练习	20			
学习过程	信息技能	通过系统的帮助功能及试操作,解决“思考与练习”及“知识拓展”所提问题	5			
	创新	提出可行的绘图实施方案,具有创新意识	5			
	合作	小组互动性好,主动提问并正确解决	5			
评语(优、缺点与建议):			合计			
			总评价(等级)			

注：评价等级与分数的关系是 85≤优≤100，70≤良<85，55≤中<70，40≤差<55。

【强化练习】

1）绘制图 6-20 所示的长、短轴分别是 50mm 和 30mm 的椭圆。

2）运用复制、镜像等命令，按 1∶1 的比例完成图 6-21～图 6-25 所示平面图形的绘制，并标注尺寸。

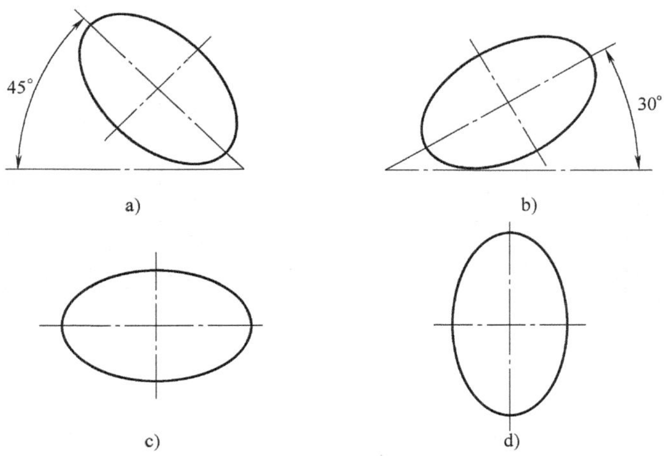

图 6-20　绘制椭圆

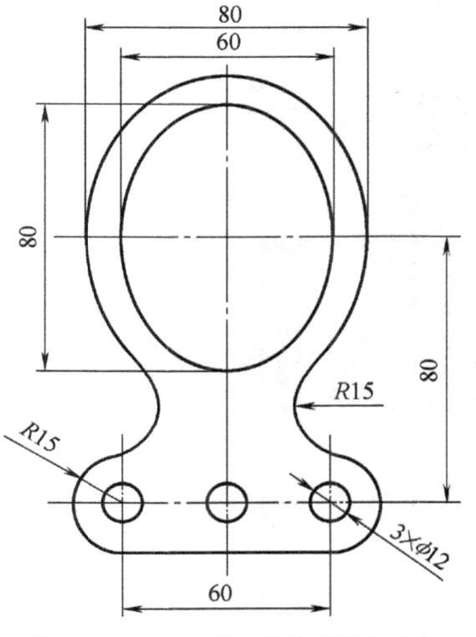

图 6-21　平面图形绘制练习 1

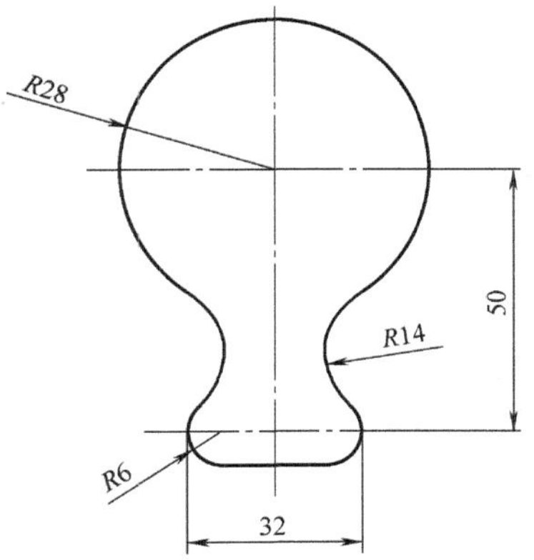

图 6-22　平面图形绘制练习 2

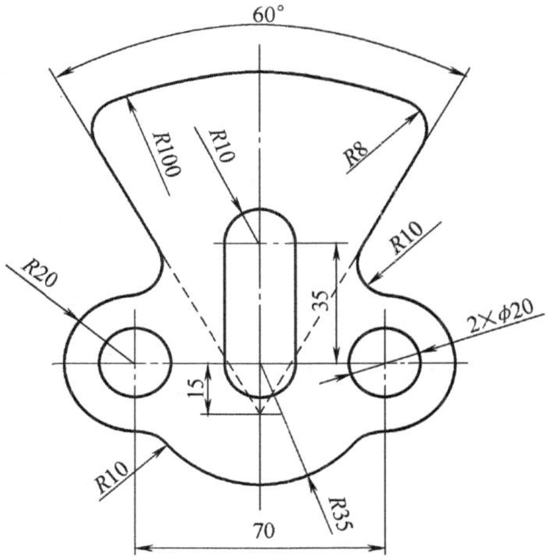

图 6-23　平面图形绘制练习 3

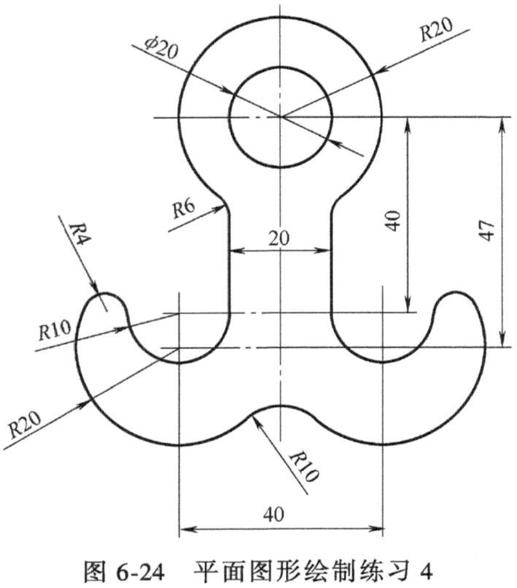

图 6-24　平面图形绘制练习 4

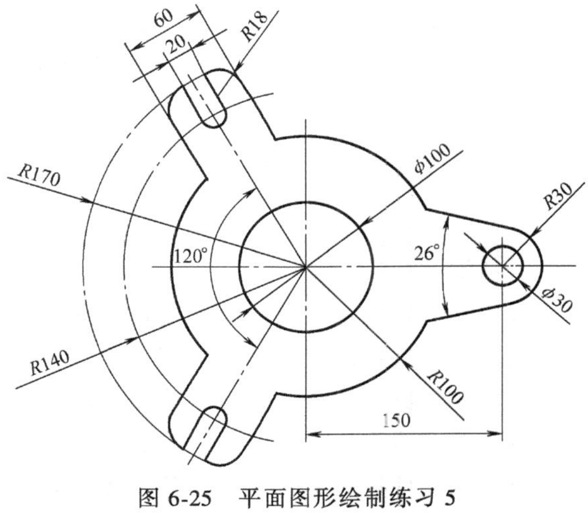

图 6-25　平面图形绘制练习 5

项目七

绘制交换齿轮架

【学习任务描述及具体要求】

用构造线命令绘制图7-1所示图形的中心，完成交换齿轮架的绘制。以“sm7”为文件名保存文件。

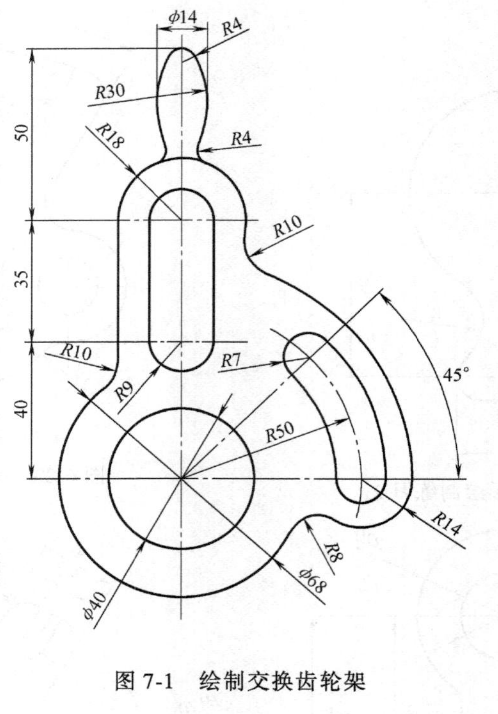

图7-1 绘制交换齿轮架

【学习目标】

1）掌握用构造线命令绘制定位基准线的方法。
2）掌握二维图线的绘制顺序。
3）掌握圆弧的各种连接方法和技巧。
4）了解线型比例的意义，掌握调整线型的方法。
5）学会使用尺寸标注中的角度标注方式标注尺寸。

【知识准备】

一、认识构造线

思考与练习：

① 找出构造线命令图标和命令名称。

② 试绘制一条构造线，对比使用直线命令绘制出来的直线与构造线命令绘制出来的直线，在外形上有什么区别？

与直线命令绘制出来的线段相比，用构造线命令绘制出来的直线并没有端点，是无限延伸的，加上其灵活的定位方式，常用于绘制基准中心线及基线。

构造线的定位方式有以下几种。

(1) 两点（默认）　输入构造线通过的两点，绘制一条构造线。

(2) 水平（H）/一点　输入构造线通过的一个点，绘制一条水平的构造线。

(3) 垂直（V）/一点　输入构造线通过的一个点，绘制一条垂直的构造线。

(4) 角度（A）/一点　输入构造线通过的一个点，绘制一条指定角度的构造线。

(5) 二等分（B）/角度顶点　输入已知的夹角顶点，绘制一条平分该夹角的构造线。

(6) 偏移（O）　绘制一条按指定距离并与已知直线平行的构造线。

二、线型比例

在 AutoCAD 2018 提供的线型中，除实线（Continuous）外，其他线型都是由实线段、空白段或点、字符组成的重复序列。系统对线型中每小段的长度是按绘图单位进行定义的，在屏幕上显示的长度与使用时设置的缩放倍数及线型比例成正比。因此，经常要对线型比例（LTSCALE）进行调整。

1. 线型比例命令

命令：LTSCALE ↵

//命令行输入线型比例命令。

2. 调整线型比例系数

命令：_LTSCALE 输入新线型比例因子 <1.0000>：0.5 ↵

//新的线型比例为 0.5。

> **说明：**
> 当输入系数大于 1 时，线型拉长；当输入系数小于 1 时，线型缩短，如图 7-2 所示。

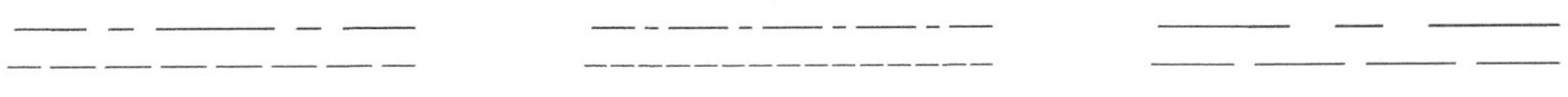

a) 原线型大小　　b) 线型比例为0.5　　c) 线型比例为2

图 7-2　线型比例效果

【计划与实施】

一、制订绘图方案

思考与练习：

① 什么是已知线段、过渡线段和连接线段？

② 指出本任务中，哪些线段是已知线段、过渡线段和连接线段？

③平面绘图应该按什么顺序绘制？

绘图方案如下：

1）按图线的特性要求，设置好图层。

2）用构造线命令绘制出所需的定位中心线。

3）绘制图中的已知线段，其中包含几组同心圆，可以直接用圆命令绘制，也可以在先绘制出一个圆后，再用偏移命令复制其余的同心圆。

4）对于一些连接圆弧（例如 $R10$mm、$R8$mm、$R30$mm）可以采用先按 TTR 方式绘制圆，然后用修剪命令进行剪切。

5）要注意运用几何知识，发掘图形中一些隐藏的已知条件。例如手柄顶端的 $R4$mm 圆弧，可以通过已知条件［圆弧顶端到圆弧 $R14$mm 的圆心距离为 50mm，可以计算出圆弧 $R4$mm 的圆心与圆弧 $R14$mm 的圆心之间的距离是 46mm（50mm−4mm）］，找出圆弧 $R4$mm 的圆心位置。

6）修剪构造线。

二、实施绘图

1. 根据图形特点，设置轮廓线及中心线两图层

单击【图层】功能区中的【图层特性】命令按钮 图层特性，打开【图层特性管理器】对话框。增加两个图层，其中【中心线】层的【线型】采用 ACAD_IS004W100，并置为当前层，如图 7-3 所示。

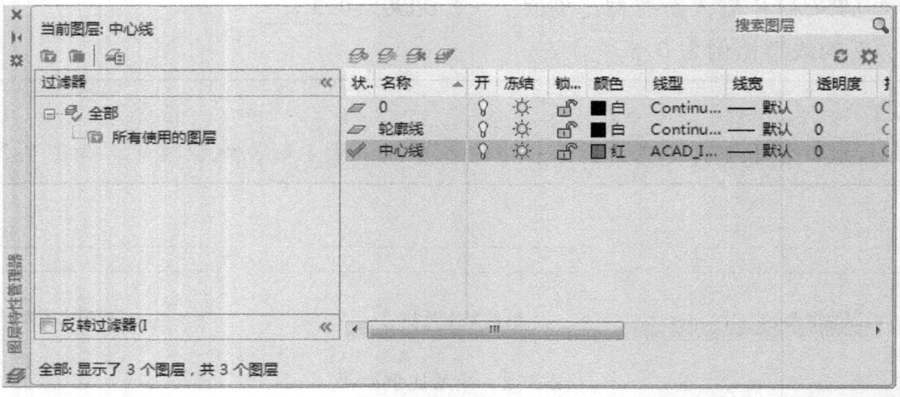

图 7-3　设置图层

2. 用构造线命令绘制中心线

（1）绘制水平线　单击【绘图】功能区中的【构造线】命令按钮，此时命令提示栏显示如下内容。

_XLINE 指定点或[水平(H)/垂直(V)/角度(A)/二等分(B)/偏移(O)]: H ↵

//选择水平线选项。

指定通过点:

//移动光标，选择中心线的合适位置后单击。

指定通过点: ↵

//按<Enter>键，结束命令，完成水平线的绘制。

（2）绘制垂直线　按<Enter>键，重复构造线命令，此时命令提示栏显示如下内容。

_XLINE 指定点或[水平(H)/垂直(V)/角度(A)/二等分(B)/偏移(O)]: V ↵

//选择垂直线选项。

指定通过点:

//移动光标，选择中心线的合适位置后单击。

指定通过点: ↵

//按<Enter>键，结束命令，完成垂直线的绘制，结果如图 7-4 所示，绘制出两条相互垂直的无限长的中心线。

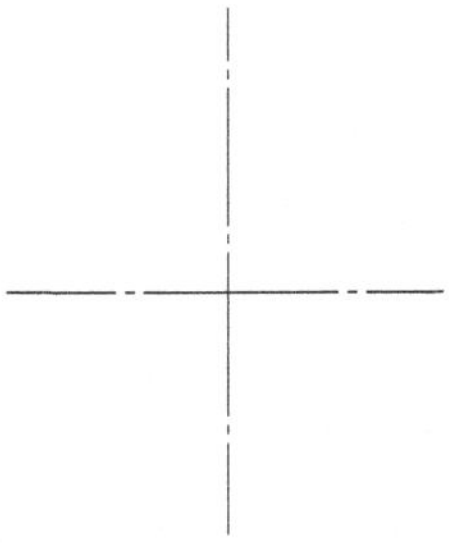

图 7-4　绘制水平、垂直构造线

（3）绘制平行线　按<Enter>键，重复构造线命令，此时命令提示栏显示如下内容。

_XLINE 指定点或[水平(H)/垂直(V)/角度(A)/二等分(B)/偏移(O)]: O ↵

//选择偏移选项。

指定偏移距离或[通过(T)]<通过>: 40 ↵

//输入平行线的距离。

选择直线对象:

//单击选取水平线。

指定向哪侧偏移:

//将光标移至水平线的上方,单击,在上方绘制平行线。

选择直线对象: ↵

//按<Enter>键,结束命令,完成一条平行线的绘制。

使用同样的方法，输入偏移距离为 35mm，绘制出另一条平行线，结果如图 7-5 所示。

（4）绘制指定角度线　按<Enter>键，重复构造线命令，此时命令提示栏显示如下内容。

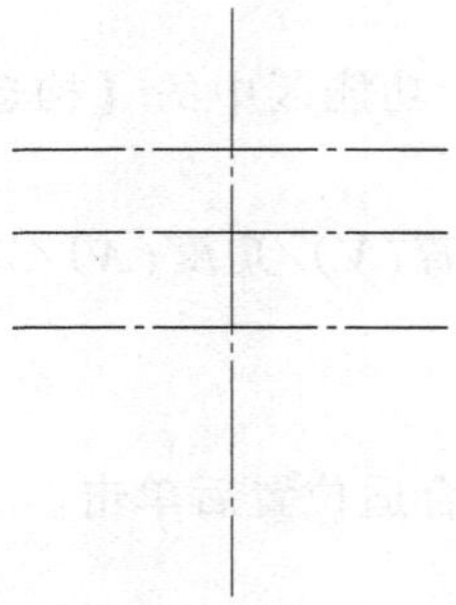

图 7-5　偏移构造线

_XLINE 指定点或[水平(H)/垂直(V)/角度(A)/二等分(B)/偏移(O)]: A ↵

　　//选择角度选项。

输入构造线的角度(0)或[参照(R)]: 45 ↵

　　//输入构造线夹角的角度。

指定通过点:

　　//捕捉交点。

指定通过点: ↵

　　//按<Enter>键，结束命令，完成指定角度线的绘制。

> **说明：**
>
> 1. 在绘制指定角度线时，如果不直接输入角度的值，而采用了参照（R）方式，其功能是绘制与指定直线成一定角度的构造线。
>
> 2. “二等分（B）”选项的作用是等分角度，输入 B 后，根据提示，依次单击角度的顶点、起点和端点后，会产生一条平分角度的构造线。

（5）用圆命令绘制半径为 50mm、线型为点画线的圆　结果如图 7-6 所示。

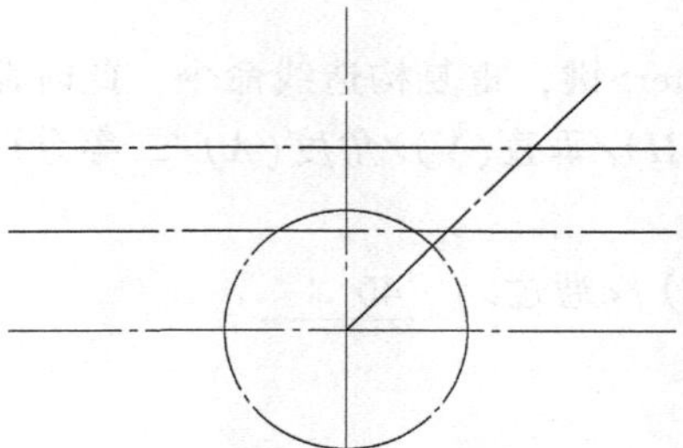

图 7-6　半径为 50mm、线型为点画线的圆

3. 绘制简单线段及圆弧

根据图 7-1 中的尺寸要求绘制线段以及圆弧，单击【绘图】功能区中的【圆】命令按钮，绘制各圆，结果如图 7-7 所示。由于手柄处半径为 4mm 的圆弧的顶点与半径为

18mm 的圆弧的圆心的距离是 50mm，使用偏移命令，输入偏移距离为 46mm，偏移中心线，绘制半径为 4mm 的圆，如图 7-8 所示。

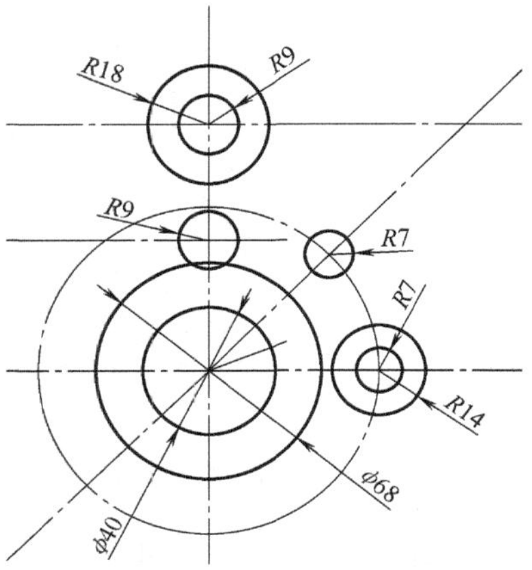

图 7-7　绘制线段及圆弧

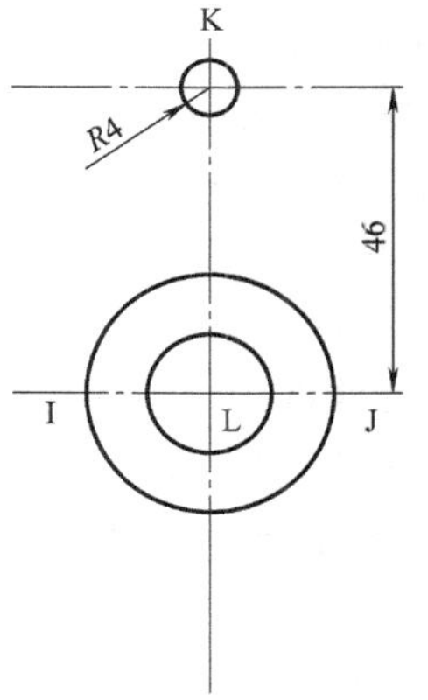

图 7-8　绘制半径为 4mm 的圆弧

4. 作辅助线，绘制复杂线段及圆弧

手柄处 *R*30mm 圆弧缺少圆心坐标，是一条中间弧。手工绘图时必须依靠已知条件求出圆心位置，才能绘制出来。但在 AutoCAD 2018 中，只需作出辅助线，然后采用圆的“切点，切点，半径”方式便可以绘制出来。

（1）绘制出中心线 KL 两边距离为 7mm 的平行线　单击绘图功能区中的【构造线】命令按钮，此时命令提示栏显示如下内容。

_XLINE 指定点或[水平(H)/垂直(V)/角度(A)/二等分(B)/偏移(O)]: O ↵

//选择偏移选项。

指定偏移距离或[通过(T)]<46.0000>: 7 ↵

//输入偏移距离为 7mm。

选择直线对象:

//选择中心线 KL。

指定向哪侧偏移:

//单击中心线 KL 的左边。

选择直线对象:

//重复选择中心线 KL。

指定向哪侧偏移:

//单击中心线 KL 的右边。

选择直线对象: ↵

//按<Enter>键结束命令，结果如图 7-9 所示。

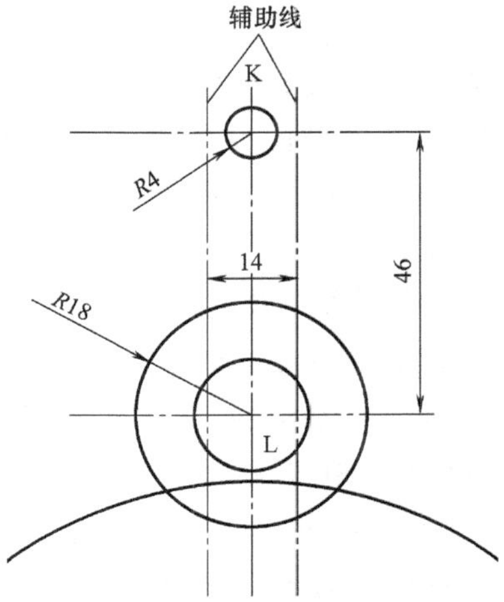

图 7-9　绘制辅助线

（2）绘制 *R*30mm 圆弧　单击【绘图】功能区中的【圆】命令按钮，此时命令提示栏显示如下内容。

命令:_circle 指定圆的圆心或[三点(3P)/两点(2P)/切点、切点、半径(T)]: T ↵

//选择切点，切点，半径方式

指定对象与圆的第一个切点：

//选定中心线 KL 一侧的其中一条平行线。

指定对象与圆的第二个切点：

//选定 *R*4mm 圆。

指定圆的半径 <35.0000>: 30 ↵

//输入外切圆半径，完成圆弧的绘制。

使用同样的方法或用镜像命令，完成另一侧的 *R*30mm 连接圆弧，结果如图 7-10 所示。

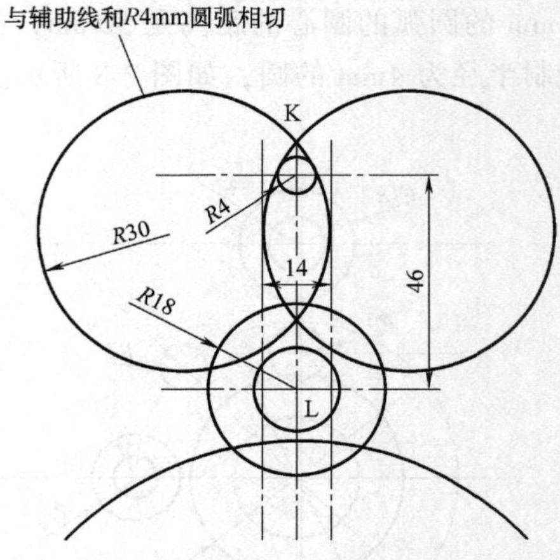

图 7-10　绘制圆弧

5. 捕捉特殊点，绘制连接线段

（1）绘制三条垂直的切线 AB、CD、EF　打开正交模式，对象捕捉设置为象限点和最近点自动捕捉状态。

单击【绘图】功能区中的【直线】命令按钮，此时命令提示栏显示如下内容。

命令：_ LINE 指定第一点：

//捕捉 *R*9mm 圆的左象限点 A。

命令：指定下一点或［放弃(U)］：

//捕捉另一个 *R*9mm 圆的左象限点 B。

命令：指定下一点或［放弃(U)］： ↵

//结束直线命令。

重复直线命令，使用同样的方法绘制出直线 CD 和 EF，结果如图 7-11 所示。为便于识图，在完成部分图线后，可适当进行修剪。

（2）绘制右侧圆弧槽　从图 7-1 所示图形中可见，该圆弧槽的内、外两个圆弧分别与两个半径为 7mm 的圆内外相切，并且以圆心 O 为圆心。因此，可以用圆心和半径方式绘制出该圆，然后修剪而成。

单击【绘图】功能区中的【圆】命令按钮，此时命令提示栏显示如下内容。

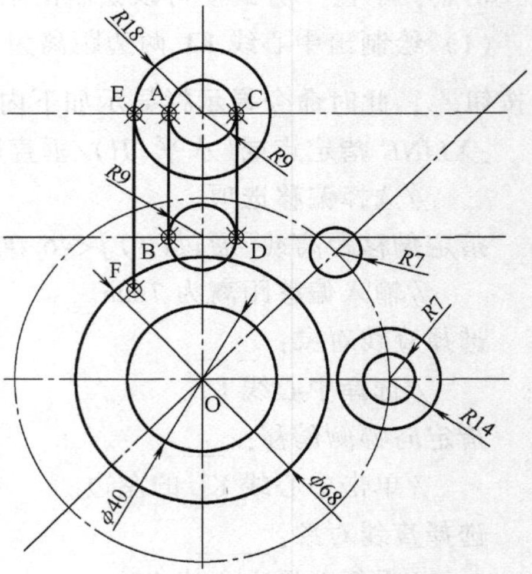

图 7-11　绘制切线

命令：_CIRCLE 指定圆的圆心或［三点(3P)/两点(2P)/相切、相切、半径(T)］：

//捕捉 O 点作为圆心。

指定圆的半径或［直径(D)］：_arc 指定圆弧的起点或［圆心(C)］：

//捕捉 G 点或 H 点作为半径。

使用同样的方法绘制另一个圆弧，修剪后结果如图 7-12 所示。

（3）绘制圆弧槽处的外圆弧　单击【绘图】功能区中的【圆】命令按钮，此时命令提示栏显示如下内容。

命令：_CIRCLE 指定圆的圆心或［三点(3P)/两点(2P)/相切、相切、半径(T)］：

//单击选取圆心 O 点。

指定圆的半径或[直径(D)]:

//捕捉 $R14$mm 圆与中心线的交点 J 点。

结果如图 7-13 所示。

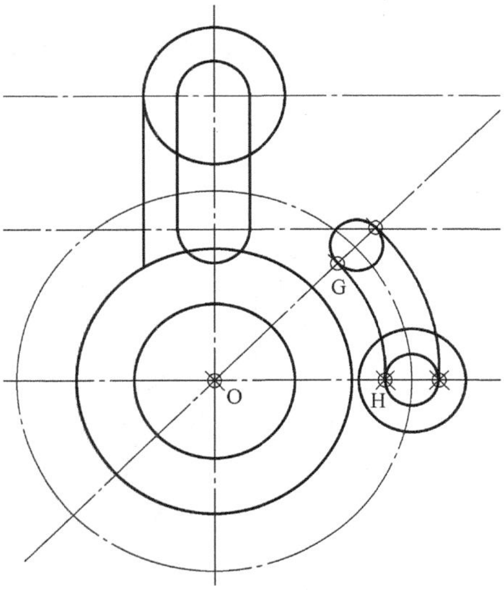

图 7-12　绘制相切圆弧

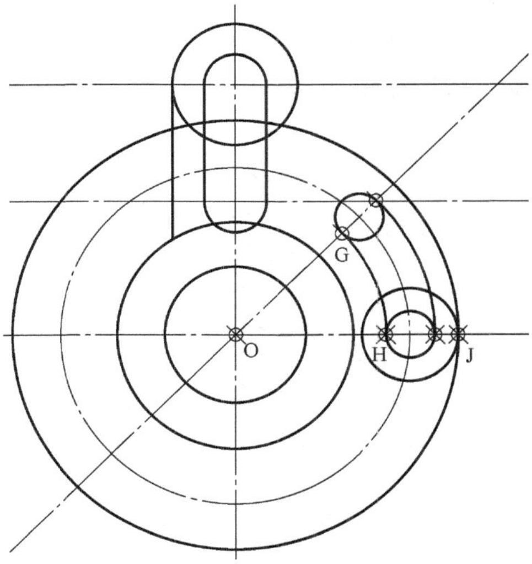

图 7-13　绘制外圆弧

6. 捕捉切点、绘制连接线段

连接圆弧一般只有已知半径，其位置只能依靠与其他线段的相切关系来确定，绘图时以先采用 TTR 的方式绘圆，再进行修剪的方法来获得。

单击【绘图】功能区中的【圆】命令按钮，此时命令提示栏显示如下内容。

命令:_CIRCLE 指定圆的圆心或[三点(3P)/两点(2P)/切点、切点、半径(T)]: T ↵

//选择 TTR 方式绘圆。

指定对象与圆的第一个切点:

//单击 ϕ68mm 圆左上角，指定第一个切点的大概位置。

指定对象与圆的第二个切点:

//单击直线 EF，指定第二个切点的大概位置。

指定圆的半径 <35.0000>: 10 ↵

//输入外切圆半径，绘制左侧半径为 10mm 的连接圆弧。

采用同样的方法，分别绘制出另外几个连接圆弧的圆，结果如图 7-14 所示。

7. 整理图形

(1) 删除辅助线　单击【修改】功能区中的【删除】命令按钮，选择辅助线进行删除。

(2) 修剪圆弧　单击【修改】功能区中的【修剪】命令按钮，对图 7-14 所示图形进行适当修剪，结果如图 7-15 所示。

(3) 用打断命令修剪构造线　单击【修改】功能区中的【打断】命令按钮，此时命令提示栏显示如下内容。

命令：_BREAK 选择对象：

//单击图 7-15 所示构造线上的 M 点。

指定第二个打断点或[第一点(F)]：

//单击构造线上的 N 点，构造线在 M、N 两点之间断开。

采用同样的方法，断开其余构造线，结果如图 7-16 所示。完成后，删除周围多余的构造线，结果如图 7-17 所示。

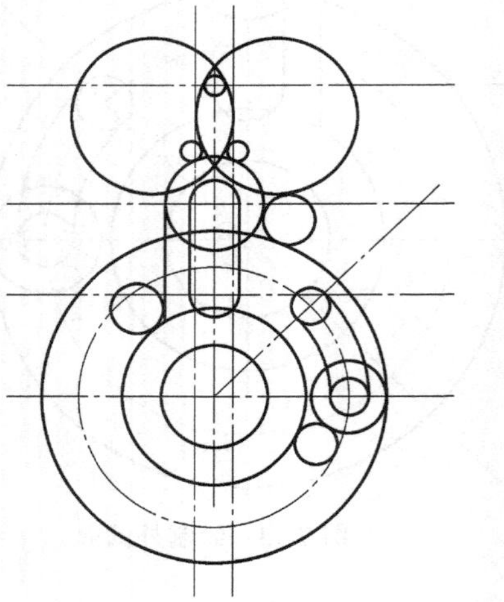

图 7-14　绘制连接圆弧

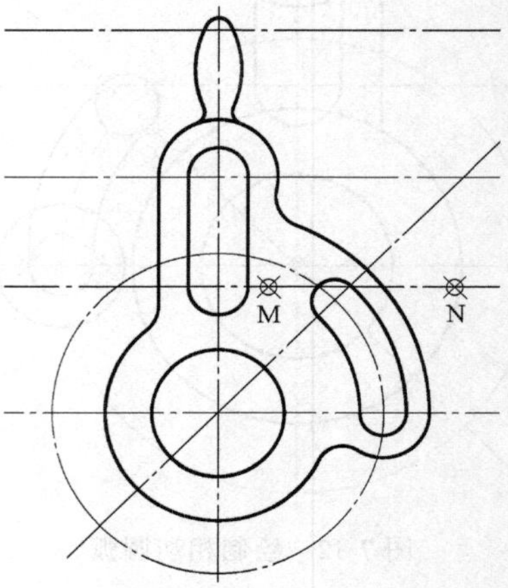

图 7-15　修剪圆弧

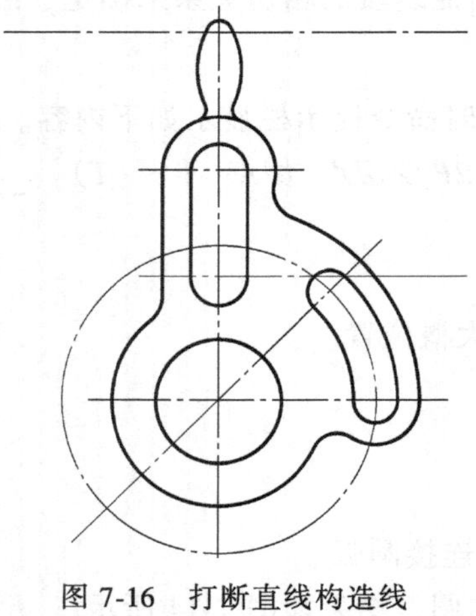

图 7-16　打断直线构造线

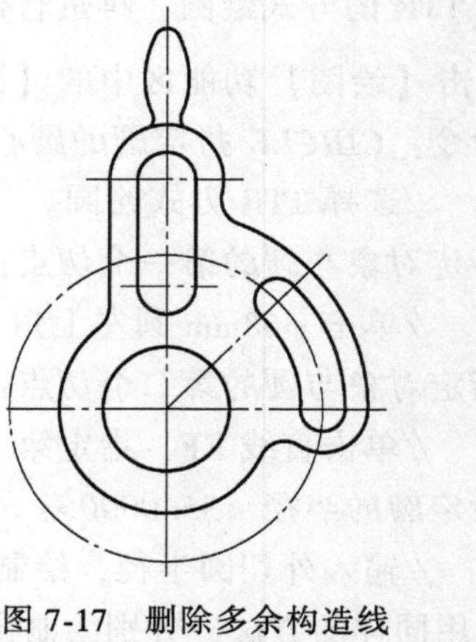

图 7-17　删除多余构造线

注意：

1. 在操作过程中，为使在选择点时不受捕捉的影响，可关闭对象捕捉。

2. 如果在系统提示下输入 F（第一点选项），则选择对象时所单击的点不作为第一点，而要重新输入两个点的位置，这种操作方法在要求精确的点位置断开时使用。

3. 在圆上选择两个打断点时，系统是按逆时针方向断开的，如图 7-18 所示，第一点应是 P 点位置，第二个点是 Q 点位置。

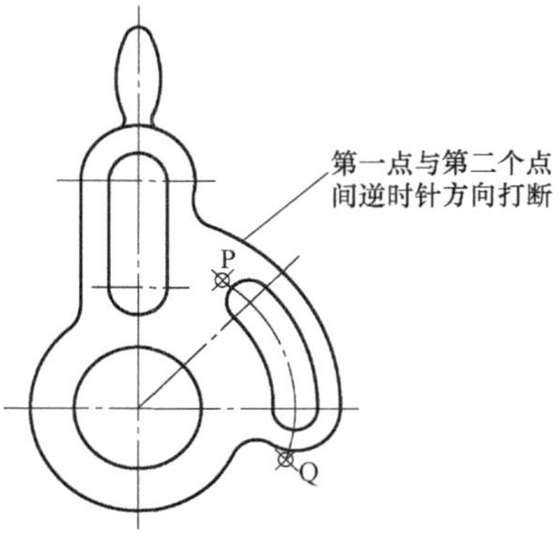

图 7-18　打断圆弧中心线

(4) 删除多余的构造线　单击【修改】功能区中的【删除】命令按钮，选择多余的构造线进行删除，结果如图 7-17 所示。

8. 标注角度

角度标注是常见的标注命令。图 7-1 所示图形尺寸中的 45°为角度尺寸。

单击【注释】功能区中的【角度】命令按钮，此时命令提示栏显示如下内容。

命令:_DIMANGULAR　选择圆弧、圆、直线或<指定顶点>:

　　//单击选取水平线。

选择第二条直线:

　　//单击选取倾斜线。

指定标注弧线位置或[多行文字(M)/文字(T)/角度(A)/象限点(Q)]:

　　//在适当位置单击，指定尺寸线位置完成标注。

标注文字=45

　　//系统自动测得的尺寸数字，完成角度尺寸标注。

标注结果如图 7-19 所示。

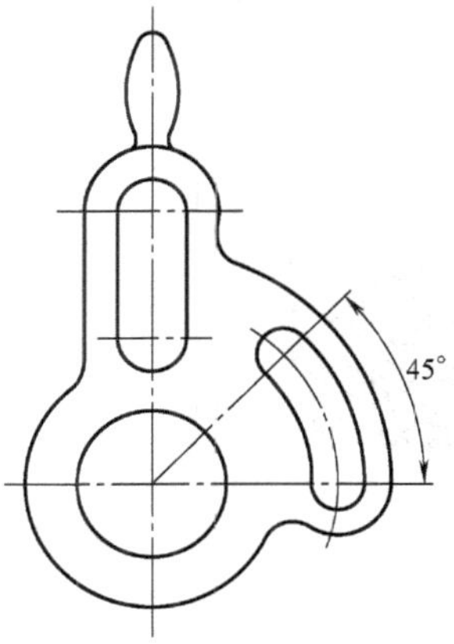

图 7-19　标注角度

【知识拓展】

一、连接圆弧常用方法

1. 已知圆弧的半径并与另外两条直线或圆弧相切

(1) 图例　如本项目中，*R*10mm、*R*8mm 等圆弧。

(2) 绘图方法　圆命令。

可以通过圆命令的【相切，相切，半径(T)】选项，直接绘出。

2. 已知圆弧的半径并与另个两条曲线（圆弧除外）**相切**

(1) 图例　如项目六中的 *R*6mm 圆弧，与椭圆相切。

（2）绘图方法　圆角命令。

虽然非圆弧类曲线的切点不能捕捉，但可以用圆角命令进行连接。

3. 已知圆弧的半径通过某一点，并与另一个圆弧相切

（1）图例　绘制图 7-20 所示 *R*40mm 圆弧。

（2）绘图方法　找圆心。

思考与练习：

由于圆经过该点，那么该点到圆心的距离是多少？当两圆相外切时，两圆的圆心距离是多少？

绘图方法：

1）以圆弧经过点（A 点）为圆心，以圆弧半径为半径作圆，那么该圆弧圆心一定在该圆上。

2）以相切圆弧 ϕ48mm 的圆心 O 点为圆心，以 64mm（两半径之和）为半径作圆，那么该圆弧圆心一定在该圆上。

3）两圆的公共交点（B 点），即为连接圆弧 *R*40mm 的圆心，如图 7-21 所示。

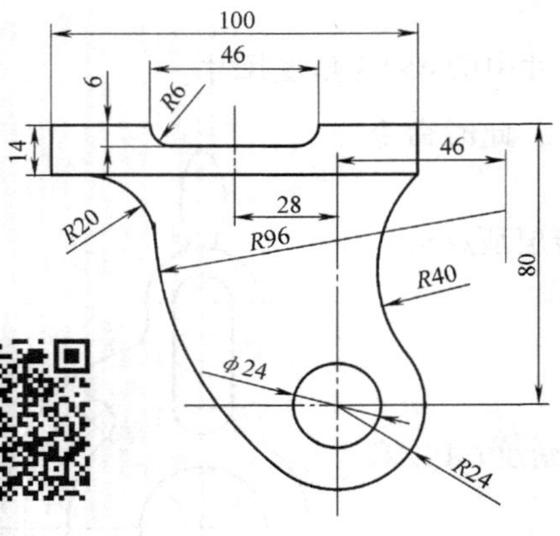

图 7-20　连接圆弧

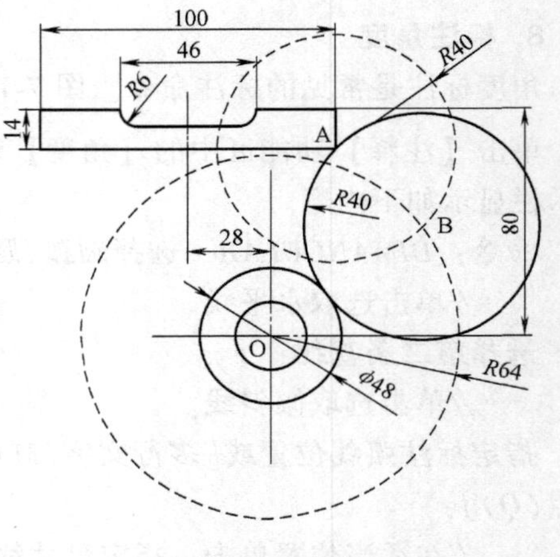

图 7-21　连接画法

4. 已知圆弧的半径，圆心在某一条线上，并与另一个圆弧相切

（1）图例　绘制图 7-20 所示 *R*96mm 圆弧。

思考与练习：

当两圆相内切时，两圆的圆心距离是多少？

（2）绘图方法　找圆心。

1）用偏移命令复制出距离为 46mm 的圆心中心线。

2）以相切圆圆心 O 点为圆心，以 72mm（96mm−24mm）为半径作圆，那么 *R*96mm 圆弧圆心一定在该圆上。

3）中心线与 *R*72mm 圆的交点（B 点），即为连接圆弧 *R*96mm 的圆心，如图 7-22 所示。

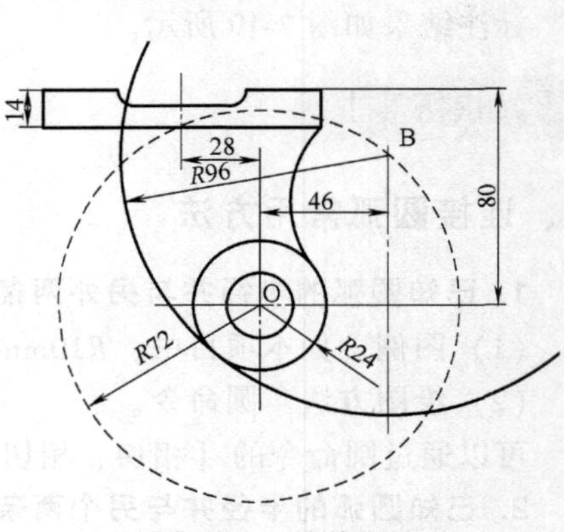

图 7-22　连接画法

二、连接线段常用方法

1. 直线与另外两个圆弧相切（或已知直线一点与另一圆弧相切）

（1）图例　如图 7-23 所示，作任意两个圆的公共切线。

（2）绘图方法　捕捉切点。

可以设置捕捉切点，用直线命令直接绘出。

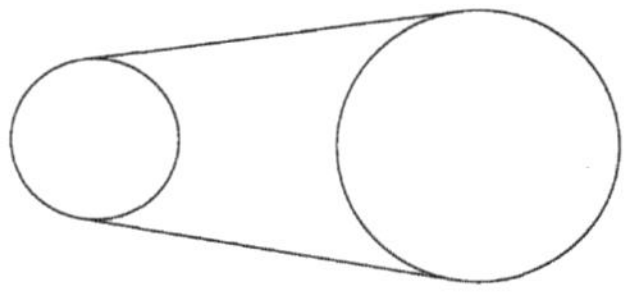

图 7-23　作两圆公共切线

> **注意：**
>
> 在捕捉切点时，要关闭容易造成干扰的其他特殊点捕捉，如圆心、象限点、最近点、垂足等。

2. 直线成一定角度并与另外一个圆弧相切

（1）图例　如图 7-24 所示，绘制两条直线成 30°夹角。

思考与练习：

切点到圆心的距离是多少？切点与圆心的连线与切线是什么关系？

（2）绘图方法　找切点。

1）过圆心 O 点，作一条与垂直中心线成 15°角的直线 OG，如图 7-25 所示。

2）将直线 OG 向右偏移 20mm（圆的半径长度），得直线 EF。

3）E 点即为切点，延长直线 EF，便是要求作的直线。

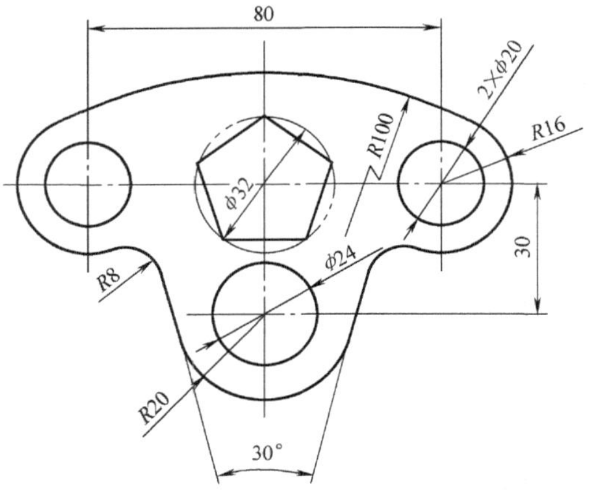

图 7-24　连接圆弧

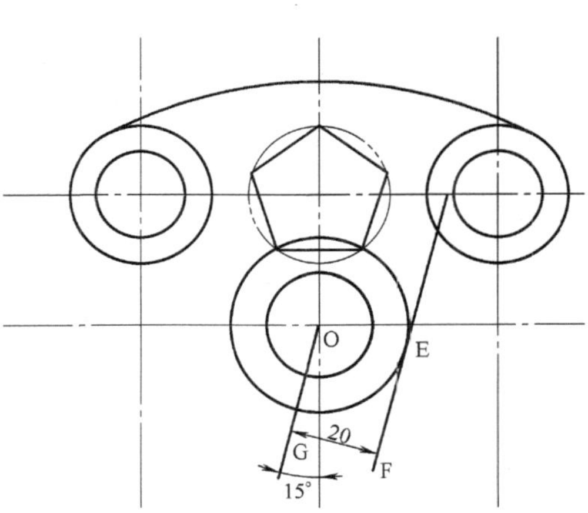

图 7-25　找切点

【检查与评价】（表 7-1）

表 7-1 项目七学生表现评价表

<table>
<tr><th colspan="2">评价项目</th><th>具体评价内容</th><th>配分</th><th>自评</th><th>互评</th><th>教师评</th></tr>
<tr><td colspan="2">项目完成的质量</td><td>项目按时且保质完成，图线绘制正确</td><td>20</td><td></td><td></td><td></td></tr>
<tr><td rowspan="4">知识与技能</td><td>构造线的命令</td><td>正确使用构造线命令</td><td>15</td><td></td><td></td><td></td></tr>
<tr><td>圆弧的各种连接方法和技巧</td><td>掌握圆弧的各种连接方法和技巧</td><td>15</td><td></td><td></td><td></td></tr>
<tr><td>角度标注</td><td>正确使用角度命令标注角度尺寸</td><td>15</td><td></td><td></td><td></td></tr>
<tr><td>课后练习完成情况</td><td>熟练、正确完成课后练习</td><td>20</td><td></td><td></td><td></td></tr>
<tr><td rowspan="3">学习过程</td><td>信息技能</td><td>通过系统的帮助功能及试操作，解决“思考与练习”所提问题</td><td>5</td><td></td><td></td><td></td></tr>
<tr><td>创新</td><td>提出可行的绘图实施方案，具有创新意识</td><td>5</td><td></td><td></td><td></td></tr>
<tr><td>合作</td><td>小组互动性好，主动提问并正确解决</td><td>5</td><td></td><td></td><td></td></tr>
<tr><td colspan="3" rowspan="2">评语（优、缺点与建议）：</td><td>合计</td><td colspan="3"></td></tr>
<tr><td colspan="3">总评价（等级）</td><td></td></tr>
</table>

注：评价等级与分数的关系是 85≤优≤100，70≤良<85，55≤中<70，40≤差<55。

【强化练习】

1）完成本项目“知识拓展”中的几个图形的绘制。

2）根据不同线型要求，设置不同图层，按 1∶1 比例完成图 7-26～图 7-31 所示图形的绘制。

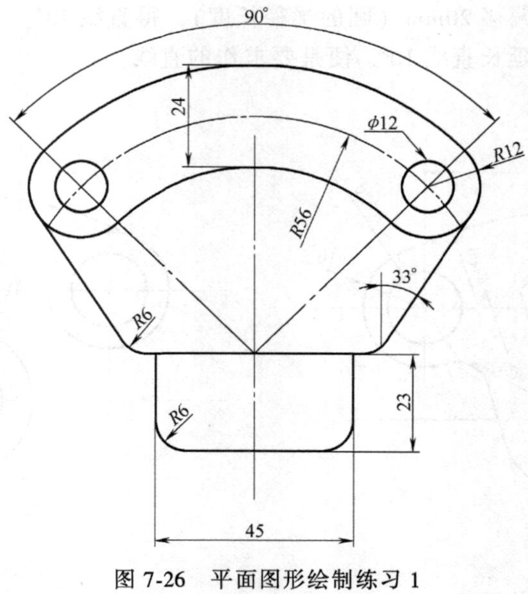

图 7-26 平面图形绘制练习 1

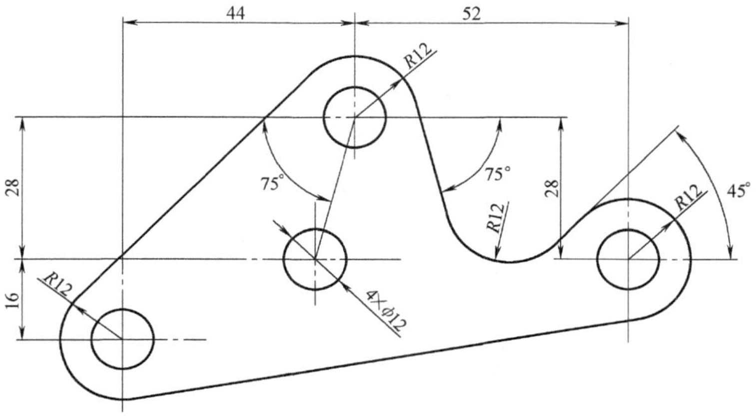

图 7-27　平面图形绘制练习 2

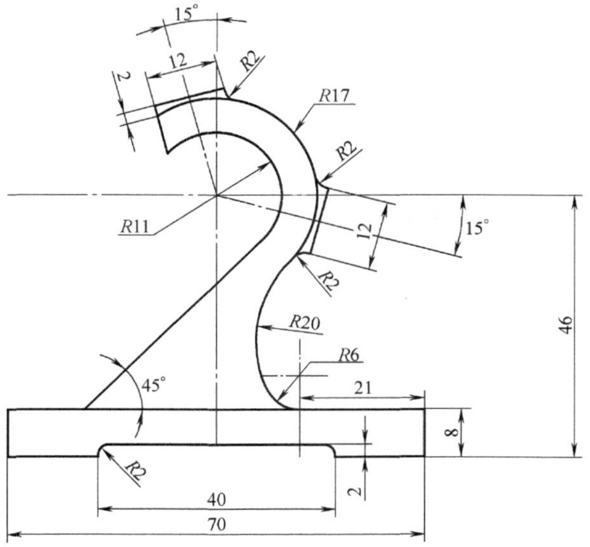

图 7-28　平面图形绘制练习 3

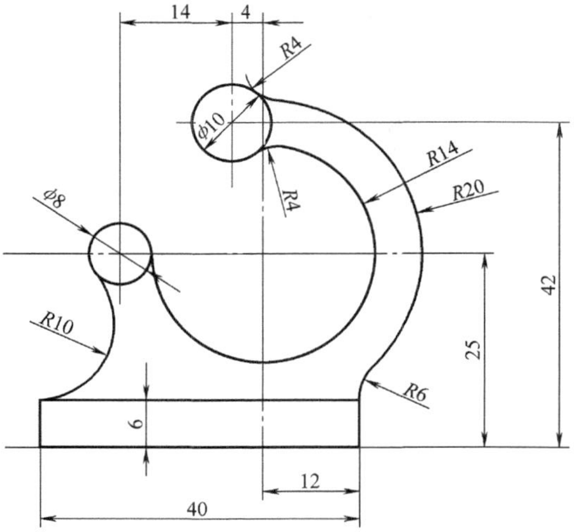

图 7-29　平面图形绘制练习 4

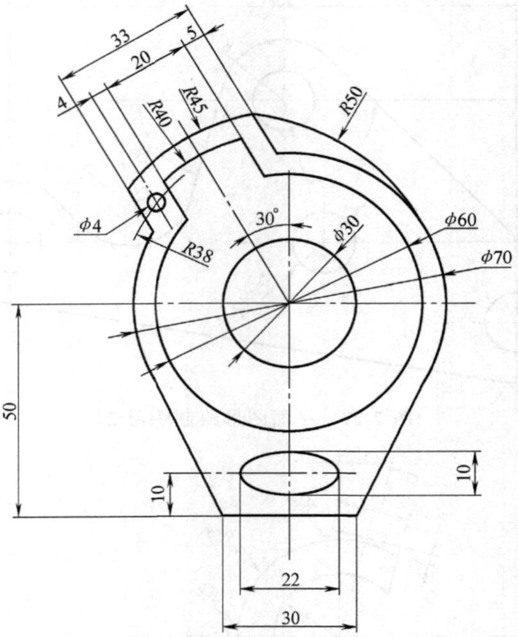

图 7-30　平面图形绘制练习 5

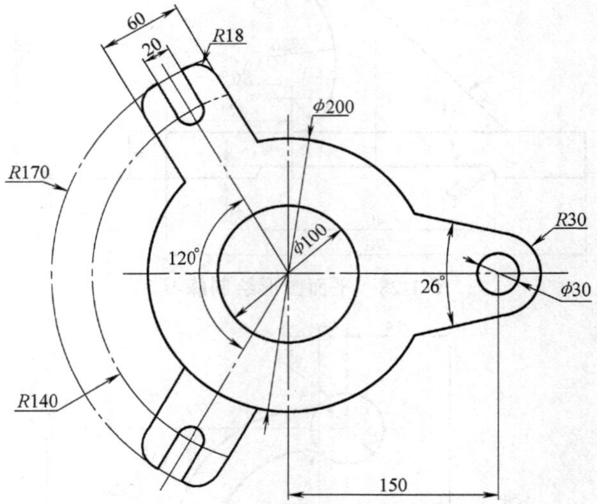

图 7-31　平面图形绘制练习 6

项目八

绘制徽章

【学习任务描述及具体要求】

用点的等分功能、圆弧、阵列等方法，完成图 8-1 所示徽章的绘制，以“sm8”为文件名保存文件。

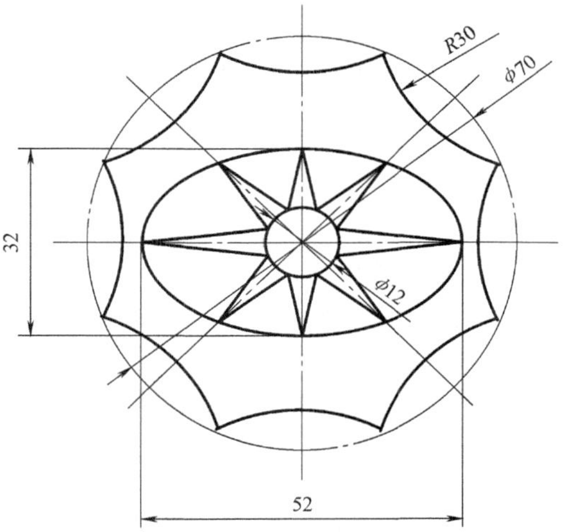

图 8-1　绘制徽章

【学习目标】

1）掌握使用圆弧命令绘制指定圆弧的方法。
2）学会点的等分功能和样式的设置方法。
3）掌握使用阵列命令绘制圆形分布的图线的方法。
4）掌握使用旋转命令中的参数方式旋转图形的方法。
5）了解夹点编辑的方法和操作特点。

【知识准备】

一、点命令的功能

点在绘图中的功能主要起定位的作用。而在 AutoCAD 2018 中，点还有对实体进行等分的功能，例如定数等分（M）和定距等分（D），即将实体等分成 n 等份，或以指定的距离等分实体。

1. 点的定距等分功能（图 8-2）

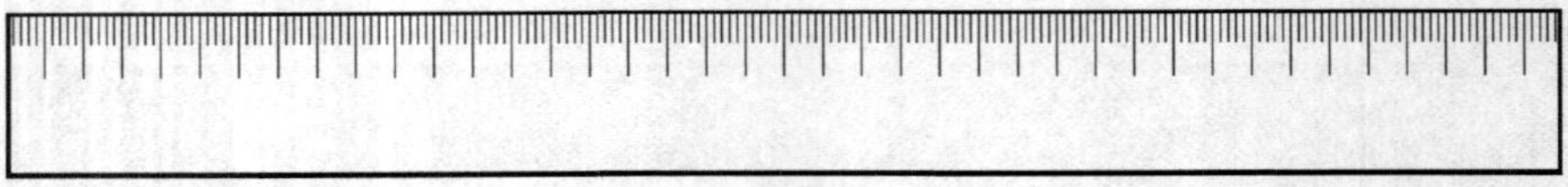

图 8-2　绘制尺子

2. 点的定数等分功能（图 8-3）

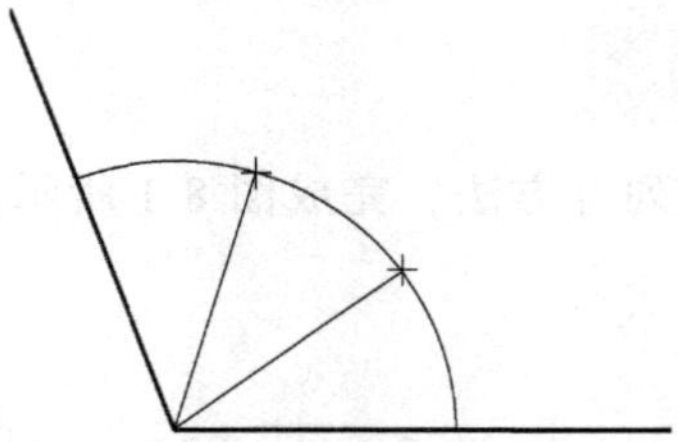

图 8-3　等分角度

二、圆弧的确定方式

思考与练习：

① 知道哪些条件，就可以绘制圆弧？

②【绘图】功能区上的【圆弧】命令按钮是________，与主菜单上【圆】的操作选项作用相同吗？菜单项提供了哪些绘制圆弧的方法？

③ 本任务中的 $R30$mm 圆弧，已知哪些条件？应该各采用哪种方式绘制？

圆弧的绘制方式有 11 种，如图 8-4 所示。

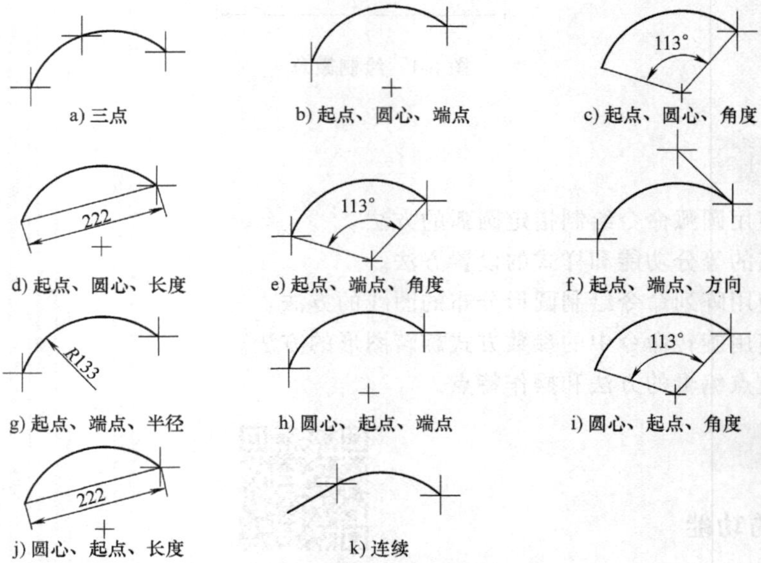

图 8-4　11 种绘制圆弧的方式

三、阵列复制

思考与练习：

①【绘图】功能区上的【阵列】命令有______。

② 图 8-5～图 8-9 是对三角形进行阵列后所得到的效果，请指出各图中设置了哪些参数？

1. 矩形阵列

单击【修改】功能区中的【矩形阵列】命令按钮，在命令提示栏里设置相应的参数，得出图 8-5 所示阵列效果。双击对象弹出【阵列（矩形）】对话框，如图 8-6 所示，可对矩形阵列数据进行更改。

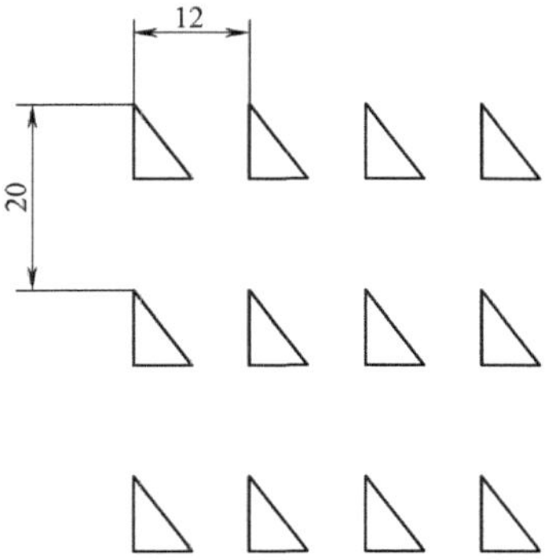

图 8-5　矩形阵列效果

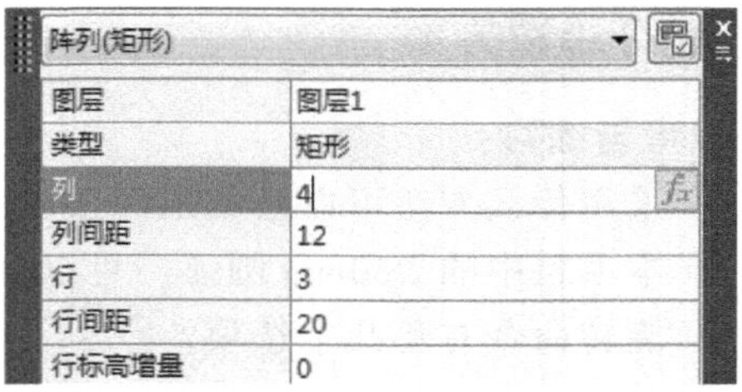

图 8-6　【阵列（矩形）】对话框

2. 路径阵列

单击【修改】功能区中的【路径阵列】命令按钮，在命令提示栏里设置相应的参数，得到图 8-7 和图 8-8 所示阵列效果。双击对象弹出【阵列（路径）】对话框，如图 8-9 所示，可对路径阵列数据进行更改。

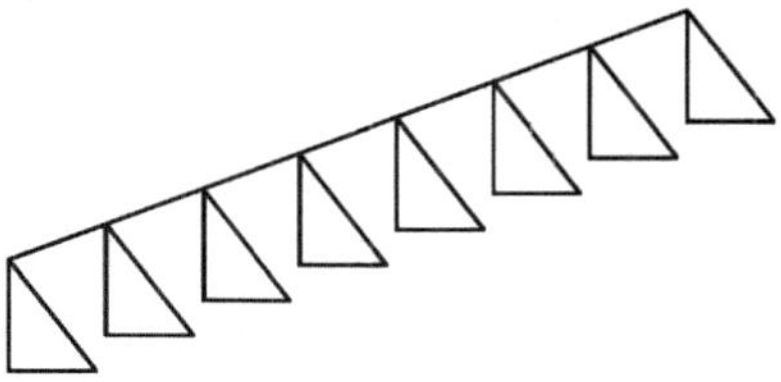
图 8-7　沿路径定数等分效果

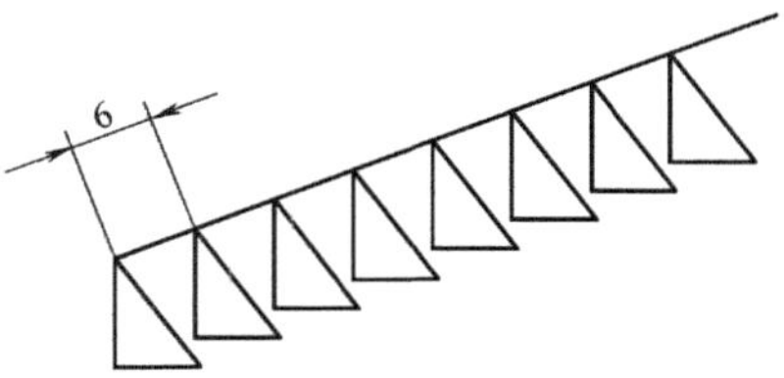

图 8-8　沿路径定距等分效果

图 8-9　【阵列（路径）】对话框

3. 圆形阵列

单击【修改】功能区中的【旋转阵列】命令按钮，在命令提示栏里设置相应的参数，得到图 8-10 所示阵列效果。双击对象弹出【阵列（环形）】对话框，如图 8-11 所示，可对环形阵列数据进行更改。

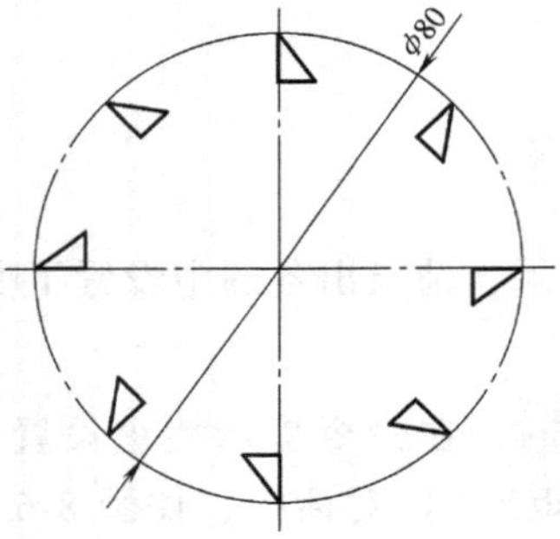

图 8-10　环形阵列效果

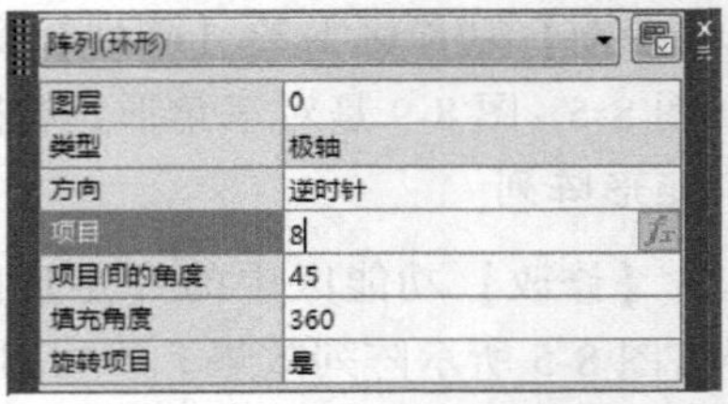

图 8-11　【阵列（环形）】对话框

【计划与实施】

一、制订绘图方案

思考与练习：

① 采用什么方法可以绘制出两条成 45°角的中心线？

② 本项目中的 R30mm 圆弧，可以用什么方法绘出？

③ 旋转命令有哪几个选项？

绘制方案如下：

1）设置好图层和线型后，绘制两条相互垂直的中心线和 ϕ70mm 的定位圆。

2）使用旋转命令获得两条成 45°角的中心线。

3）采用起点，端点，半径的方式绘制 R30mm 圆弧，并旋转至合适位置。

4）用阵列命令复制出另外七条圆弧。

5）完成 ϕ12mm 圆及椭圆的绘制。

6）用点等分 ϕ12mm 圆成八等份。

7）完成直线的连接。

二、实施绘图

1. 设置图层，绘制中心线和定位圆

绘制结果如图 8-12 所示。

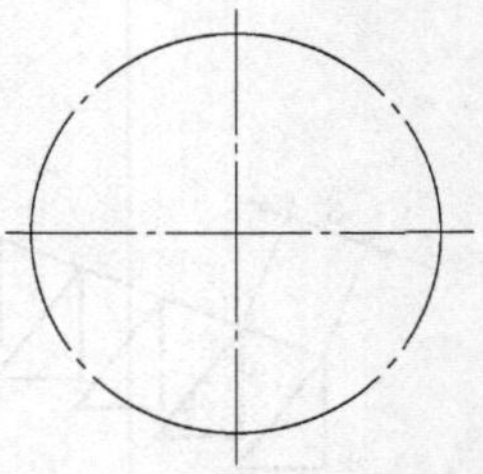

图 8-12　绘制中心线和定位圆

2. 使用旋转命令复制出两条成 45°角的中心线

单击【修改】功能区中的【旋转】命令按钮，此时命令提示栏显示如下内容。

命令：_ ROTATE

UCS 当前的正角方向：ANGDIR = 逆时针　ANGBASE = 0

选择对象：

　　//移动光标，选择两条中心线。

选择对象：找到 1 个，总计 2 个

选择对象：：↵

//按<Enter>键，结束选择。

指定基点：

//单击选取两中心线交点作为基点。

指定旋转角度，或[复制(C)/参照(R)]<0>： C ↵

//选择复制选项。

指定旋转角度，或[复制(C)/参照(R)]<0>： 45 ↵

//输入角度值。

结果如图 8-13 所示。

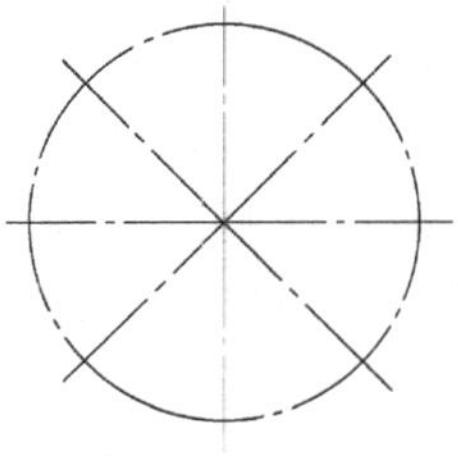

图 8-13　使用旋转命令复制中心线

3. 通过起点，端点，半径方式绘制其中一条圆弧

单击【绘图】功能区中的【圆弧】命令按钮，此时命令提示栏显示如下内容。

命令：_ARC 指定圆弧的起点或[圆心(C)]：

//单击 A 点作为圆弧起点。

*指定圆弧的第二个点或[圆心(C)/端点(E)]：*E ↵

//选择输入圆弧的端点。

指定圆弧的端点：

//单击 B 点作为圆弧端点。

*指定圆弧的中心点(按住<Ctrl>键以切换方向)或[角度(A)/方向(D)/半径(R)]：*R ↵

//选择输入圆弧的半径。

指定圆弧的半径： 30 ↵

//输入圆弧的半径值，结果如图 8-14 所示。

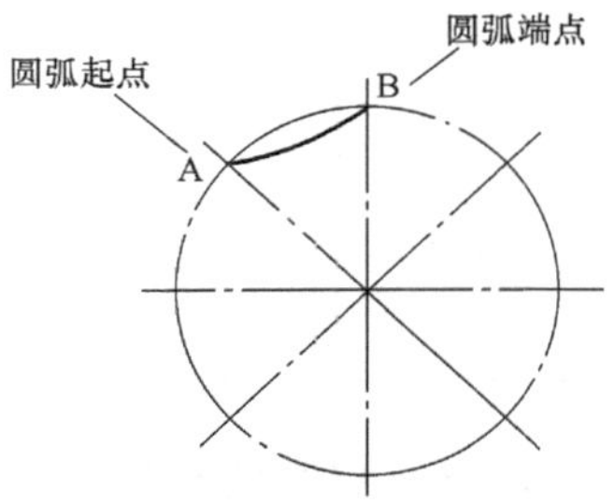

图 8-14　绘制圆弧

思考与练习：

① 此处用【绘图】功能区上的【圆弧】命令绘制圆弧，尝试用主菜单上的【绘图】→【圆弧】→【起点、端点、半径】命令，绘制本圆弧。对比两种画圆弧方法，在操作上有什么不同的地方？

② 在绘制圆弧时，选择 A 点作为起点，B 点作为端点，如果将两点反过来，结果会一样吗？试一试，并分析原因。

4. 将圆弧旋转至正上方位置

单击【修改】功能区中的【旋转】命令按钮，此时命令提示栏显示如下内容。

命令：_ ROTATE

UCS 当前的正角方向：　ANGDIR=逆时针　ANGBASE=0

//系统提示当前以逆时针方向为角度的正方向。

选择对象：找到 1 个

//单击选取圆弧。

选择对象： ↵

//按<Enter>键或单击鼠标右键，结束选择对象状态。

指定基点：

//捕捉圆心 O 点作为旋转基点，如图 8-15 所示。

*指定旋转角度,或[复制(C)/参照(R)]<0>：r[参照(R)]：*R ↵

//选用参照方式旋转图形。

指定参照角 <0>：

//单击选取 O 点位置。

指定第二点：

//单击选取圆弧中点 C 点位置。

指定新角度：

//单击选取 B 点位置。结果如图 8-16 所示。

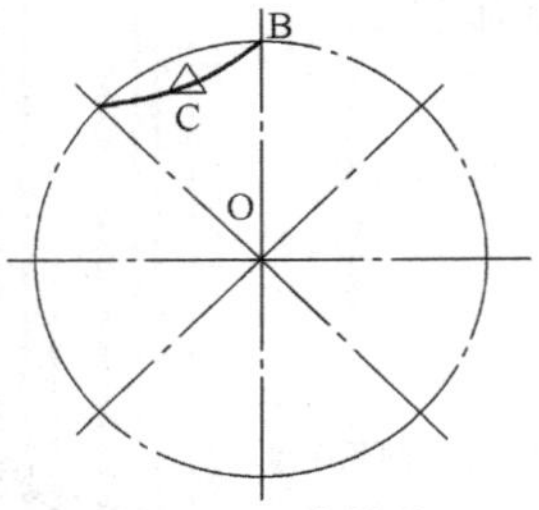

图 8-15　旋转前

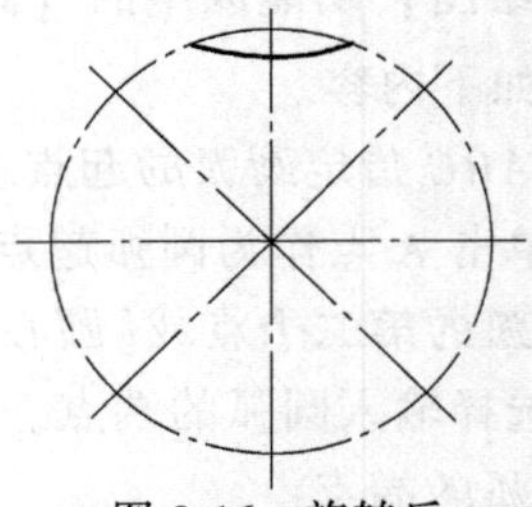

图 8-16　旋转后

> **注意：**
> 参照点的输入顺序是：基点→源点→目标点，即图 8-15 中的 O 点→C 点→B 点。

5. 阵列出其他圆弧

单击【修改】功能区中的【环形阵列】命令按钮，此时命令提示栏显示如下内容。

命令：_ ARRAYPOLAR

选择对象：找到 1 个

//选择圆弧。

选择对象：

类型=极轴　关联=是

//按<Enter>键结束选择。

指定阵列的中心点或[基点(B)/旋转轴(A)]：

//单击选取圆心作为中心点。

选择夹点以编辑阵列或[关联(AS)/基点(B)/项目(I)/项目间角度(A)/填充角度(F)/行(ROW)/层(L)/旋转项目(ROT)/退出(X)]<退出>： I ↵

//输入 I。

输入阵列中的项目数或[项目间角度(A)/表达式(E)]<4>： 8 ↵

//输入项目数。

选择夹点以编辑阵列或[关联(AS)/基点(B)/项目(I)/项目间角度(A)/填充角度(F)/行(ROW)/层(L)/旋转项目(ROT)/退出(X)]<退出>： F ↵

//输入 F。

指定填充角度(+=逆时针、-=顺时针)或[表达式(EX)]<360>： 360 ↵

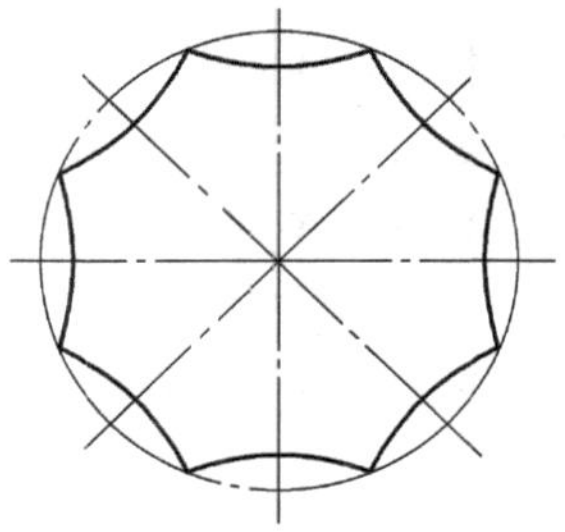

图 8-17　阵列效果

//输入填充角度。

按 Enter 键接受或[关联(AS)/基点(B)/项目(I)/项目间角度(A)/填充角度(F)/行(ROW)/层(L)/旋转项目(ROT)/退出(X)]

//按<Enter>键，结果如图 8-17 所示。

思考与练习：

在本次阵列操作中，在方法和值选项中，采用了项目数和填充角度的方法。如果采用其他方法，它们的参数应该是多少？

方法一：项目总数和填充角度。项目总数：<u>8</u>，填充角度：<u>360°</u>，项目角度：<u>缺</u>。

方法二：项目间角度和项目总数。项目总数：____，填充角度：____，项目角度：____。

方法三：项目间角度和填充角度。项目总数：____，填充角度：____，项目角度：____。

6. 绘制椭圆及小圆

思考与练习：

绘制椭圆要已知哪些条件？用椭圆的什么选项绘制，速度会比较快？

绘制结果如图 8-18 所示。

7. 用点等分圆

(1) 等分圆　单击【绘图】功能区中的【定数等分】命令按钮，启动点的定数等分命令。此时命令提示栏显示如下内容。

命令：_ DIVIDE

选择要定数等分的对象：

//选择圆作为等分对象。

输入线段数目或［块（B）］： <u>8 ↵</u>

//输入等分数目，结果如图 8-19 所示。

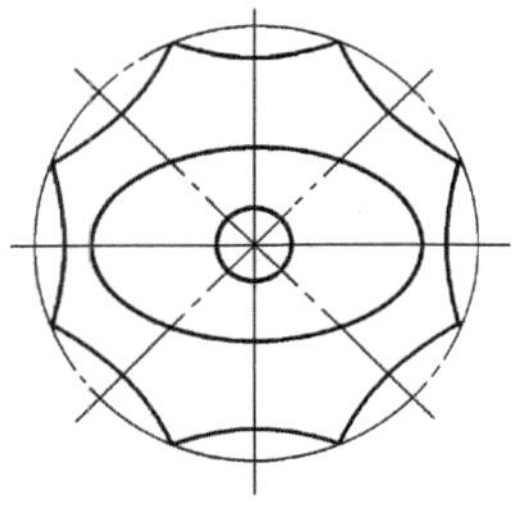

图 8-18　绘制圆和椭圆

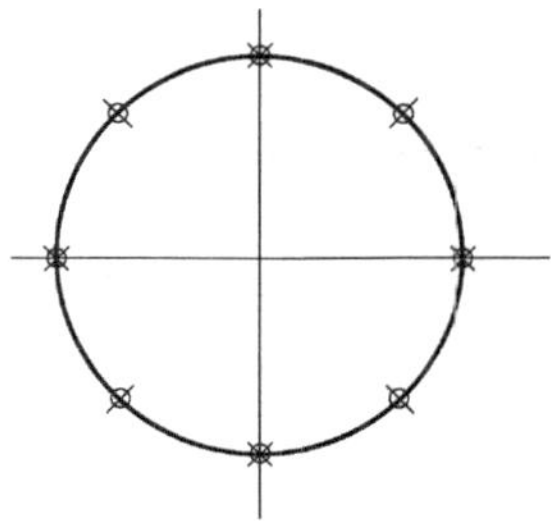

图 8-19　等分圆

思考与练习：

完成等分圆的操作后，是否看到了图 8-19 中的等分点？如果没有，试分析一下原因。

(2) 设置点的样式　单击【实用工具】功能区中【点样式】命令按钮，系统弹出图 8-20 所示的【点样式】对话框。

在对话框中可以看见点的各种显示样式，默认的显示样式为小黑点，我们可以根据需要从图中选择点的样式，并可以根据屏幕大小调节点的显示大小，或直接调整点的单位大小。改变点的显示方式后结果如图 8-19 所示。

思考与练习：

① 查看图 8-19 所示的等分效果，等分点的位置是否符合要求？用什么方法可以使图形变成图 8-21 的形状？

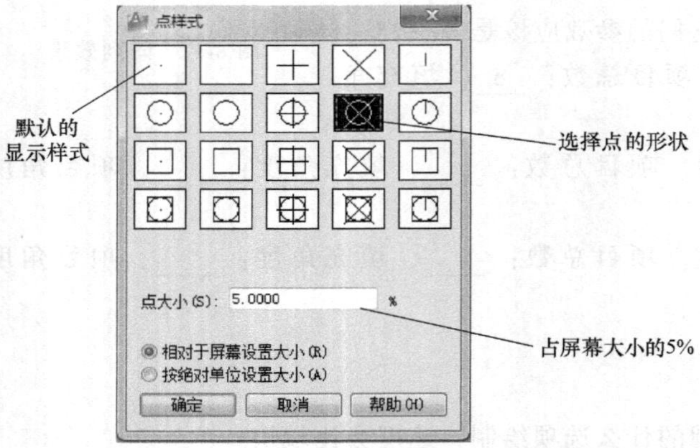

图 8-20 【点样式】对话框

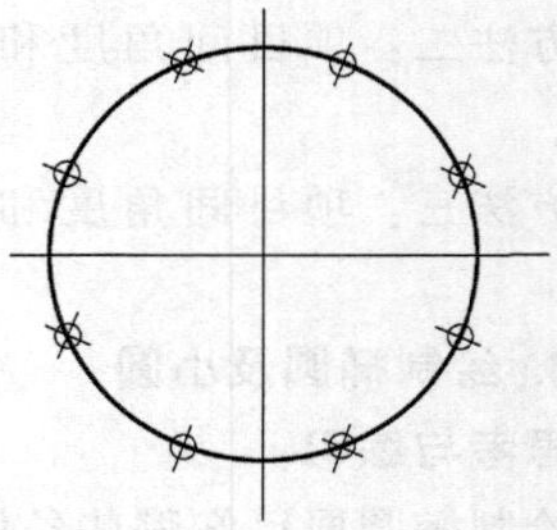

图 8-21 旋转等分点

② 本项目中，还可以用什么方法解决等分点存在的问题？

③ 当圆进行定数等分时，是从哪一点开始的？

8. 连接直线

思考与练习：

① 如何进行捕捉点的设置？

② 连接直线时，能否一次完成？

【知识拓展】

一、等分点时的块选项

在等分操作中，如果选用块选项，就会用块的内容代替点，对所选对象进行等分。如图 8-2 所示的尺子，就是用直线代替点进行等分的效果。

1. 认识块

（1）什么是块　块是组成复杂图形一组实体的集合。可以通过块创建，将实体创建成块。

（2）块的作用　在绘图时，把经常出现的图形制成块，通过对块的调用，使得经常出现的图形只需绘制一次而不必重复。将常用的专业图形及符号，创建成块，建立图形库，可以提高绘图效率。同时，块是将一组图形作为一个实体处理，便于图形编辑修改和节省存储空间。

2. 尺子（图 8-2）的绘制

1）使用直线命令绘制出长度为 200mm，宽度为 20mm 的矩形，如图 8-22 所示。

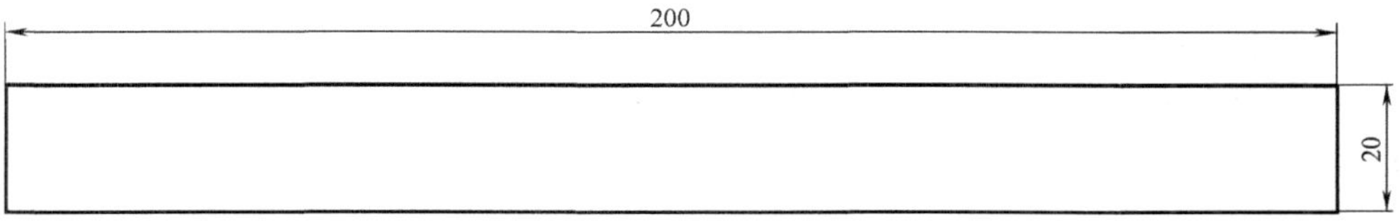

图 8-22　画一个矩形

2）绘制两条长度分别为 4mm 和 8mm 的竖线，如图 8-23 所示。

3）将长度为 4mm 的直线，定义成块 A。

单击【块】功能区中的【创建】命令按钮，打开【块定义】对话框，如图 8-24 所示。

图 8-23　绘制两条直线

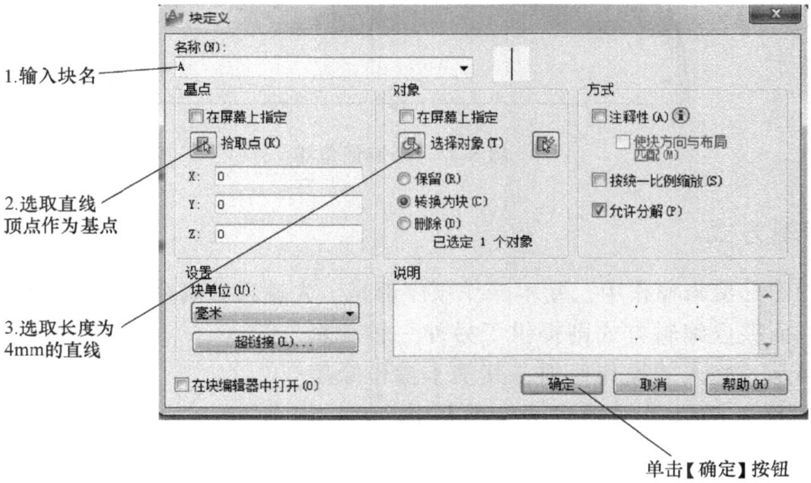

图 8-24　定义块 A

4）设置指定长度为 1mm，以块 A 定距等分长度为 200mm 的直线。

单击【绘图】功能区中的【定距等分】命令按钮，此时命令提示栏显示如下内容。

命令：_ MEASURE

选择要定距等分的对象：

//选择上方长度 200mm 的直线。

指定线段长度或[块(B)]： B ↵

//选择块方式。

输入要插入的块名： A ↵

//输入块名。

是否对齐块和对象？[是(Y)/否(N)]<Y>： N ↵

//选择不对齐方式。

指定线段长度： 1↵

//距离为1mm，填充一个块。

5）将长度为8mm的直线，定义成块B，方法同步骤3）。

6）设置指定长度为5mm，以块B定距等分长度为200mm的直线，方法同步骤4）。

思考与练习：

① 设置直线的下端点为块基点，选对齐块和对象，观察等分的效果。

② 找出等分操作中，“是否对齐块和对象”选项的作用，并绘制一个量角器，如图8-25所示。

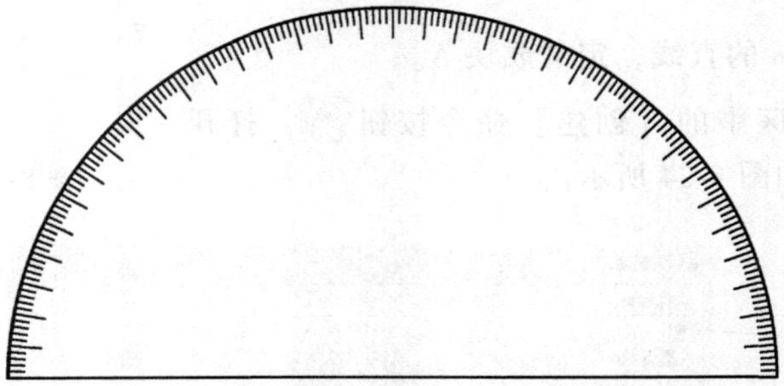

图 8-25　绘制量角器

二、夹点编辑方式

在前面的图形编辑操作中，基本操作顺序都是：先输入编辑命令，再选择对象，然后执行编辑操作；而夹点编辑方式则提供了另外一种编辑操作顺序，满足一些人的操作习惯，其基本操作顺序是：先选择图形，再选择编辑命令，然后执行编辑操作。

1. 认识夹点

如图8-26所示，命令提示栏显示“命令：”状态下，直接选择直线AB，被选中直线的顶点、中点等特征点将自动显示默认的蓝色小方框标记，如图8-27所示。

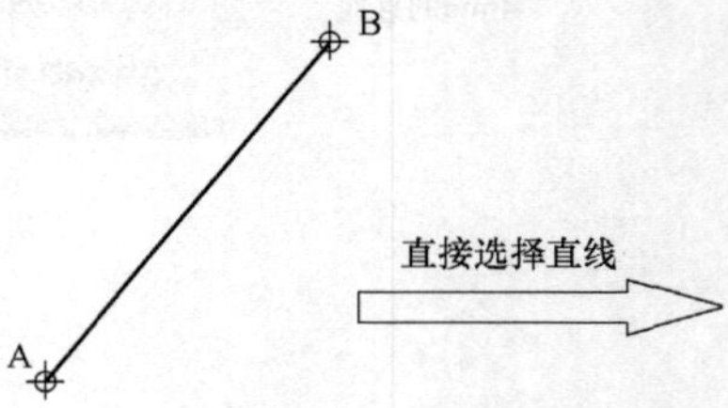

图 8-26　直线 AB

这些蓝色小方框称为夹点。按<Esc>键可退出显示夹点状态。

如图8-28所示，命令提示栏显示“命令：”状态下，直接选择多段线AB，被选中多段线的中点自动显示的夹点为蓝色小长方形。

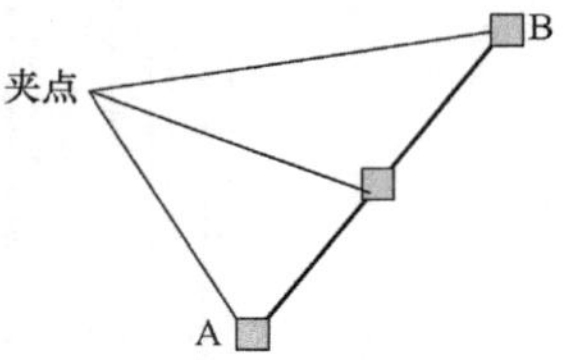

图 8-27　显示夹点

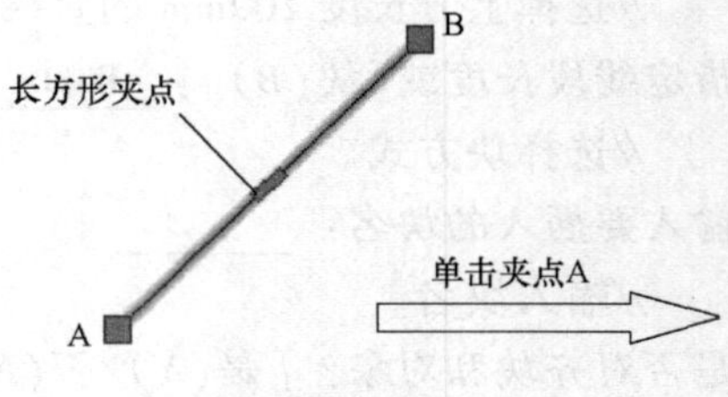

图 8-28　长方形夹点

> **注意：**
>
> 当实体建立夹点后，命令提示栏显示“命令：”状态并没有任何变化，可以输入任何命令，此时由所执行的命令决定夹点是否具有意义。

2. 切换夹点的编辑模式

将光标移到夹点 A 附近，并单击夹点 A 时，夹点 A 就会变成实心的红色方块，表示此夹点被激活，如图 8-29 所示。当按<Shift>键的同时单击夹点，可同时激活多个夹点。此时的夹点称为热夹点。在热夹持点状态下，才能进行夹点编辑操作，此时命令提示栏显示如下内容。

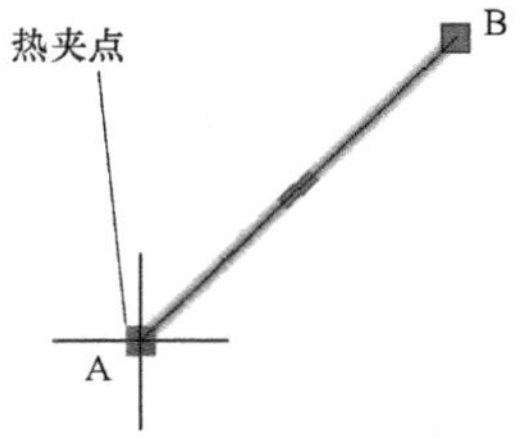

图 8-29 选择热夹点

拉伸

指定拉伸点或[基点(B)/复制(C)/放弃(U)/退出(X)]：

此时，进入夹点编辑的第一种模式，即拉伸模式。按<Enter>键或<Space>键，可依次循环切换夹点的五种命令编辑模式：

拉伸

指定拉伸点或[基点(B)/复制(C)/放弃(U)/退出(X)]：

移动

指定移动点或[基点(B)/复制(C)/放弃(U)/退出(X)]：

旋转

指定旋转角度或[基点(B)/复制(C)/放弃(U)/参照(R)/退出(X)]：

比例缩放

指定比例因子或[基点(B)/复制(C)/放弃(U)/参照(R)/退出(X)]：

镜像

指定第二点或[基点(B)/复制(C)/放弃(U)/退出(X)]：

也可以单击鼠标右键，在弹出的快捷菜单中进行选择，如图 8-30 所示。

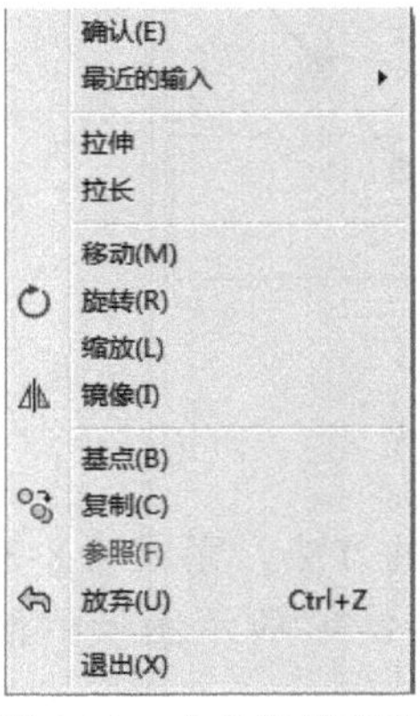

图 8-30 夹点快捷菜单

【检查与评价】（表 8-1）

表 8-1　项目八学生表现评价表

评价项目		具体评价内容	配分	自评	互评	教师评
项目完成的质量		项目按时且保质完成，图线绘制正确	20			
知识与技能	圆弧命令使用	正确使用圆弧命令，数据准确	10			
	等分功能应用	正确使用等分命令，数据准确	10			
	阵列功能应用	正确使用阵列命令，数据准确	15			
	旋转功能应用	正确使用旋转命令，数据准确	10			
	课后练习完成情况	熟练、正确完成课后练习	20			
学习过程	信息技能	通过系统的帮助功能及试操作，解决“思考与练习”及“知识拓展”所提问题	5			
	创新	提出可行的绘图实施方案，具有创新意识	5			
	合作	小组互动性好，主动提问并正确解决	5			
评语（优、缺点与建议）：			合计			
			总评价（等级）			

注：评价等级与分数的关系是 85≤优≤100，70≤良<85，55≤中<70，40≤差<55。

【强化练习】

1）使用定数等分绘制图 8-31 所示图形，并思考如何使用定数等分绘制任意夹角的四等分线，并完成图 8-32 所示图形的绘制。

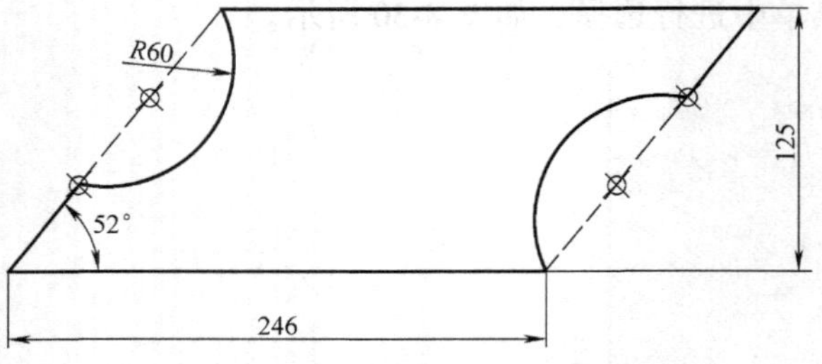

图 8-31　平面图形绘制练习 1

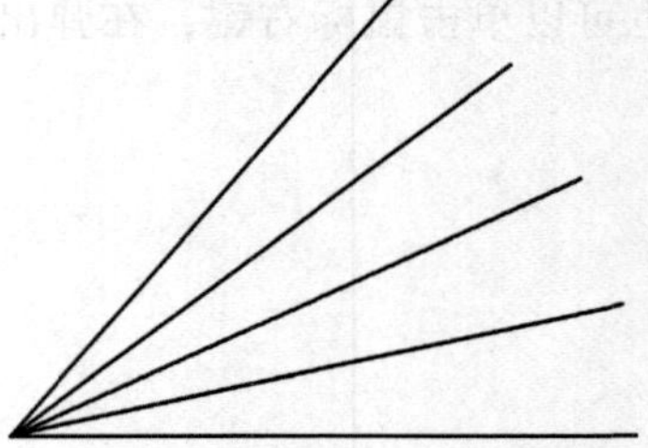

图 8-32　平面图形绘制练习 2

2）分别用矩形阵列和环形阵列的方法，完成图 8-33～图 8-36 所示图形的绘制。

3）按 1∶1 比例完成图 8-37～图 8-39 所示图形的绘制，并尝试用夹点编辑方式，调整中心线。

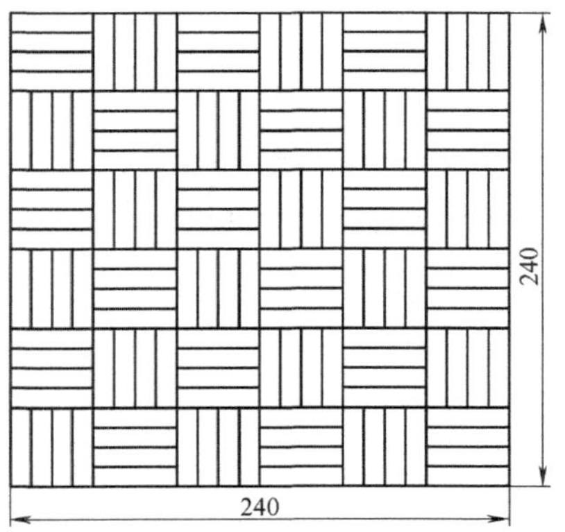

图 8-33　平面图形绘制练习 3

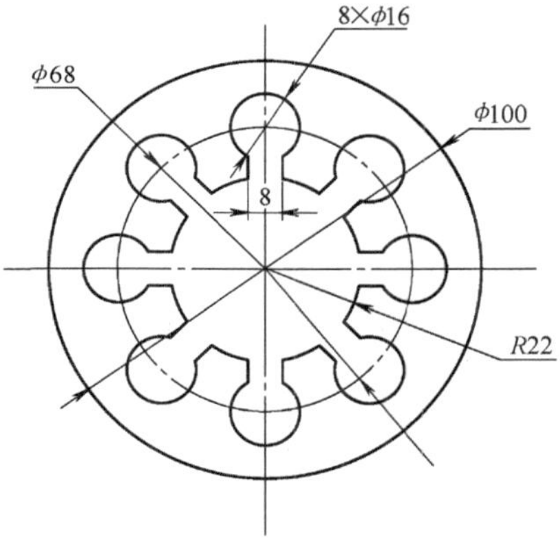

图 8-34　平面图形绘制练习 4

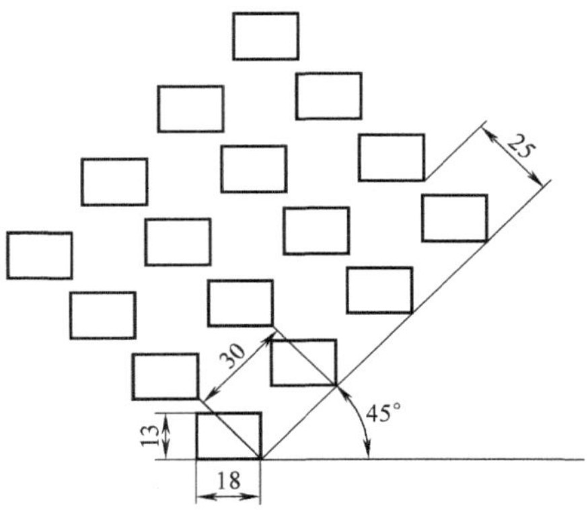

图 8-35　平面图形绘制练习 5

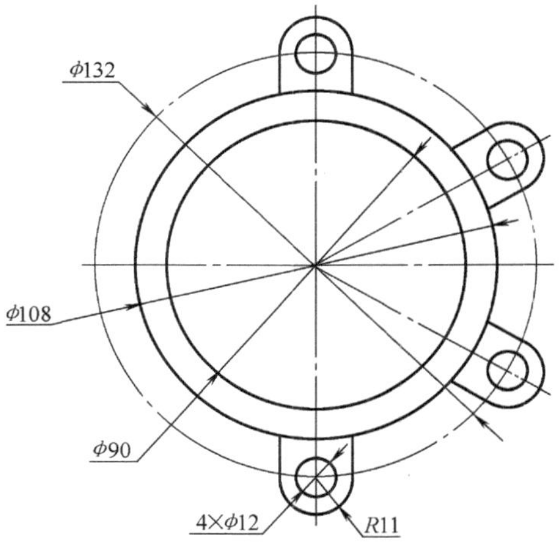

图 8-36　平面图形绘制练习 6

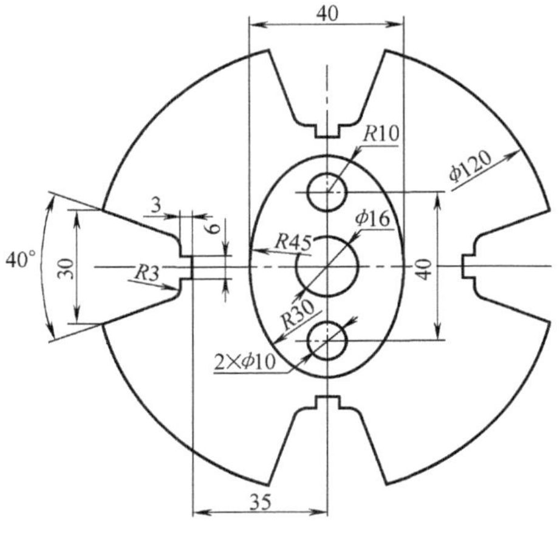

图 8-37　平面图形绘制练习 7

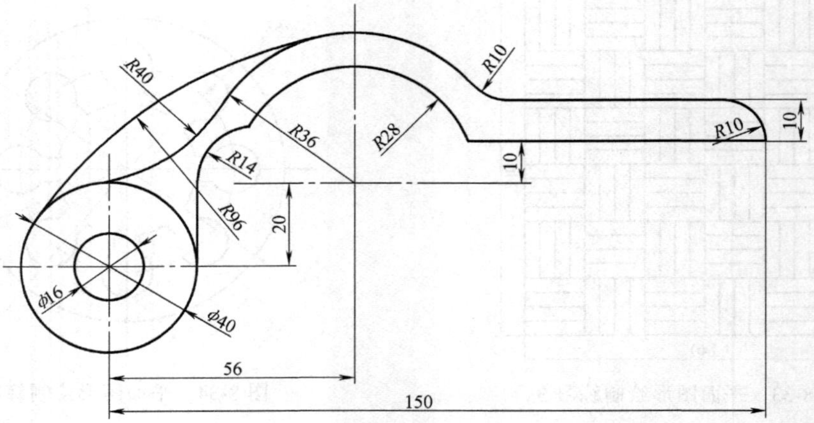

图 8-39　平面图形绘制练习 9

项目九

绘制齿轮轴

【学习任务描述及具体要求】

完成图 9-1 所示齿轮轴的绘制，并标注尺寸。以“sm9”为文件名保存文件。

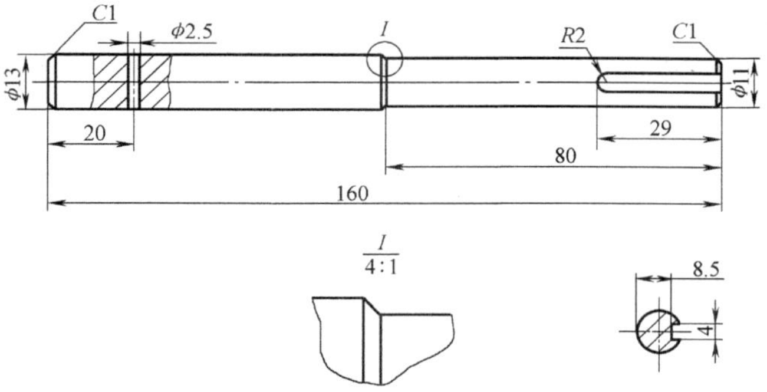

图 9-1　绘制齿轮轴

【学习目标】

1）掌握矩形命令的操作方法。
2）掌握倒角的操作方法。
3）学会样条曲线的使用方法。
4）学会填充剖面线及图案。
5）掌握缩放命令的作用和操作方法。
6）掌握尺寸样式的设置和应用方法。
7）了解参数化绘图。

【知识准备】

一、认识倒角命令

1. 认识倒角

思考与练习：

① 在图 9-2 所示图形上对倒角进行标注。

② 倒角 $C1$ 是什么含义？

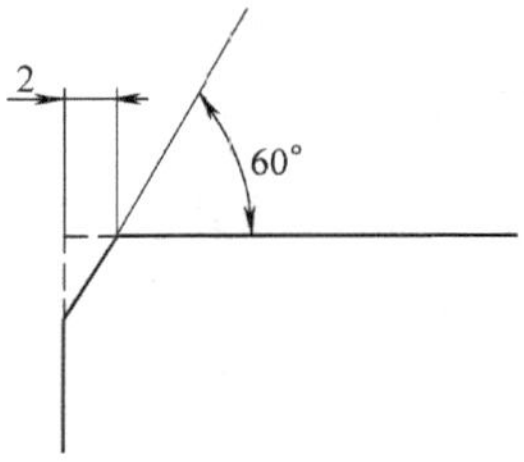

图 9-2　标注倒角

2. 倒角参数的确定

1）两条倒角边距离，如图 9-3 所示。

2）一条倒角边距离和倒角与该边的夹角，如图 9-4 所示。

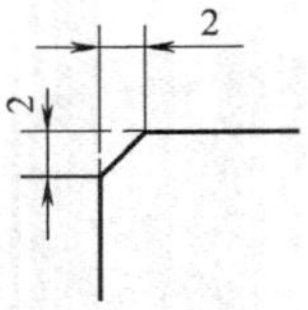

图 9-3　2×45°倒角

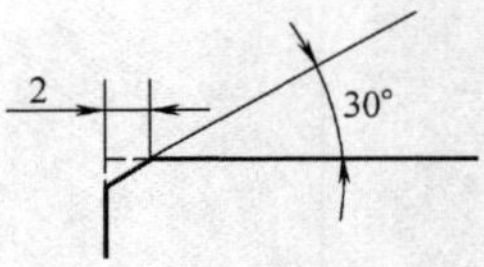

图 9-4　2×30°倒角

二、矩形参数的确定

1）确定任意两对角点，如图 9-5a 所示。

2）确定左下角点、长和宽，如图 9-5b 所示。

3）确定左下角点、边长和面积，如图 9-5c 所示。

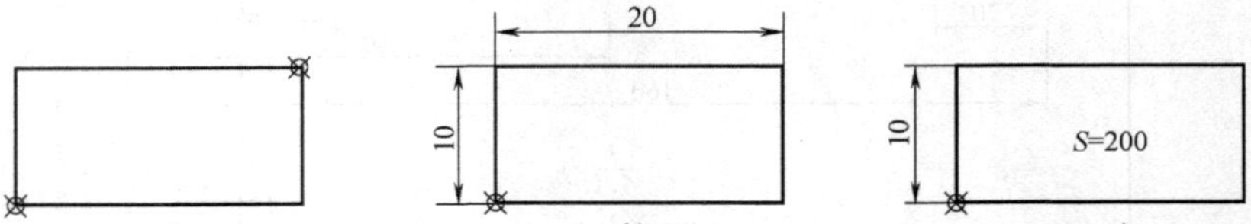

a)　　b)　　c)

图 9-5　矩形参数的确定

4）绘制倾斜矩形，加上边长与水平线的夹角，如图 9-6 所示。

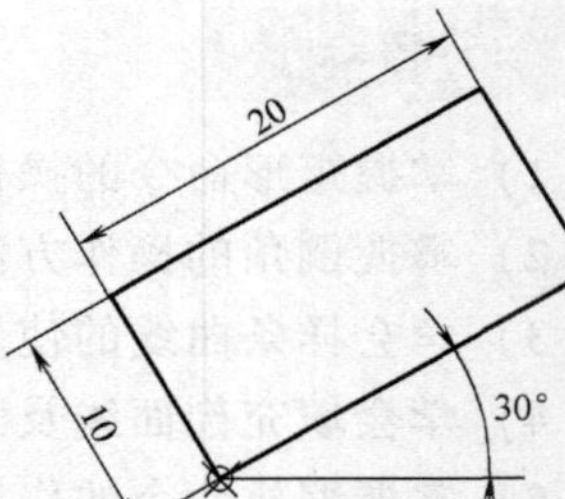

图 9-6　倾斜矩形

三、尺寸标注样式的设置

标注样式用来控制标注的格式和外观，系统提供了默认的一种样式 ISO-25。用户也可以通过【标注样式管理器】对话框，实现不同的标注效果。同时，用户也可以建立不同的标注样式，像图层管理一样，在标注过程中，选择不同的标注样式。

1. 创建新的标注样式

单击【注释】功能区中的【标注样式】命令按钮右侧倒三角，在弹出的菜单中选择【管理标注样式】选项，打开【标注样式管理器】对话框，如图 9-7 所示。

单击【新建】按钮 新建(N)...，弹出【创建新标注样式】对话框，如图 9-8 所示。

在该对话框中的【新样式名】文本框中输入标注样式名称，如“机械标注”，单击【继续】按钮 继续，打开【新建标注样式：机械标注】对话框，如图 9-9 所示。

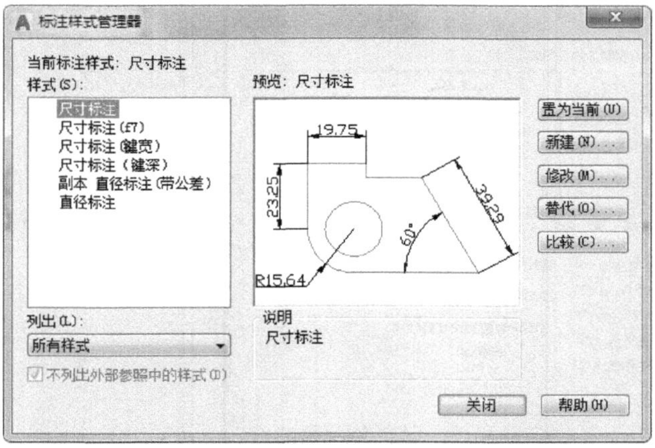

图 9-7 【标注样式管理器】对话框

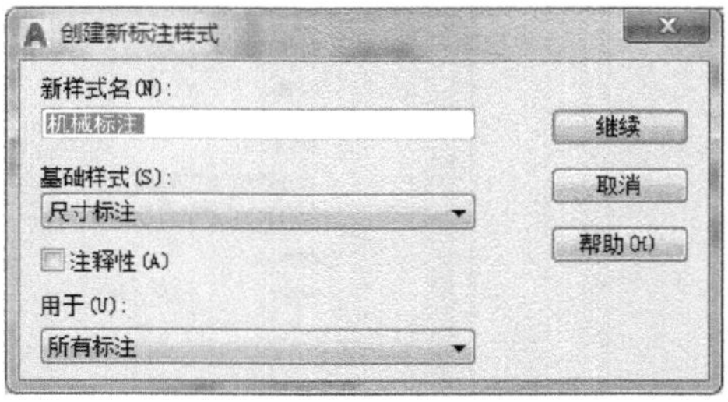

图 9-8 【创建新标注样式】对话框

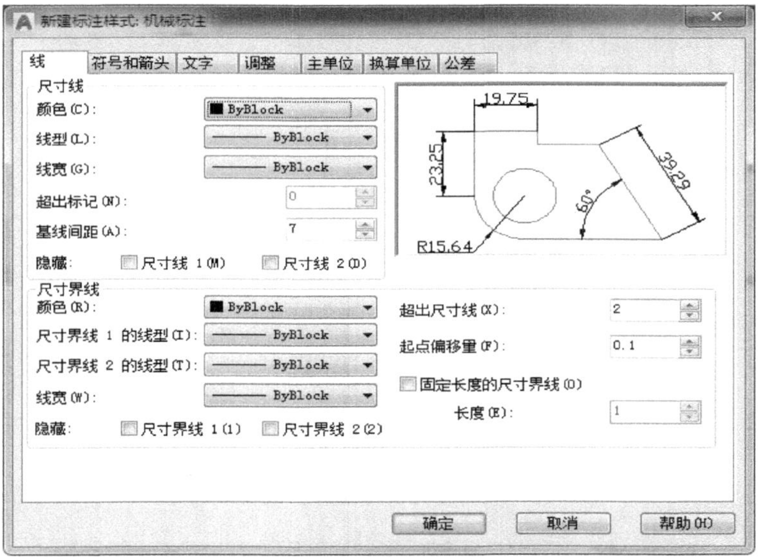

图 9-9 【新建标注样式：机械标注】对话框

该对话框共有七个选项卡，分别是【线】【符号和箭头】【文字】【调整】【主单位】【换算单位】【公差】。

【线】选项卡包括了【尺寸线】【尺寸界线】等参数的设置，将【尺寸线】【尺寸界线】的【颜色】【线型】【线宽】均设置为 ByBlock（随块），指定【基线间距】为 7，【超出尺寸线】为 2，【起点偏移量】为 0，结果如图 9-10 所示。其他选项保持不变。

选择【符号和箭头】选项卡，所有箭头均设置为【实心闭合】样式，【箭头大小】设置为 2.5，其他各项保持不变，如图 9-11 所示。

选择【文字】选项卡，将【文字样式】指定为机械样式，【文字颜色】指定为 ByBlock，【文字高度】指定为 3.5，【文字对齐】方式指定为 ISO 标准，结果如图 9-12 所示。其他选项及其他选项卡均保持不变。

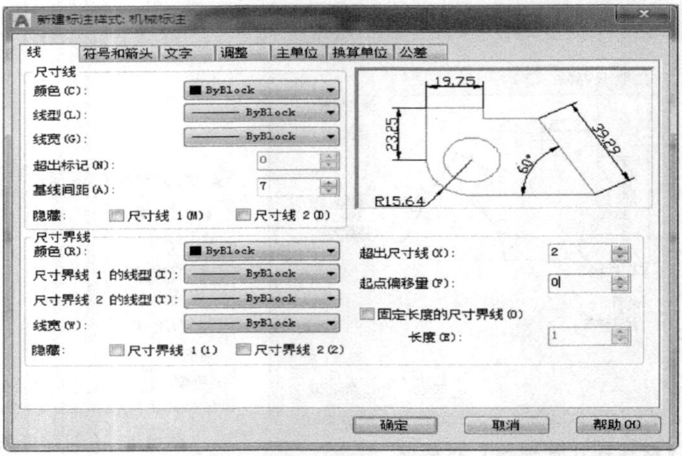

图 9-10 【线】选项卡

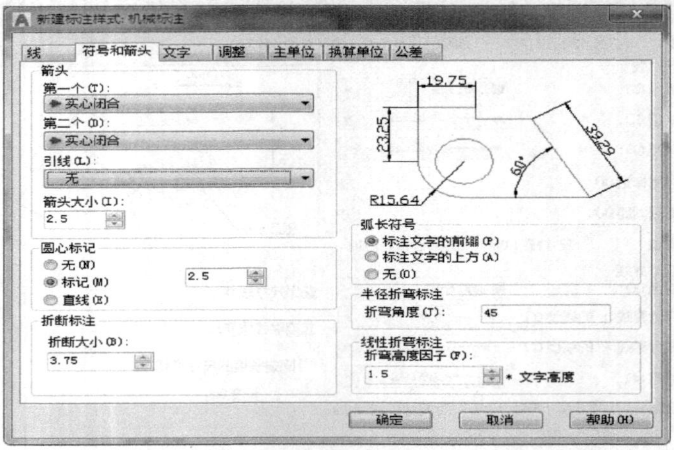

图 9-11 【符号与箭头】选项卡

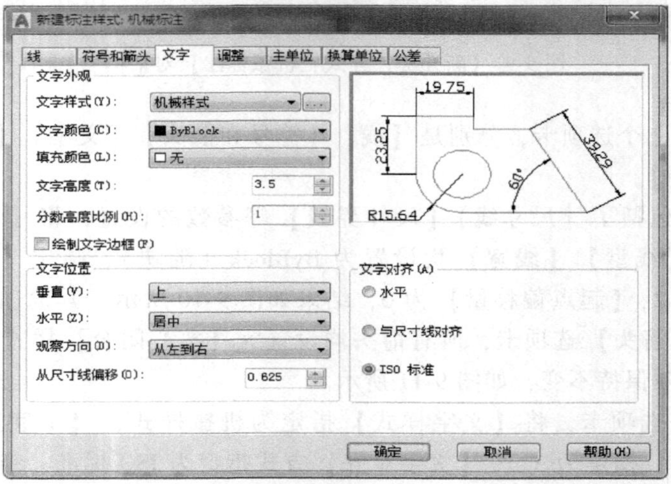

图 9-12 【文字】选项卡

2. 标注样式的调用

单击【注释】功能区中的【标注样式】命令按钮右侧倒三角，打开标注样式列表，如图 9-13 所示。

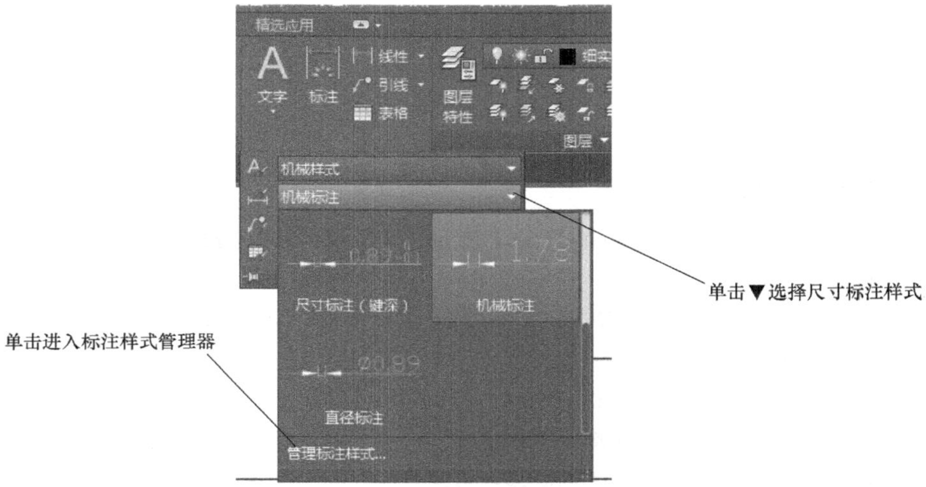

图 9-13　标注样式列表

【计划与实施】

一、制订绘图方案

思考与练习：

① 找出图形中有哪些对象可以用矩形命令绘出？

② 中心线都横穿矩形的中心位置，如何绘制比较方便？

③ 如何绘制波浪线？

绘制步骤如下：

1）设置图层和线型，绘制定位中心线。

2）使用矩形命令绘制各矩形图线并倒角。

3）使用移动命令将矩形移至合适位置。

4）使用圆角命令绘制键槽半圆。

5）绘制波浪线，填充剖面线。

6）绘制断面图。

7）复制局部放大图，修剪后放大。

8）标注尺寸。

二、实施绘图

1. 设置图层，绘制定位中心线

使用直线命令绘制定位中心线，结果如图 9-14 所示。

图 9-14　绘制中心线

2. 绘制左边带倒角的矩形

单击【绘图】功能区中的【矩形】命令按钮，此时命令提示栏显示如下内容。

命令:_RECTANG

指定第一个角点或[倒角(C)/标高(E)/圆角(F)/厚度(T)/宽度(W)]: C ↵

//选择倒角选项。

指定矩形的第一个倒角距离 <0.0000>: 1 ↵

//设置第一条边的倒角距离为 1mm。

指定矩形的第二个倒角距离 <1.0000>: ↵

//确认第二条边的倒角距离与第一条边距离相同。

指定第一个角点或[倒角(C)/标高(E)/圆角(F)/厚度(T)/宽度(W)]: ↵

//单击任意一点作为矩形的其中一个角点。

指定另一个角点或[面积(A)/尺寸(D)/旋转(R)]: @80,13 ↵

//输入对角点的相对坐标，结果如图 9-15 所示。

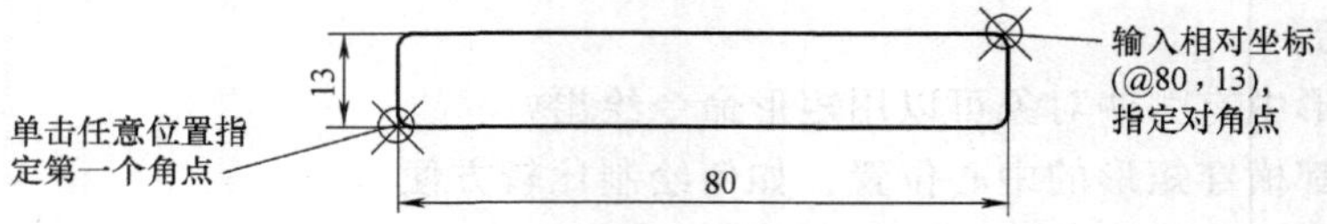

图 9-15　绘制带倒角的矩形

同样使用矩形命令，设置倒角距离为 0，绘制轴的右半部分销孔和键的轮廓，结果如图 9-16 所示。

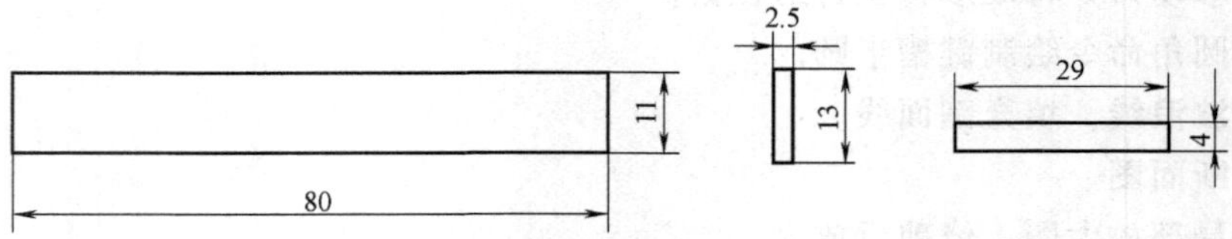

图 9-16　绘制其他不带倒角的矩形

说明：

1. 矩形两对角点位置的输入不分先后，也可以选择另外两个对角点，效果相同。
2. 带倒角的矩形的定位点，按未倒角时的对角点坐标确定。

3. 移动矩形至合适位置

思考与练习：

将矩形移至合适位置，要设置哪些捕捉方式？

单击【修改】功能区中的【移动】命令按钮，此时命令提示栏显示如下内容。

命令:_MOVE

选择对象:找到 1 个

//选择 13mm×80mm 矩形。

选择对象: ↵

//按<Enter>键或单击鼠标右键结束选择。

指定基点或[位移(D)]<位移>: ↵

//选择矩形左边的中点。

指定第二个点或<使用第一个点作为位移>: ↵

//选择两条中心线最左边交点，结果如图 9-17 所示。

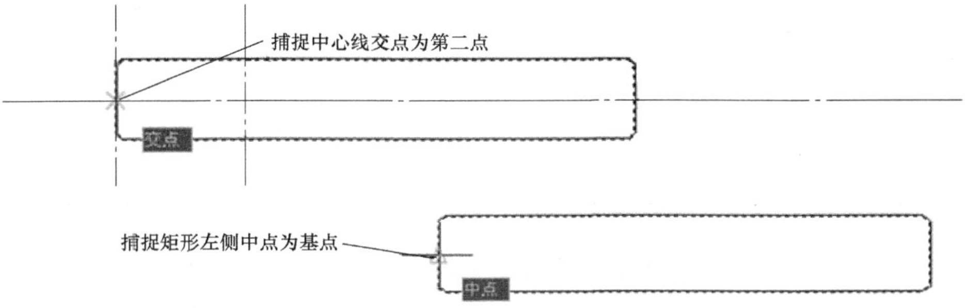

图 9-17　移动矩形

按照轴的结构，采用同样的方法将代表其他轴段投影的矩形移到中心线上适当位置，结果如图 9-18 所示。

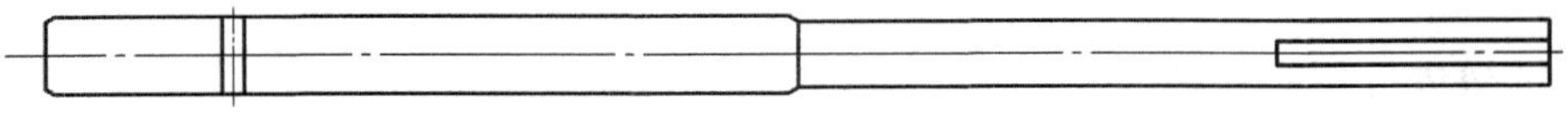

图 9-18　轴轮廓

4. 对矩形倒角

单击【修改】功能区中的【倒角】命令按钮，此时命令提示栏显示如下内容。

命令:_CHAMFER

(“修剪”模式)当前倒角距离 1=0.0000,距离 2=0.0000

选择第一条直线或[放弃(U)/多段线(P)/距离(D)/角度(A)/修剪(T)/方式(E)/多个(M)]: D ↵

//选择设置倒角距离选项。

指定第一个倒角距离 <0.0000>: 1 ↵

//设定第一条边的倒角距离为 1mm，如图 9-19 所示。

指定第二个倒角距离<1.0000>: ↵

//设定第二条边倒角距离同为 1mm。

选择第一条直线或[放弃(U)/多段线(P)/距离(D)/角度(A)/修剪(T)/方式(E)/多个(M)]: ↵

//选择水平线作为第一条直线。

选择第二条直线,或按住<Shift>键选择要应用角点的直线:↵

//选择竖线作为第二条直线。

重复倒角命令，完成另一个倒角，结果如图 9-20 所示。

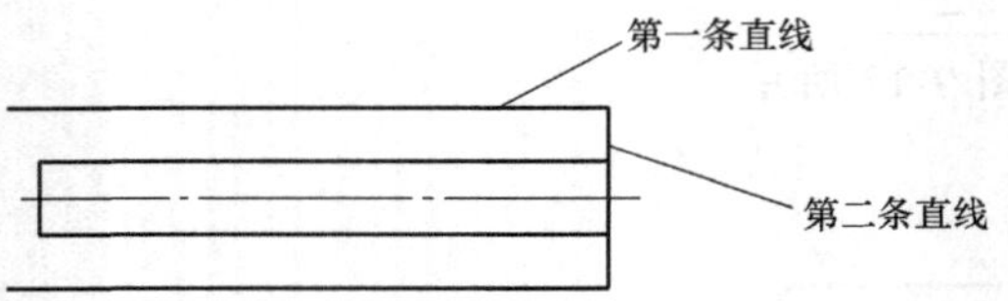

图 9-19　选择倒角直线

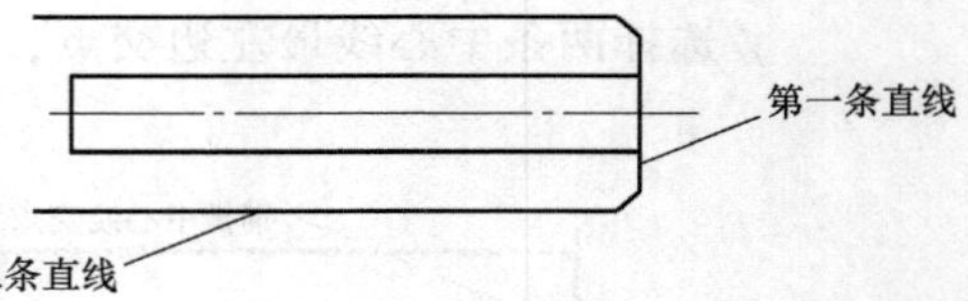

图 9-20　倒角效果

> **注意：**
>
> 1. 倒角过程中选取的第一条直线要跟前面设置的第一条直线的倒角距离相对应。
>
> 2. 如果有多个相同的倒角，可以选用“多个（U）”选项，省略多次重复输入倒角命令的操作。

思考与练习：

① 本例中倒角用了修剪的方式，如果用不修剪的方式，效果会有什么不同？

② 如果这里不用设置倒角距离的方式，而采用角度方式，那么应该设置第一条边倒角距离是多少？角度是多少？

5. 对键槽进行倒圆处理

单击【修改】功能区中的【圆角】命令按钮，此时命令提示栏显示如下内容。

命令:_FILLET

当前设置:模式=修剪,半径=0.0000

选择第一个对象或[放弃(U)/多段线(P)/半径(R)/修剪(T)/多个(M)]: R ↵

//选择设置圆角半径选项。

指定圆角半径 <0.0000>: 2 ↵

//设置圆角半径为 2mm。

选择第一个对象或[放弃(U)/多段线(P)/半径(R)/修剪(T)/多个(M)]: ↵

//选择其中一条边。

选择第二个对象,或按住<Shift>键选择要应用角点的对象: ↵

//选择另一条边。

重复圆角命令，完成倒圆操作，结果如图 9-21 所示。

6. 绘制倒角产生的轮廓线

设置对象的端点和垂点捕捉，用直线命令绘制各倒角产生的轮廓线，结果如图 9-22 所示。

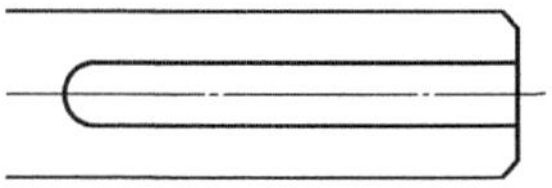

图 9-21　倒圆

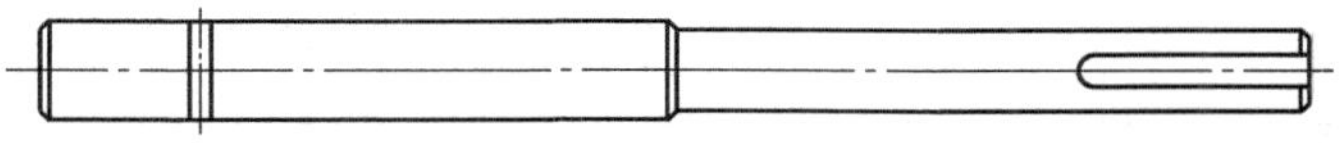

图 9-22　绘制倒角产生的轮廓线

7. 绘制波浪线

思考与练习：

① 有哪些命令可以绘制曲线?

② 什么是样条曲线? 请举例说明。

③ 波浪线应该用什么线型绘制?

单击【绘图】中的【样条曲线拟合】命令按钮，此时命令提示栏显示如下内容。

命令:_SPLINE

指定第一个点或[方式(M)节点(K)对象(O)]: ↵

//单击 1 点所处的大概位置。

指定下一点: ↵

//单击 2 点所处的大概位置。

输入下一点或[端点相切(T)公差(L)放弃(U)]: ↵

//单击 3 点所处的大概位置。

输入下一点或[端点相切(T)公差(L)放弃(U)闭合(C)]: ↵

//单击 4 点所处的大概位置。

输入下一点或[端点相切(T)公差(L)放弃(U)闭合(C)]: ↵

//单击 5 点所处的大概位置。

输入下一点或[端点相切(T)公差(L)放弃(U)闭合(C)]: ↵

//单击 6 点所处的大概位置。

输入下一点或[端点相切(T)公差(L)放弃(U)闭合(C)]: ↵

//按<Enter>键结束点的输入，结果如图 9-23 所示。

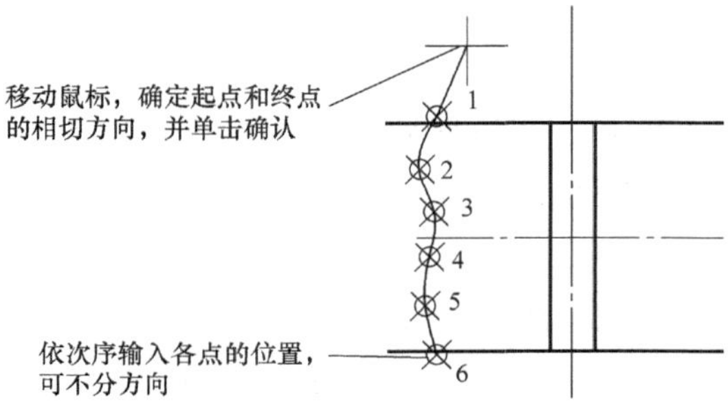

图 9-23　绘制样条曲线

采用同样的办法绘制另一端波浪线后，进行修剪，结果如图 9-24 所示。

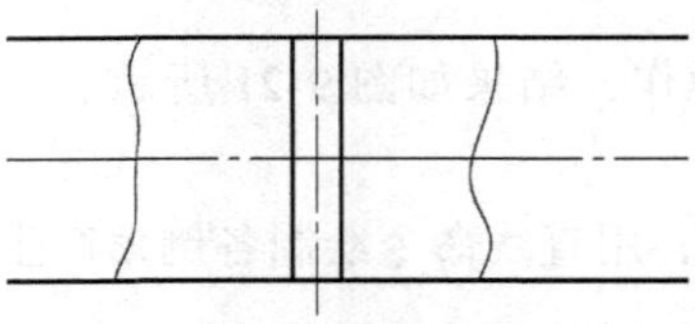

图 9-24　完成样条曲线的绘制

> **注意：**
>
> 波浪线与轮廓线一定要相交，组成一个封闭的区域，不能有间隙，否则后面的图案填充将不能顺利进行。

8. 填充剖面线

思考与练习：

① 找出图案填充的命令及图标。

② 金属材料（45°倾斜线）的编号及名称是什么？

单击【绘图】功能区中的【图案填充】命令按钮，打开【图案填充创建】选项卡，如图 9-25 所示。

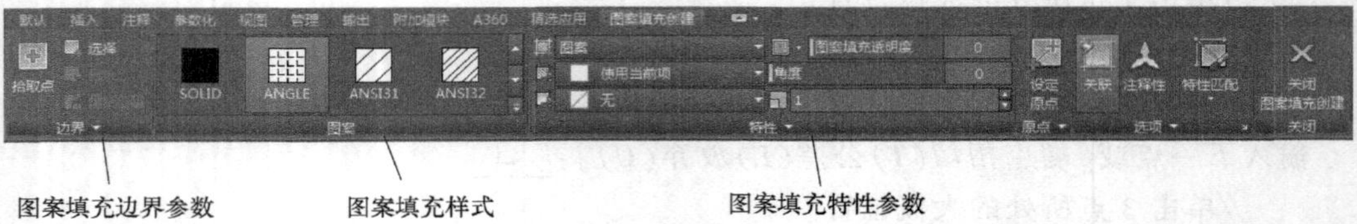

图 9-25　【图案填充创建】选项卡

（1）参数设置

1）填充类型选择：在【特性】选项组中选择填充类型，如图 9-26 所示，系统默认【图案】选项。

2）图案选择：在【图案填充样式】下拉列表中，选择【ANSI31】（金属剖面线图案）选项，所有图案可单击按钮，选择浏览需要的图案填充样式。

图 9-26　填充类型

3）调整图案特性。

设置【角度】为 0（旋转 0°，与原图案角度一致）。

设置【比例】为 1（与原图案比例为 1 : 1，不调整图案的大小间距）。

（2）选择填充区域

1）单击【拾取点】按钮，此时光标转为十字光标。

2）将光标移到要填充的区域后单击，此时选择了的区域，边界呈高亮显示，如图 9-27 所示。全部选择完毕后，按<Enter>键结束选择。

3）要增、减填充的区域，可以单击【删除边界】按钮，增减填充区域。

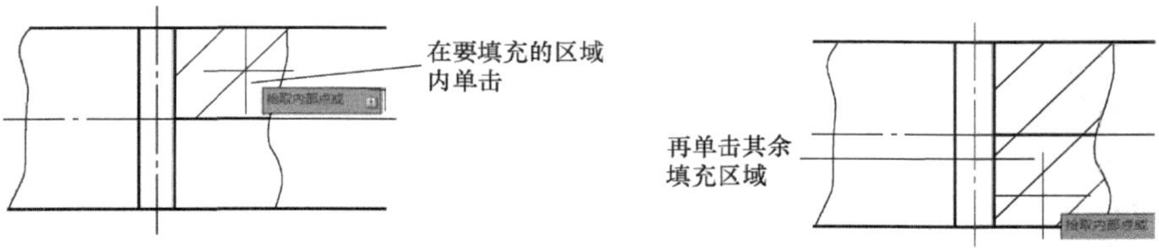

图 9-27　采用拾取点方式选择填充区域

（3）调整剖面线效果　调整图案效果，如果图案间隙小了，可将比例值设成大于 1；相反，可设置比例值为一个小于 1 的数（不能是负数），如图 9-28 所示。

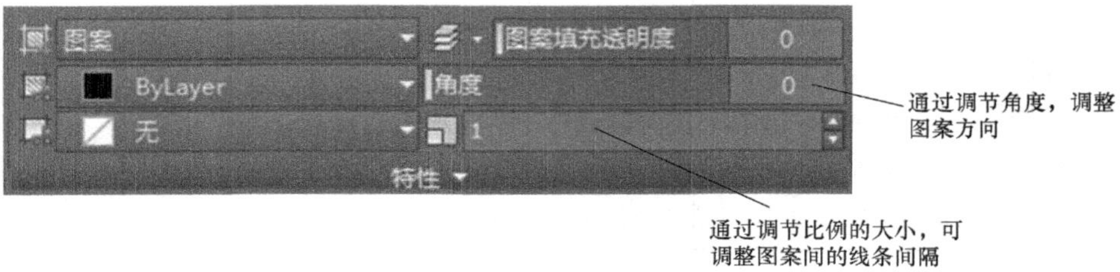

图 9-28　【图案填充特性】选项卡

思考与练习：

① 在【图案填充边界】选项卡中，有两种添加填充边界的方式，本例用了【拾取点】的方式，如果用选择对象的方式 选择 ，效果会有什么不同？

② 如果要填充两个相邻的金属零件，剖面线方向要相反，需要设置哪个参数？

9. 绘制移出断面图

自行拟定绘图方案，完成断面图的绘制，结果如图 9-29 所示。

思考与练习：

① 什么是移出断面图、重合断面图？哪种断面图容易绘制？

② 请列举几种绘制移出断面图的方案。

③ 此处能不能先在原处绘出重合断面图，然后再用移动命令移出？

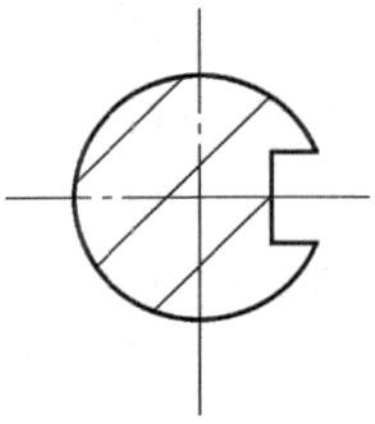

图 9-29　移出断面图

10. 绘制局部放大图

将原图中该部分内容复制到合适位置后，用修剪命令将多余线条修剪整理，结果如图 9-30 所示。

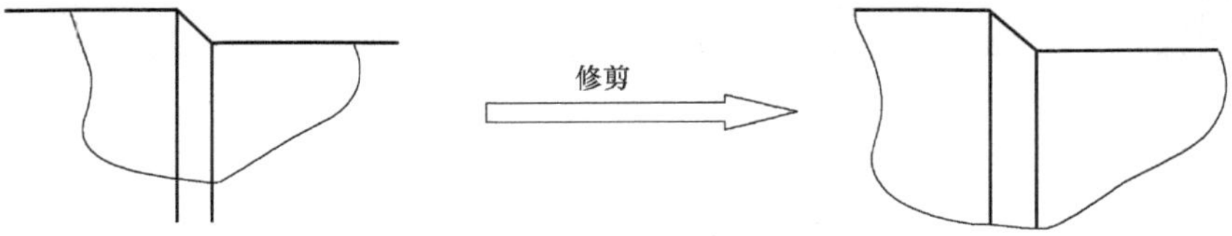

图 9-30　复制出局部放大的部位

单击【修改】功能区中的【缩放】命令按钮，此时命令提示栏显示如下内容。

命令:_SCALE

选择对象:指定对角点:找到 4 个

//选择图 9-30 全部内容。

选择对象: __

//按<Enter>键结束选择。

指定基点:

//在合适位置单击，作为放大基点的位置。

指定比例因子或[复制(C)/参照(R)]: 4 ↵

//输入缩放倍数。

说明:

1. 输入的比例因子（系数）要为正数且不为零，如果大于 1，则图形放大；如果小于 1，则图形缩小。

2. 如果输入 C（复制），则在放大图形时，保留原图。

3. 如果输入 R（参照），则采用参考长度的方法确定缩放比例。此时，系统以新长度与参考长度的比值作为比例系数，进行图形的缩放。

思考与练习:

这里的缩放命令与视图操作中的缩放命令本质上有什么不同?

11. 尺寸标注

建立知识准备中所示的【机械标注】样式，并置为当前标注样式。

（1）标注倒角 *C*1　单击【注释】功能区中的【多重引线】命令按钮，此时命令提示栏显示如下内容。

命令:_MLEADER

指定引线箭头的位置或[引线基线优先(L)/内容优先(C)/选项(O)]<选项>: ↵

//捕捉倒角起点位置。

指定引线基线的位置:

//设定极轴追踪,限定光标与倒角方向重合,然后单击确定文字放置位置。

系统弹出图 9-31 所示【文字编辑器】选项卡，在屏幕光标处输入 C1，如图 9-32 所示，完成后单击【文字编辑器】选项卡中的【关闭】按钮，结果如图 9-33 所示。

图 9-31 【文字编辑器】选项卡

（2）完成其他尺寸标注 此过程不再赘述。

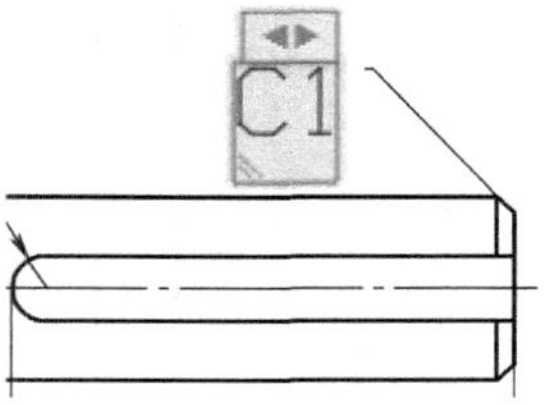

图 9-32 输入引线位置及输入文字

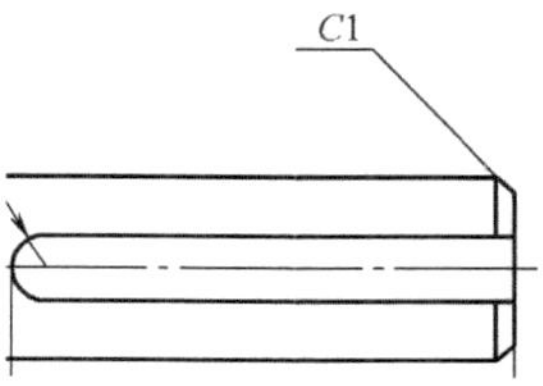

图 9-33 倒角标注效果

【知识拓展】

一、图案填充中的更多选项

1. 孤岛的定义

用选择对象方式选择填充边界进行图案填充时，如果选择的对象集中，填充区域内含有封闭域，则这些总填充区域内的封闭区域，称为孤岛，如图 9-34 所示。

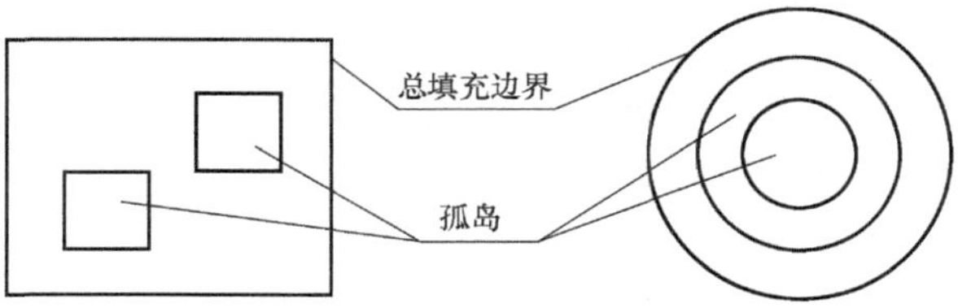

图 9-34 孤岛

2. 孤岛检测方式的设置

单击【图案填充创建】选项卡中的【选项】按钮旁边的倒三角▼，打开选项列表，列表中显示孤岛检测的方式有三种，如图 9-35 所示。

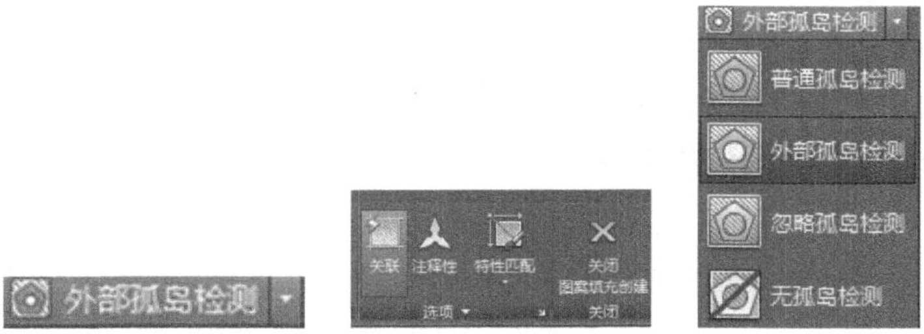

图 9-35 孤岛检测样式

二、设置图素的绘图次序

当多个图素重叠时，为突显某一图素的显示，我们可以通过改变绘图次序，调整某些图素的放置次序，实现不同的显示效果。

单击【修改】功能区中的【前置】命令按钮，如图 9-36 所示，弹出绘图次序菜单，

如图 9-37 所示，可按实际需要选择前置、后置、置于对象之上、置于对象之下等命令。

图 9-36 【修改】功能区中各命令按钮

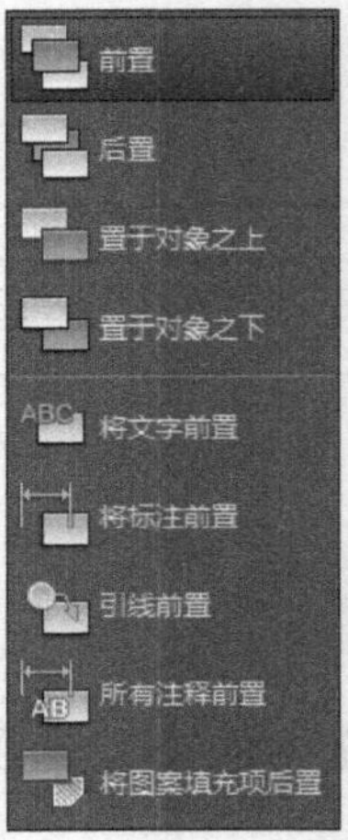

图 9-37 绘图次序菜单

三、参数化绘图

在计算机辅助绘图中，参数化绘图的作用日益突显，从草图设计到最终的实体造型，参数化起到关键作用。AutoCAD 2018 提供了参数化绘图功能，可对图素大小、位置及图素之间的相互位置进行约束。在绘图设计中，保持这个约束关系，从而达到参数传递。

用参数化绘图方法，在一个边长为 100mm 的等边三角形内，绘制三个相同大小并两两相切的内切圆，如图 9-38 所示。其绘制步骤如下。

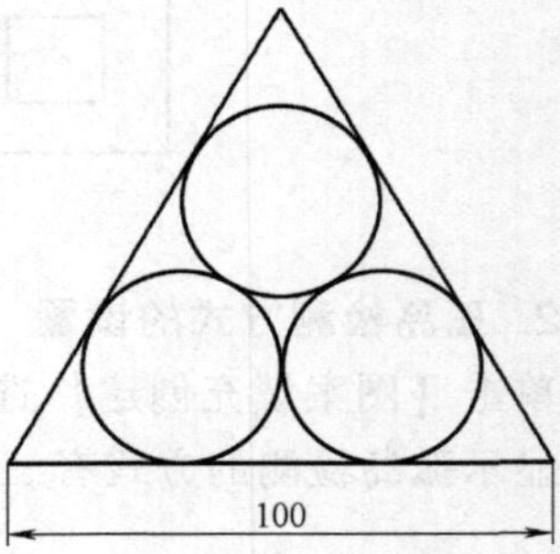

图 9-38 参数化绘图

（1）绘制图形　绘制一个任意尺寸的等边三角形及三个圆，如图 9-39 所示。

（2）添加约束完成图例

1）约束等边三角形边长为 100mm。单击主菜单中的【参数（P）】选项，弹出图 9-40 所示菜单。

图 9-39 绘制三角形和圆

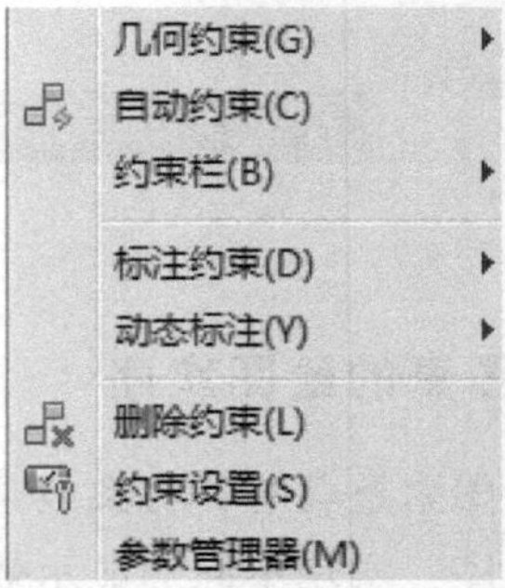

图 9-40 参数菜单

选择【几何约束（G）】中的【相等 = 相等(E)】选项，在绘图区选择三条边并使其相等约束，效果如图 9-41 所示。

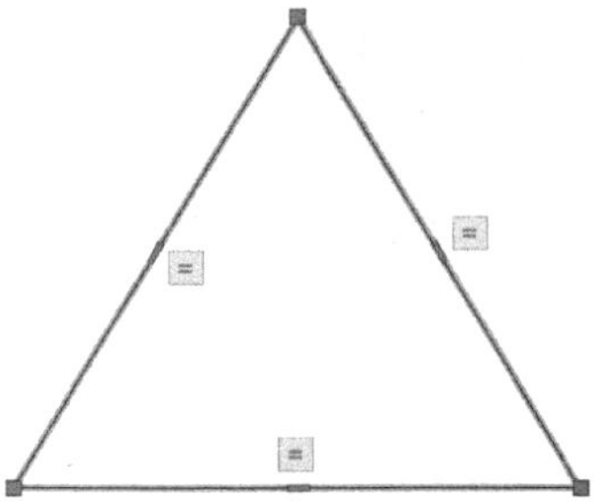

图 9-41　三条边相等

选择【标注约束（D）】中的【水平 水平(H)】选项，在绘图区选择三角形底边的两个端点，并修改数值为：$d_1 = 100$，结果如图 9-42 所示。

2）约束三个圆相切关系。

选择【几何约束（G）】中的【相切 相切(T)】选项，在绘图区先选择三个圆与三角形相切，再选择圆与圆相切即可，效果如图 9-43 所示。

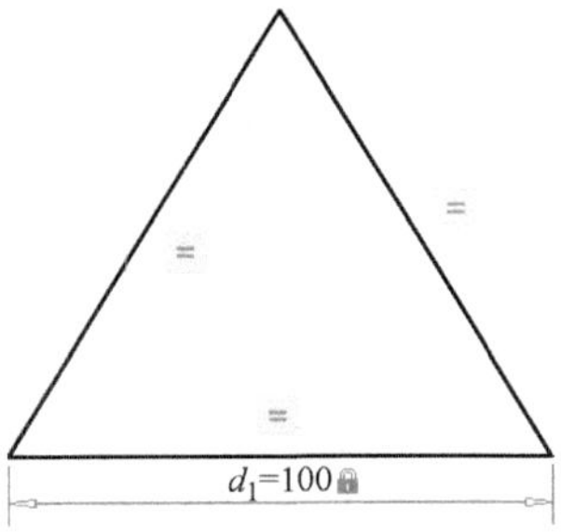

图 9-42　约束边长为 100mm

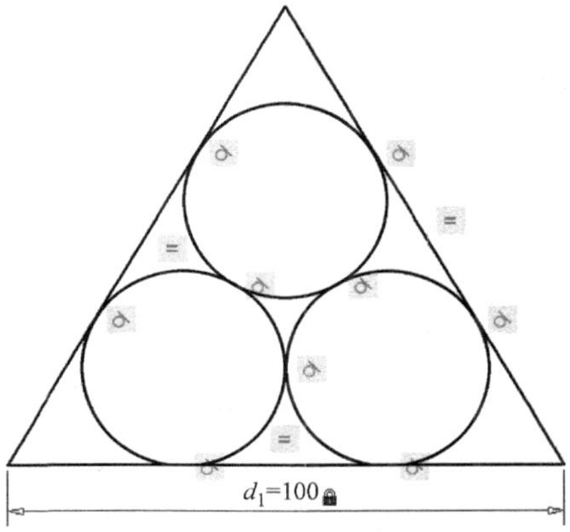

图 9-43　相切约束

【检查与评价】（表 9-1）

表 9-1　项目九学生表现评价表

评价项目		具体评价内容	配分	自评	互评	教师评
项目完成的质量		项目按时且保质完成，图线绘制正确	20			
知识与技能	矩形命令使用	正确使用矩形命令，数据准确	15			
	倒角操作	正确使用倒角命令，数据准确	15			
	填充剖面线及图案	正确使用填充命令，数据准确	15			
	课后练习完成情况	熟练、正确完成课后练习	20			
学习过程	信息技能	通过系统的帮助功能及试操作，解决“思考与练习”所提问题	5			
	创新	提出可行的绘图实施方案，具有创新意识	5			
	合作	小组互动性好，主动提问并正确解决	5			
评语（优、缺点与建议）：			合计			
			总评价（等级）			

注：评价等级与分数的关系是 85≤优≤100，70≤良<85，55≤中<70，40≤差<55。

【强化练习】

1）绘制图 9-44 所示两个图形，其中每个圆的半径相等，圆与相邻圆以及相邻直线都相切。（提示：可以采用参数化绘图或比例缩放方法绘制。）

2）按 1：1 比例绘制 6 号国旗，并按实际要求填充颜色，尺寸如图 9-45 所示。

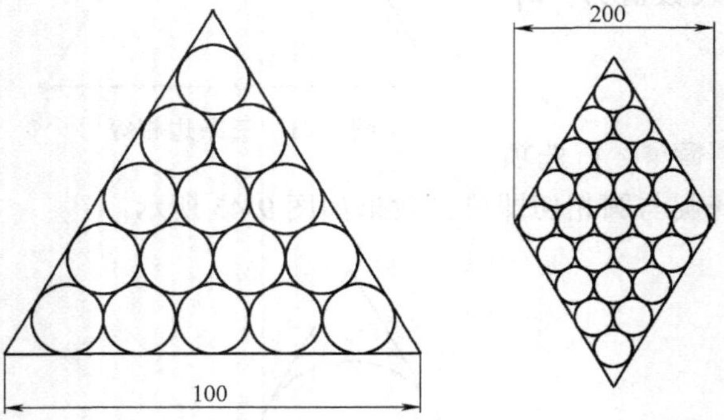

a)　　b)

图 9-44　平面图形绘制练习 1

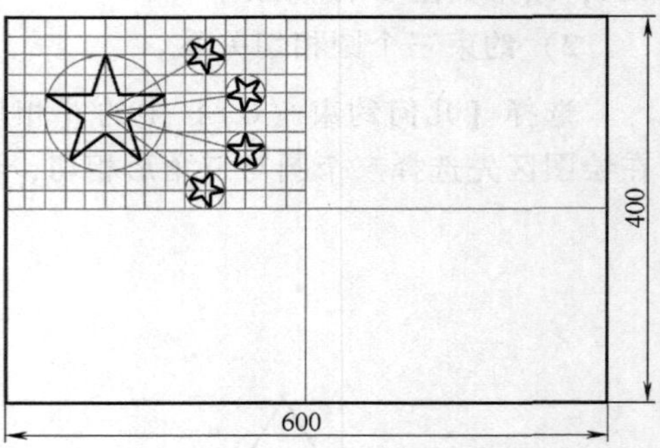

图 9-45　按 1：1 比例绘制 6 号国旗

3）绘制图 9-46 所示零件图并标注尺寸。

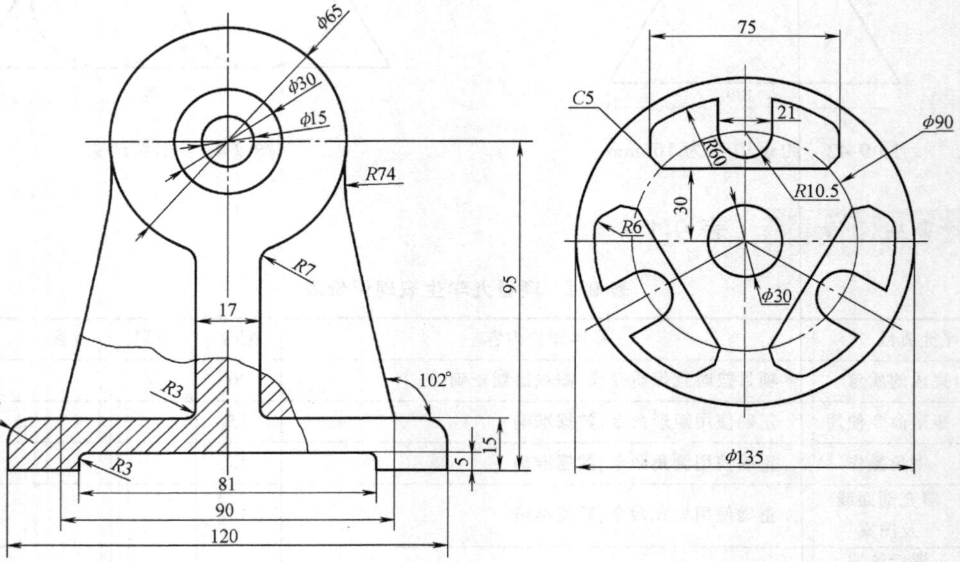

a)　　b)

图 9-46　平面图形绘制练习 2

项目十

建立一个绘图样板文件

【学习任务描述及具体要求】

设置图形界限，绘制图 10-1 所示 A3 图纸样板的边框线，按国家标准 GB/T 14665—2012《机械工程 CAD 制图规则》设置图层、文字样式，用直线命令绘制零件图标题栏（图 10-2），填写相关文字信息，并将它保存为 A3. dwt 样板文件。

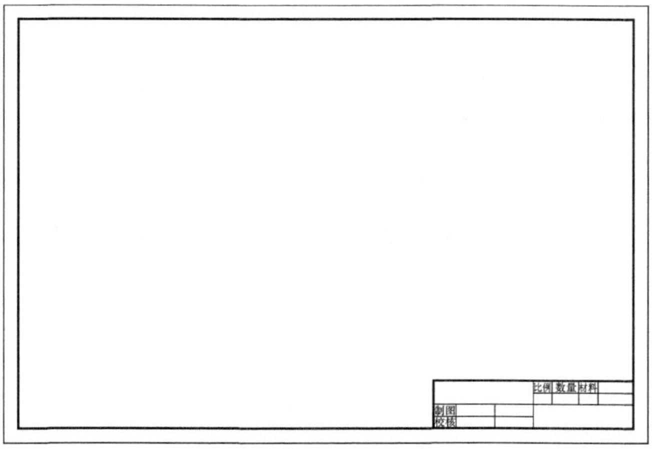

图 10-1　A3 图纸样板

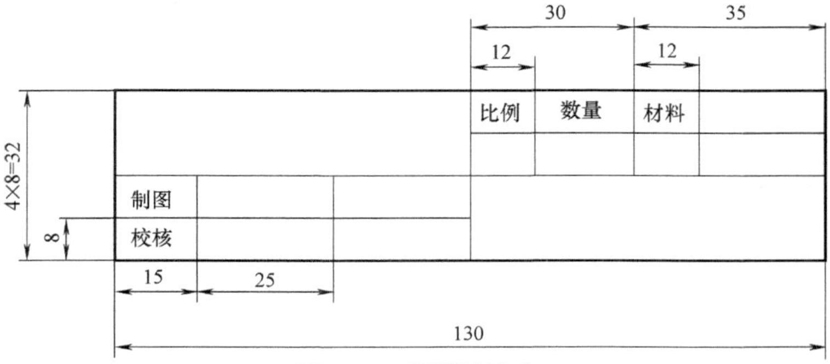

图 10-2　标题栏尺寸

【学习目标】

1）掌握图形界限、单位、精度的设定方法。

2）学会使用栅格、栅格捕捉、极轴追踪辅助绘图。

3）掌握文字的样式设置和输入方法。

4）了解样板文件的建立和使用方法。

5）认识第三角画法，并懂得第一、三分角投影法之间的转换。

【知识准备】

一、图形界限设置

为保证用户在有效的绘图区域内绘图，系统提供了图形界限设置功能，超出界限范围的绘图会被禁止。图形界限默认是关闭状态，在绘图过程中易被忽略。可以通过图形界限命令的设置，改变默认状态或修改绘图区域。

选择主菜单中的【格式（O）】⇨【图形界限（I）】命令，此时命令提示栏显示如下内容。

命令:_LIMITS

LIMITS 指定左下角点或【开(ON)关(OFF)】<0. 0000,0. 0000>: ↵

//图形界限左下角坐标默认值。

LIMITS 指定右上角点<420. 0000,297,0000>: ↵

//图形界限右上角坐标默认值。

命令：_ LIMITS

//重复图形界限命令

LIMITS 指定左下角点或【开(ON)关(OFF)】<0. 0000,0. 0000>: ON ↵

//打开图形界限功能。

二、单位以及精度设置

选择主菜单中的【格式】⇨【单位】命令，此时命令提示栏显示如下内容。

命令：_ UNITS

打开【图形单位】对话框，可以对绘图的长度、角度的单位和精度进行设置，如图10-3所示。单击【方向】按钮，打开【方向控制】对话框，可以设置系统的角度起始方向，如图10-4所示。

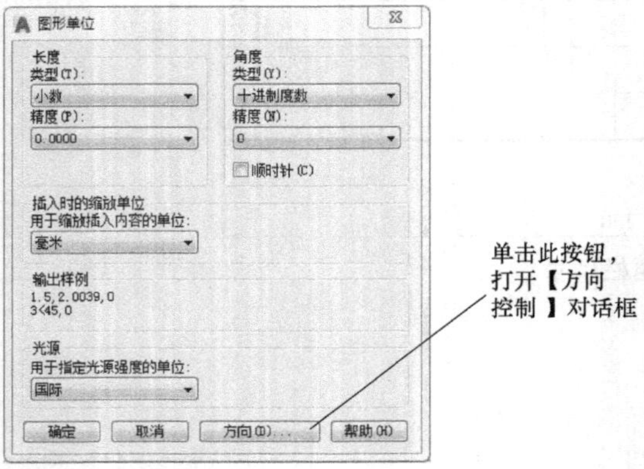

图 10-3 【图形单位】对话框

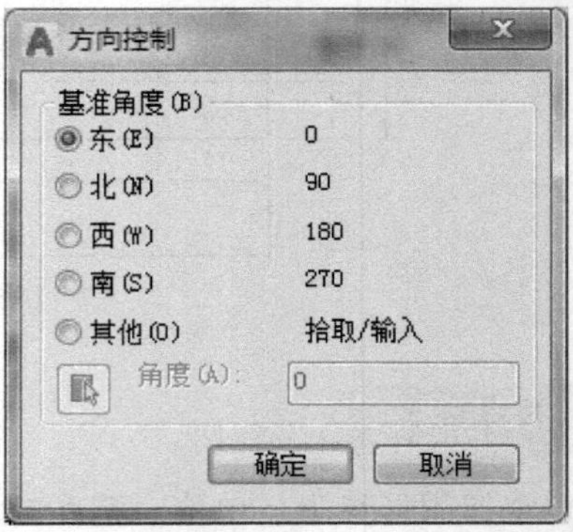

图 10-4 【方向控制】对话框

三、栅格与栅格捕捉

1. 认识栅格和捕捉

栅格是 AutoCAD 2018 为方便绘图时的定位，而设立的规则显示点（格），这些点（格）只显示，并不对图形产生影响，不能打印，关闭栅格显示后，点（格）自动消失。设置捕捉，能控制光标只在设定数值点上跳跃，实现栅格定位的作用。通常将捕捉的距离设置成同栅格一致。

2. 栅格、捕捉和设置

选择主菜单中的【工具】⇨【绘图设置】命令或单击状态栏的【捕捉模式】按钮或【栅格显示】按钮，单击鼠标右键打开快捷菜单，如图 10-5 所示，选择【捕捉设置】选项，打开【草图设置】对话框，如图 10-6 所示，进行栅格间距和捕捉间距的设置。

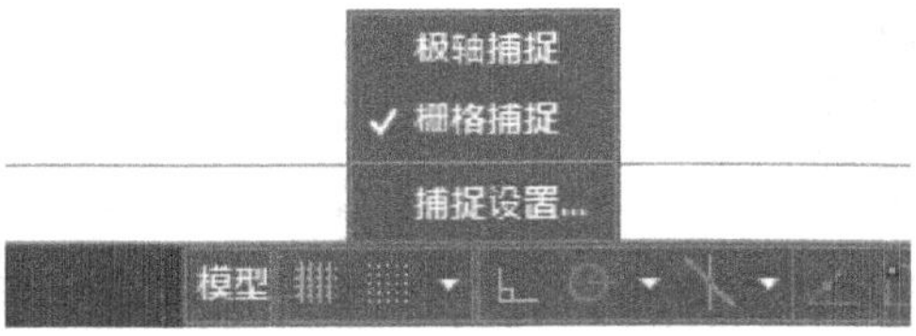

图 10-5 【捕捉模式】快捷菜单

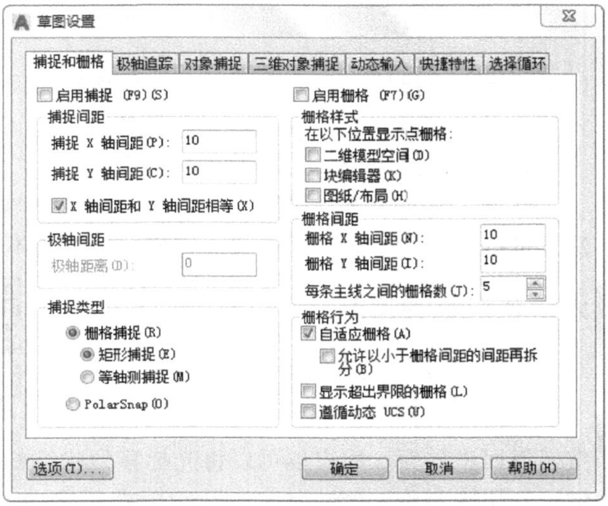

图 10-6 【草图设置】对话框

> **注意：**
> 如果栅格点设置的间距太小或太大，均不能正常显示。

四、文字样式的设置

选择主菜单中的【格式】⇨【文字样式】命令，进入【文字样式】对话框，如图 10-7 所示，可以对用户输入文字的字体、大小、效果进行设置。

五、文字、符号的输入

1. 单行文字输入

对于一些格式要求少的、能在键盘上直接输入的字符，常用单行文字的输入方法。在命令提示栏输入 Text 或选择主菜单中的【绘图】⇨【文字】⇨【单行文字】命令，在命令提示栏

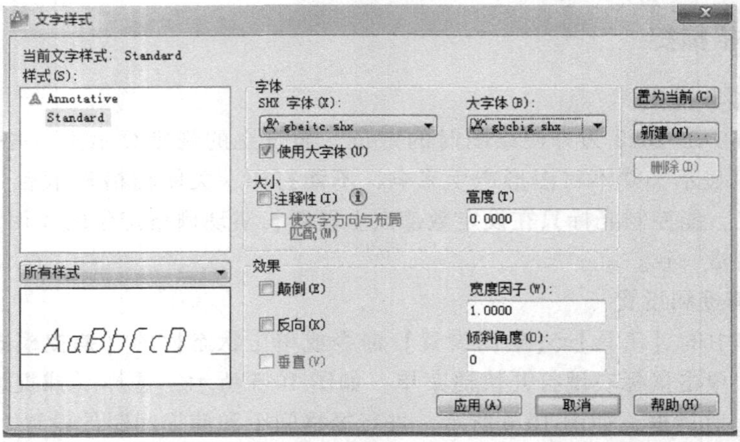

图 10-7 【文字样式】对话框

的提示下，直接输入文字，可避免一些格式的设置，实现快速输入的目的。文字的大小和样式可在【文字样式】对话框中进行设置。

2. 多行文字输入

对于一些有较多格式要求，以及一些较为少见的文字和符号，常用多行文字的输入方法。可以设置文字的不同样式，实现一些键盘不能直接录入的符号进行输入。

六、认识极轴追踪

1. 打开极轴追踪对话框

在【草图设置】对话框中，选择【极轴追踪】选项卡，如图 10-8 所示，单击【确定】按钮返回主界面。用户也可以将光标移到状态栏【极轴追踪】按钮位置，单击鼠标右键打开快捷菜单。

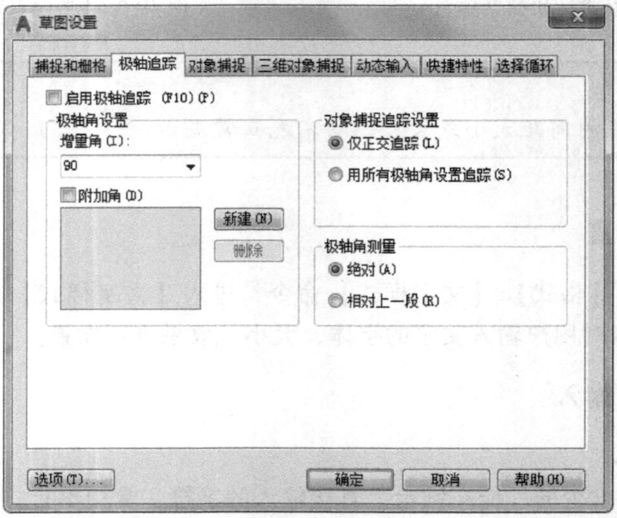

图 10-8 【极轴追踪】选项卡

2. 设置相关参数

（1）启用极轴追踪　选中【启用极轴追踪】复选框☐启用极轴追踪（F10）(P)，使之生效。

（2）极轴角设置　单击【增量角】倒三角，系统提供若干可选角度，用户也可自行输入增量角度。

> **注意：**
> 正交方式限制光标只能在水平或垂直正交轴上选择点，它可以看成是极坐标追踪方式的一种特例。正交方式和极坐标方式不能同时打开。

【计划与实施】

一、制订绘图方案

1）设置图层。

2）设置图形界限，绘制 A3 图纸边框线。

3）设置栅格和捕捉。

4）用直线命令绘制标题栏。

5）输入文字信息。

6）将文件另存为 A3. dwt 样板文件。

二、实施绘图

1. 设置绘图环境

打开项目一所绘制的 A3 图纸边框线图形，设置常用的图层、线型、颜色等，如图 10-9 所示，并将内框线放到粗实线层，如图 10-10 所示。

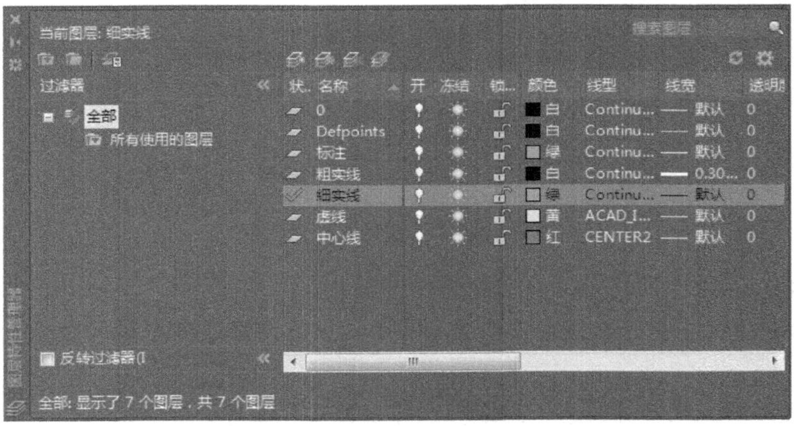

图 10-9　设置常用图层

图 10-10　A3 图纸边框线

2. 设置栅格和捕捉

选择主菜单中的【工具】⇨【绘图设置】命令，或将光标移至状态行中的【捕捉模式】按钮或【栅格显示】按钮处，单击鼠标右键打开快捷菜单，如图 10-11 所示。

图 10-11　【捕捉模式】或【栅格显示】快捷菜单

单击【捕捉设置】选项，打开【草图设置】对话框，如图 10-12 所示，进行栅格间距与捕捉间距的设置。

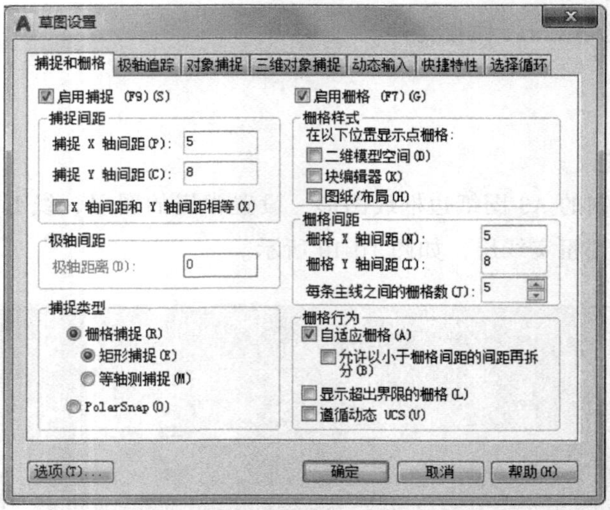

图 10-12　【草图设置】对话框

思考与练习：

① 在图 10-12 中，为什么设置栅格 X 轴间距是 5，设置栅格 Y 轴间距是 8？是否有更好的设置方案？

② 为什么将捕捉也设置成这个间距？这样设置有什么好处？

③ 绘图时，要通过数栅格点确定直线的长度吗？有哪些内容的设置可以显示出当前所

绘直线的长度等信息?

3. 用直线命令绘制标题栏

思考与练习:

标题栏的位置有什么规定? 栅格点位置并不在理想位置, 有什么解决方法?

单击【绘图】功能区中的【直线】命令按钮 ⁄, 此时命令提示栏显示如下内容。

命令:_LINE 指定第一点:

　　//单击任一栅格点作为起点。

指定下一点或[放弃(U)]:

　　//向右移动光标, 在显示【极轴: 130<0°】处单击, 如图 10-13 所示, 绘制出长度为 130mm 的水平线。

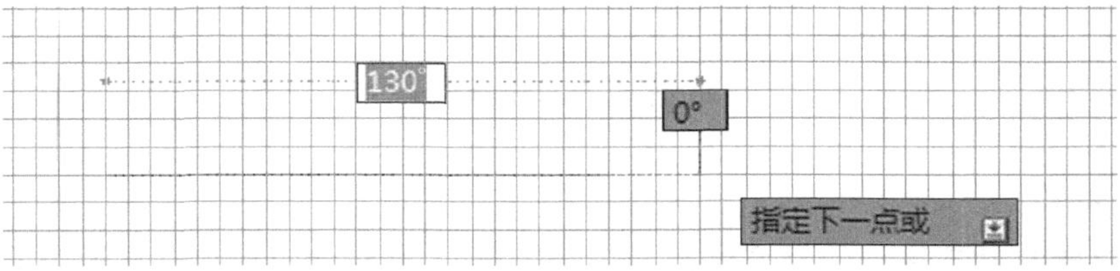

图 10-13　极轴追踪点位置

指定下一点或[放弃(U)]:

　　//将光标向上移动四个栅格点 (极轴显示为 32<90°处), 并单击。

指定下一点或[放弃(U)]:

　　//左移光标, 在对齐起点的位置单击。

指定下一点或[闭合(C)/放弃(U)]:C

　　//闭合线段, 完成标题栏外框的绘制, 结果如图 10-14 所示。

由于设置的栅格点的 X 方向间隔是 5, Y 方向间隔是 8, 所以表格中有多条线段是可以直接用光标连接栅格点。重复直线命令, 完成其他图线的绘制, 如图 10-15 所示。另外还有宽为 12、18、23 的列, 可以通过偏移复制的方法获得。

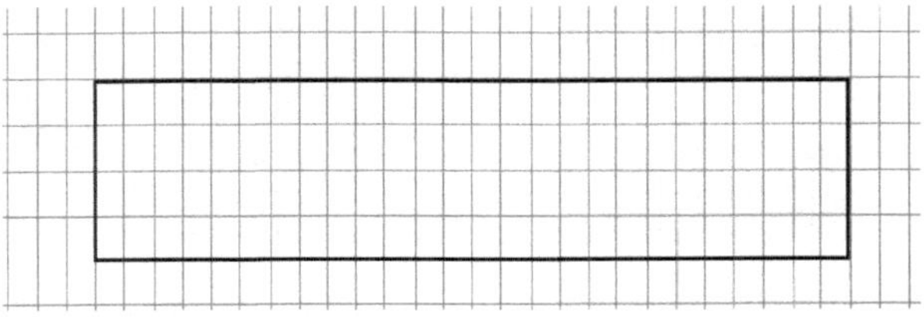

图 10-14　标题栏外框

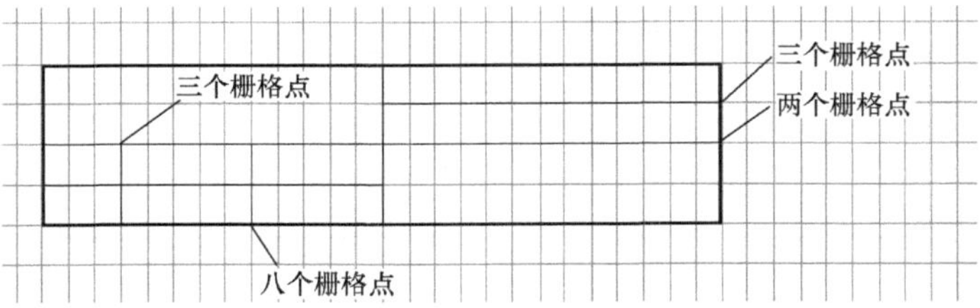

图 10-15　通过栅格和捕捉定位

4. 将标题栏移至合适位置

使用移动命令将标题栏移到图纸幅面右下角，如图 10-16 所示。

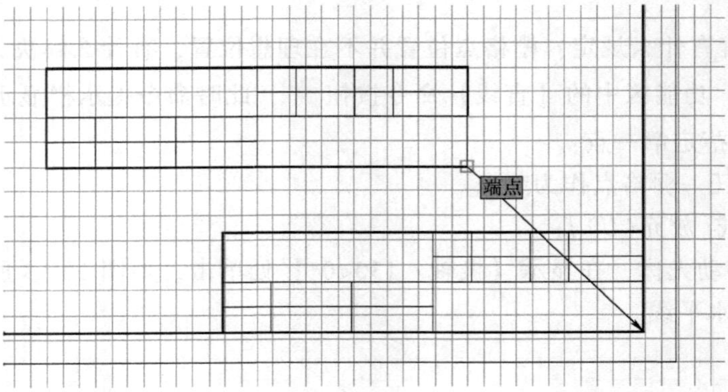

图 10-16　A3 图纸幅面

5. 输入文字

单击【绘图】功能区中的【文字】命令按钮 A，此时命令提示栏显示如下内容。

命令：_MTEXT 当前文字样式："Standard"　文字高度：7　注释性：否

指定第一角点：

　　//单击文字框的一个角点位置。

指定对角点或[高度(H)/对正(J)/行距(L)/旋转/样式(S)/宽度(W)/栏©]： ↵

　　//单击文字框的对角点位置，出现文字输入对话框。

多行文字录入设置菜单如图 10-17 所示。设置字体、字高、长宽比例及对齐方式后，在框架内输入文字，单击【确定】按钮结束命令。采用同样的方法，完成其他文字的输入，结果如图 10-18 所示。

图 10-17　多行文字录入设置菜单

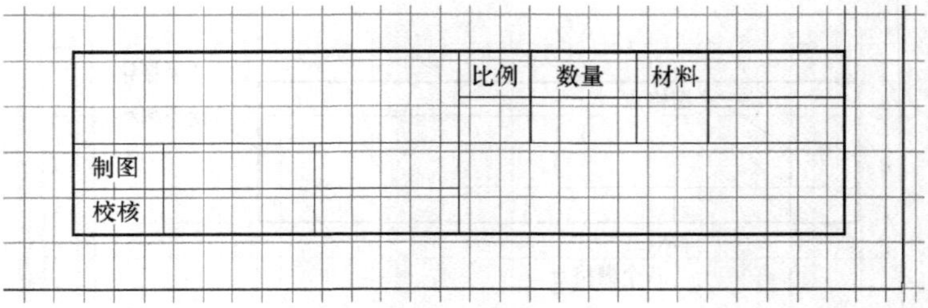

图 10-18　完成后的效果

思考与练习：

采用单行文字的方式能完成上述文字的输入吗？尝试一下。

6. 另存为样板文件

样板文件与图形文件一样，可以直接打开，其区别在于绘图文件打开、修改后，直接存盘，会由新的图形文件所代替；样板文件则会提示另存为其他的图形文件，而本身不会受到破坏。

选择主菜单中的【文件】⇨【另存为】命令，打开【图形另存为】对话框，将【文件类型】选项改为 AutoCAD 图形样板类型，以【A3】为文件名保存文件，如图 10-19 所示。

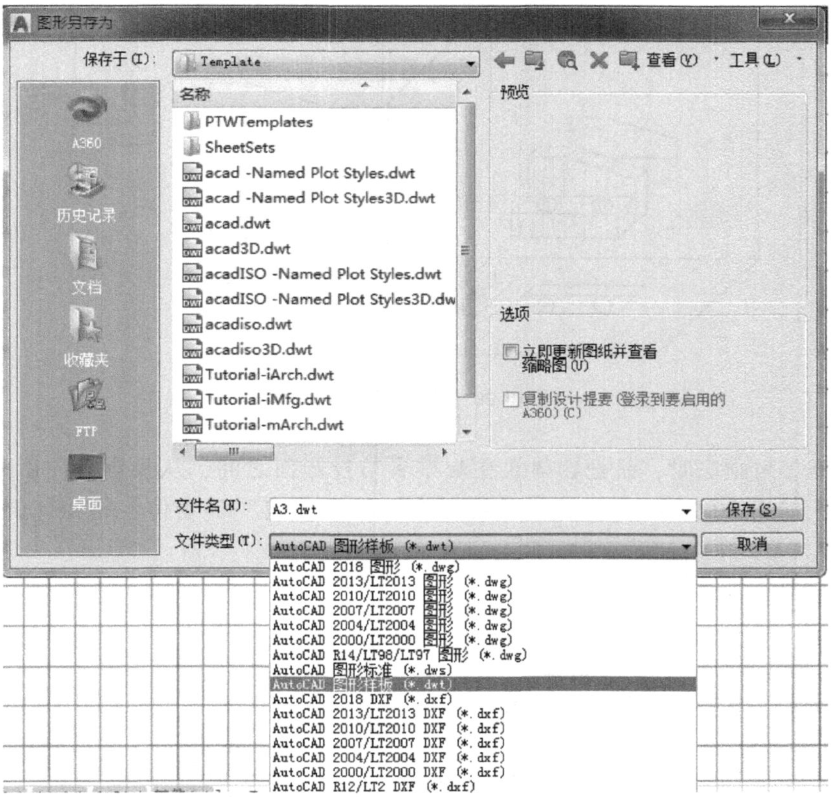

图 10-19　另存为样板文件

【知识拓展】

一、第一角投影与第三角投影的概念

目前，在国际上使用的有两种投影制，即第一角投影（又称“第一角画法”）和第三角投影（又称“第三角画法”）。中国、英国、德国和俄罗斯等采用第一角投影，美国、日本、新加坡等采用第三角投影。另外，我国的国家标准 GB/T 14692—2008《技术制图 投影法》规定“必要时（如按合同规定等）允许使用第三角画法”。

（1）第一角法（第一象限法） 凡将物体置于第一象限内，以视点（观察者）⇨物体⇨投影面关系而投影视图的画法，称为第一角法，亦称第一象限法。

（2）第三角法（第三象限法） 凡将物体置于第三象限内，以视点（观察者）⇨投影面⇨物体关系而投影视图的画法，称为第三角法，亦称第三象限法。

二、第三角画法与第一角画法的区别

第三角画法与第一角画法的区别在于视点（观察者）、物体（机件）、图（投影面）的位置关系不同。采用第一角画法时，是把投影面放在观察者与物体之后，从投影方向看是“人、物、图”的关系，如图 10-20 所示。

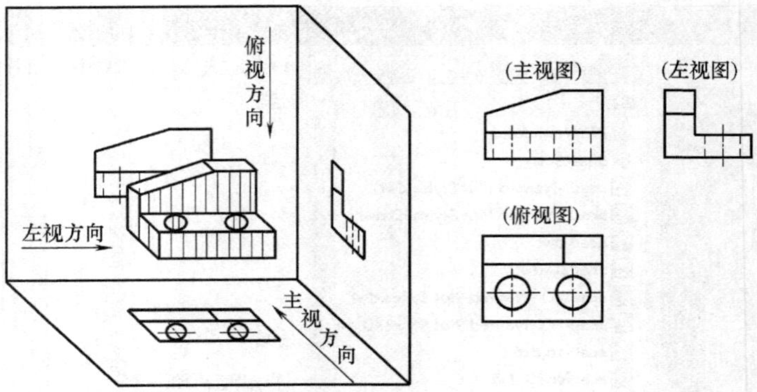

图 10-20 第一角画法原理

当采用第三角画法时，是把物体放在观察者与投影面之间，从投影方向看是“人、图、物”的关系，如图 10-21 所示。投影时就好像隔着“玻璃”看物体，将物体的轮廓形状印

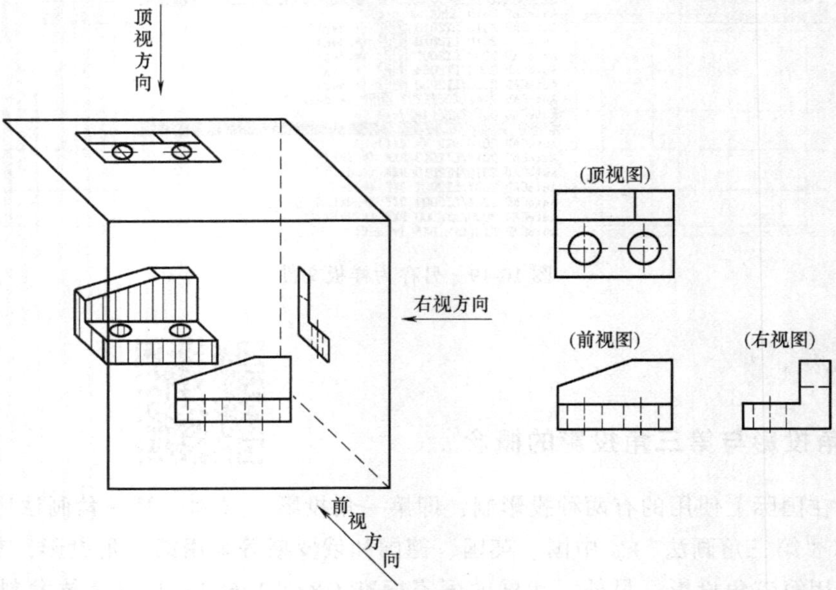

图 10-21 第三角画法原理

在“玻璃”（投影面）上。

三、第三角投影图的形成

采用第三角画法时，从前面观察物体在 V 面上得到的视图称为前视图；从上面观察物体在 H 面上得到的视图称为顶视图；从右面观察物体在 W 面上得到的视图称为右视图。各投影面的展开方法是：V 面不动，H 面向上旋转 90°，W 面向右旋转 90°，使三投影面处于同一平面内，如图 10-22a 所示。展开后三视图的配置关系如图 10-22 所示。

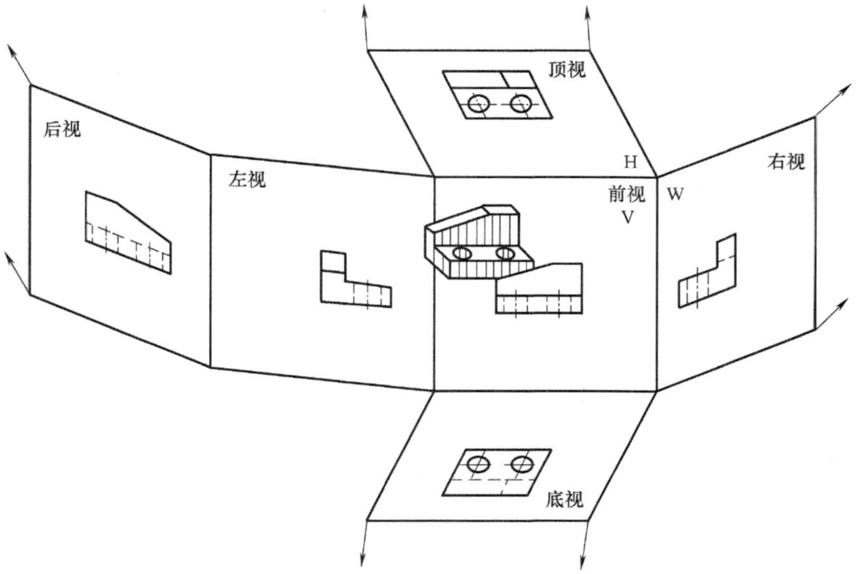

a)

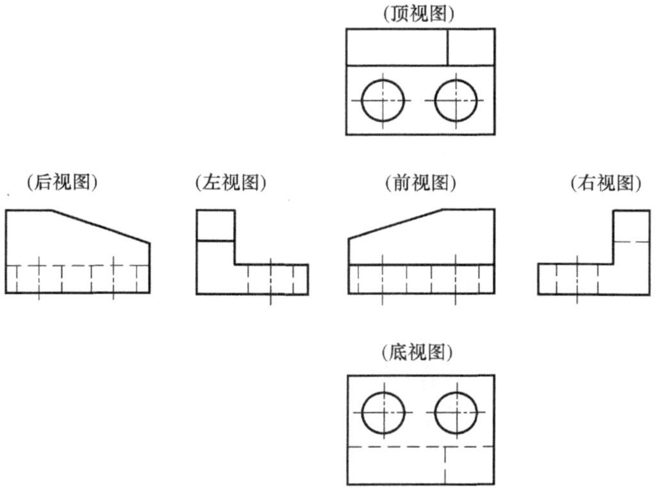

b)

图 10-22　第三角画法投影及视图关系

采用第三角画法时也可以将物体放在正六面体中，分别从物体的六个方向向各投影面进行投影，得到六个基本视图，即在三视图的基础上增加了后视图（从后往前看）、左视图（从左往右看）、底视图（从下往上看）。展开后六视图的配置关系如图 10-22b 所示。

四、第一角和第三角画法的识别符号

在国际标准中规定，可以采用第一角画法，也可以采用第三角画法。为了区别这两种画法，规定在标题栏中专设的格内用规定的识别符号表示。GB/T 14692—2008《技术制图 投影法》中规定的识别符号如图 10-23 所示。

a) 第一角画法标识符号　　b) 第三角画法标识符号

图 10-23　两种画法的识别符号

【检查与评价】（表 10-1）

表 10-1　项目十学生表现评价表

评价项目		具体评价内容	配分	自评	互评	教师评
项目完成的质量		项目按时且保质完成，图线绘制正确	20			
知识与技能	图形界限的设置	正确设置图形界限，会开启、关闭图形界限设置	5			
	栅格和栅格捕捉的使用	正确使用栅格和栅格捕捉命令	10			
	极轴追踪和极轴捕捉	利用极轴追踪和极轴捕捉绘制图线	10			
	文字的输入与编辑	正确使用文字命令进行文字的输入与编辑	15			
	样板文件的建立和使用	熟练掌握样板文件的建立与使用方法	10			
	课后练习完成情况	熟练、正确完成课后练习	15			
学习过程	信息技能	通过系统的帮助功能及试操作，解决“思考与练习”所提问题	5			
	创新	提出可行的绘图实施方案，具有创新意识	5			
	合作	小组互动性好，主动提问并正确解决	5			
评语（优、缺点与建议）：			合计			
			总评价（等级）			

注：评价等级与分数的关系是 85≤优≤100，70≤良<85，55≤中<70，40≤差<55。

【强化练习】

1）设置好常用图层和颜色，填写标题栏，填上自己的姓名，保存成一个自己专用的模板文件。

2）设置栅格和栅格捕捉，分别以第一角画法和第三角画法绘制图 10-24 所示实体的三视图。

3）按 A4 图纸大小，完成图 10-25 所示零件图的绘制。

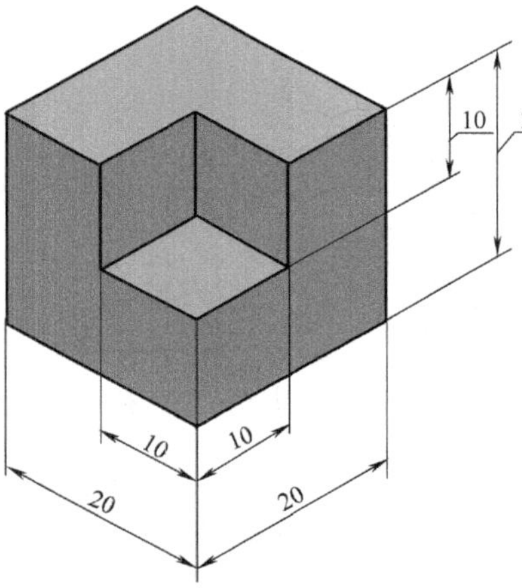

图 10-24 实体模型

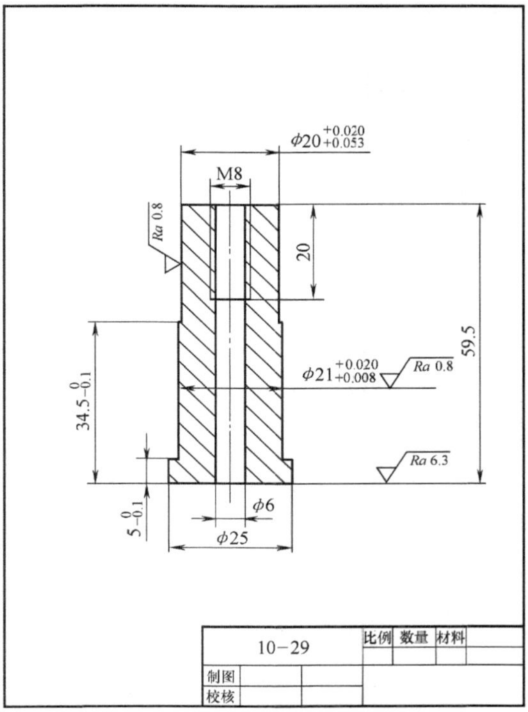

图 10-25 抄画零件图

4）图 10-26 所示三视图采用了第三角画法，试绘制其第一角画法三视图。

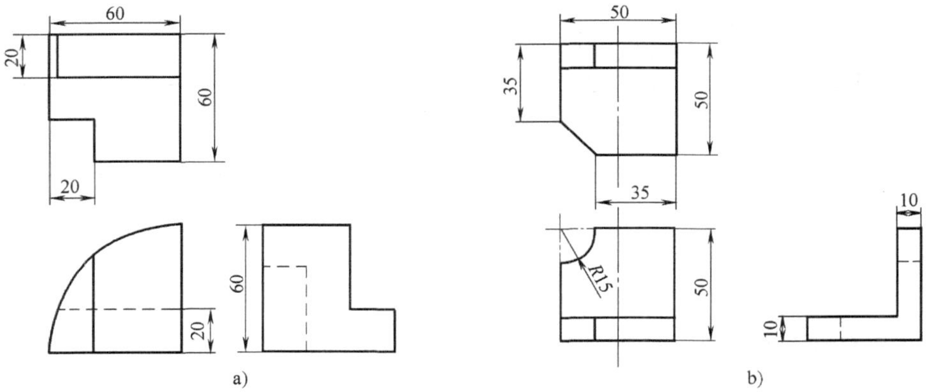

图 10-26 绘制第一角画法三视图

项目十一

绘制泵体零件图

【学习任务描述及具体要求】

选择项目十中绘制的样板文件 A3. dwt，按照国家制图标准，绘制图 11-1 所示齿轮泵泵体零件图。

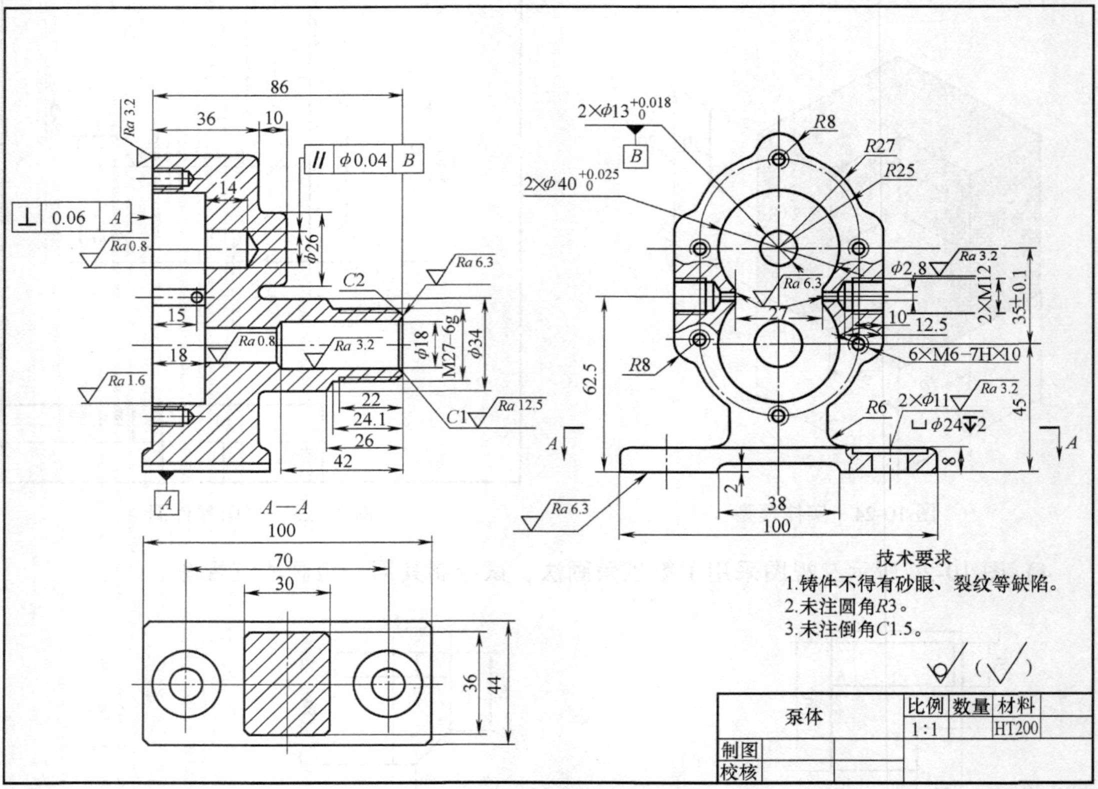

图 11-1　齿轮泵泵体零件图

【学习目标】

1）初步掌握零件图的绘图方法和步骤。

2）掌握用特性匹配方法对图线进行属性修改。

3）在绘图过程中灵活运用夹点编辑、极轴追踪等方式辅助绘图。

4）掌握几何公差的标注方法。

5）学会块的使用方法，并以块方式标注表面粗糙度。

【知识准备】

一、对象的特性及修改

组成图形的对象除了具有几何参数特性，例如形状、大小和位置外，还具有某些状态特性，例如图层、颜色、线型、属性等。使用对象特性修改方式，可以显示图线的各项特性，并进行适当的调整修改。

1. 通过【对象特性】对话框修改对象的特性

单击【特性】功能区中右下角箭头，打开【对象特性】对话框，如图 11-2 所示。

由于对话窗口默认是自动隐藏的，即当光标离开对话框后，对话框会自动隐藏，用户可以将光标移到对话框蓝色位置处单击鼠标右键，重新设置对话框的显示。用户可以通过修改对话框内对象的特性内容，修改图形对象的各项特性。

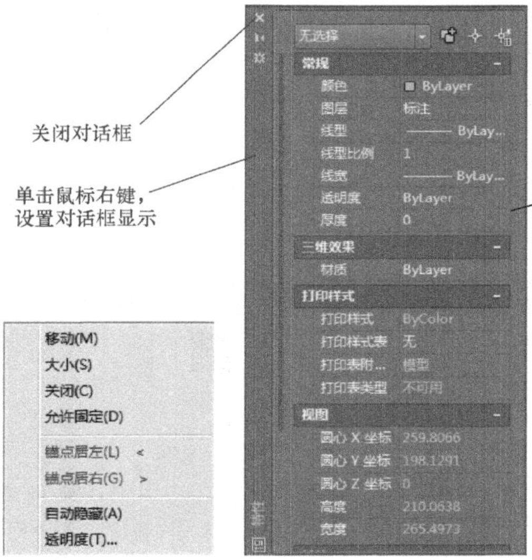

图 11-2 【对象特性】对话框

2. 修改对象图层实现特性修改

AutoCAD 2018 对修改对象所处的图层是非常方便的，修改了对象所处层后，对象就会跟随新图层的特性。

3. 用特性匹配命令修改对象的特性

特性匹配命令（MATCHPROP）的功能是将源目标对象的属性，例如颜色、线型、标注、图层等属性，复制给目标对象。虽然系统可以通过将源目标放在指定图层，并设置图素属性跟随图层，但当图层比较多或杂乱时，就可以通过该命令快速实现将源目标图素设置成目标对象一样的属性。

单击【特性】功能区中的【特性匹配】命令按钮，此时命令提示栏显示如下内容。

选择源对象：

//单击拾取源对象。

选择目标对象或[*设置*(*S*)]：

//单击拾取目标对象。

选择目标对象或[*设置*(*S*)]：↵

//按<Enter>键，结束目标对象的选择。

二、图块的创建与插入

图块就是由若干图形对象所构成的一组图形集合。当块定义后，可以在图形中插入，并可对其进行比例缩放、旋转等操作，还可以根据需要为块定义属性，使图块带有文字信息特性。

1. 创建图块

打开项目三中绘制的sm3文件，如图11-3所示，将其定义成块，块名为压盖螺母。

单击【块】功能区中的【创建】命令按钮，打开【块定义】对话框，如图11-4所示。

在【名称】文本框中，输入块的名称；在【基点】选项区域中，单击【拾取点】按钮，进入绘图区；在绘图区单击中心点作为基点；在【对象】选项区域中单击【选择对象】按钮，在绘图区选取图形，按<Enter>键返回【块定义】对话框。单击【确定】按钮，完成图块的定义。

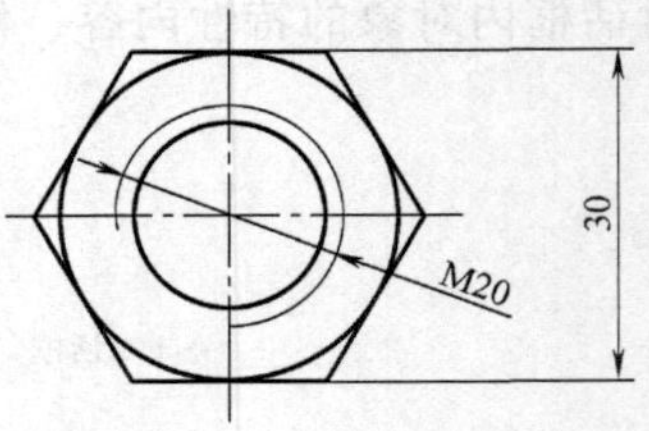

图11-3 压盖螺母

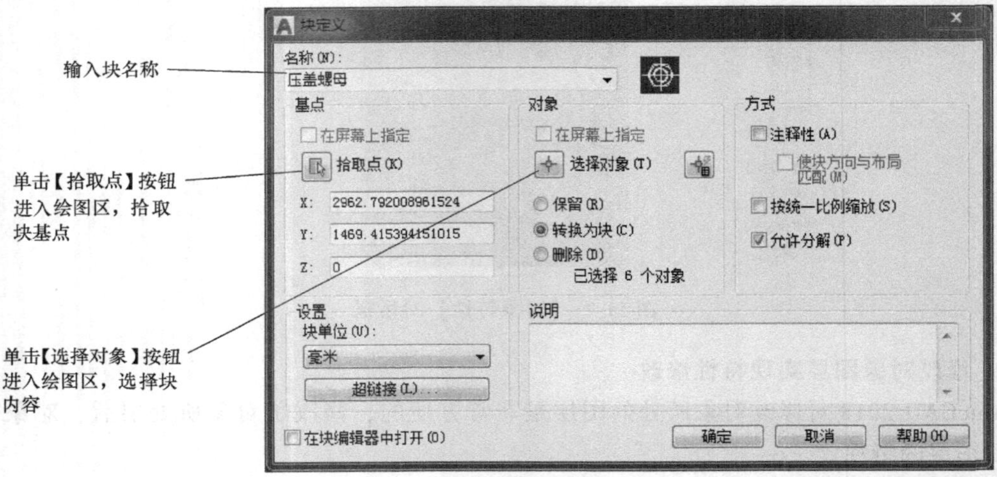

图11-4 【块定义】对话框

2. 图块的插入

图块创建完成后，就可以通过【插入块】命令插入已定义的图块。

单击【块】功能区中的【插入块】命令按钮，出现已创建的块，如图11-5所示，选择压盖螺母，在需要插入的位置单击，完成图块插入。单击【更多选项】按钮，打开【插入】对话框，如图 11-6 所示。单击【名称】文本框右边倒三角，选择需要插入的图块。输入比例和旋转角度，单击【确定】按钮，返回绘图区，在需要插入的位置单击，完成图块插入的操作。

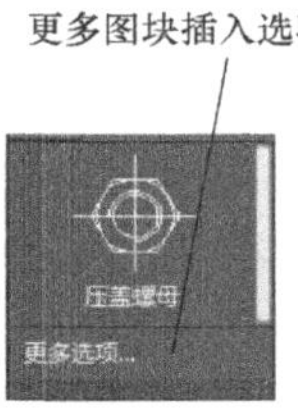

图 11-5　已创建的块

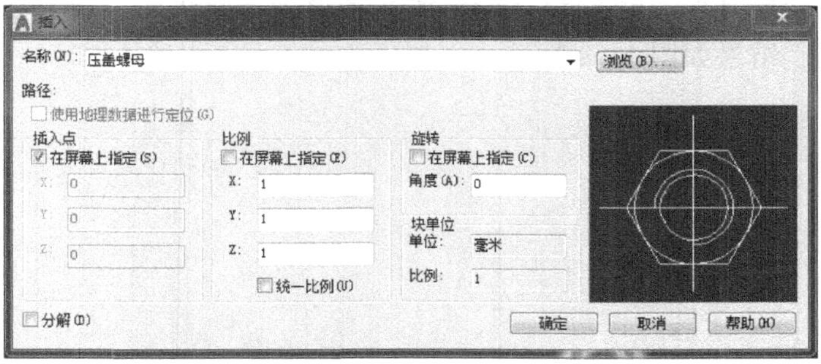

图 11-6　【插入】对话框

【计划与实施】

一、制订绘图方案

1）确定图幅完成基本设置，根据零件大小可以直接调用项目十 A3. dwt 文件，并设置绘图单位和图形界限。

2）完成三视图。

3）标注尺寸和公差及表面粗糙度。

4）完善技术要求和标题栏。

本零件图由三个视图组成，其中主视图和左视图能够表达齿轮泵体的大部分结构，并且存在“高平齐”的投影关系，绘图时应首先绘制。*A—A* 剖视图，可以根据三等关系放在最后绘制。主视图对称性不明显，绘图时应首先绘制外形轮廓；其次，绘制内部细小结构。左视图左右对称，六个 M6 螺纹孔具有较明显的分布规律，绘图时可以使用镜像和阵列等方式，以提高绘图速度。

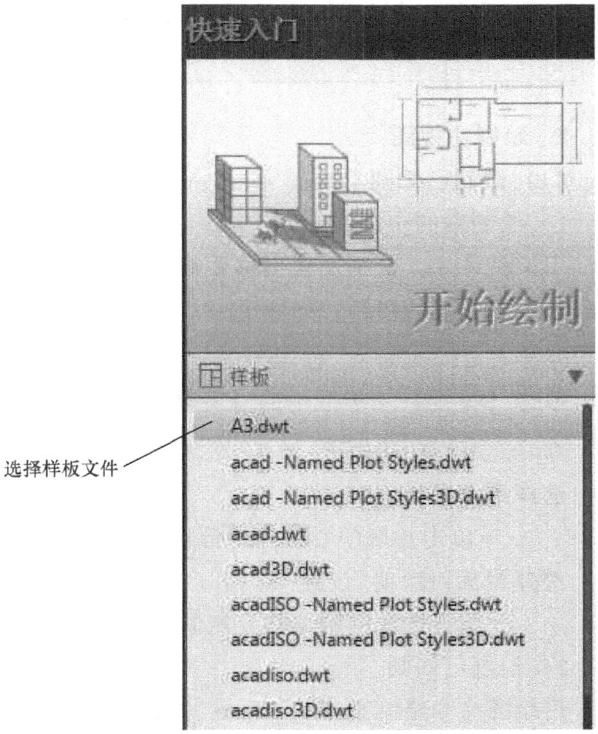

图 11-7　调用样板文件

二、实施绘图

（一）选择绘图样板

启动 AutoCAD 2018 后，在开始界面【快速入门】对话框展开【样板】

选项，调用项目十所建立的模板文件 A3. dwt，如图 11-7 所示。

（二）绘制零件视图

1. 布置视图位置，绘制主、左视图的定位基准线

设置【中心线】和【轮廓线】图层为当前图层，用直线命令绘制主视图和左视图的基准线，结果如图 11-8 所示。

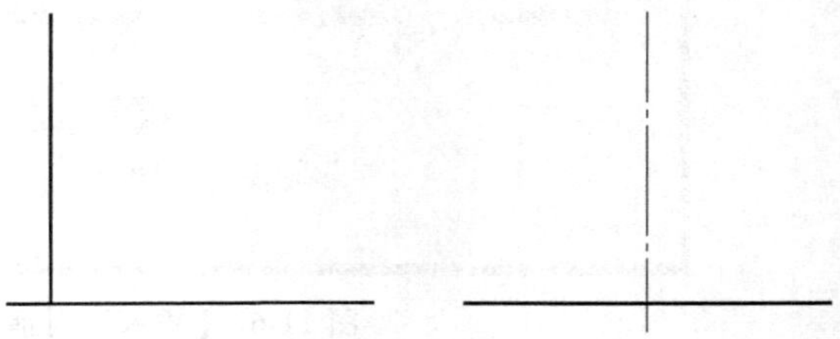

图 11-8　主、左视图的定位基准线

> **说明：**
>
> 1. 当几个视图有投影关系时，通常首先绘制投影为圆形的视图，以便在绘制其他视图时，可以根据投影规律绘制一些定位尺寸不完整的图线，所以在本例中首先绘制左视图。
>
> 2. 在图形中，已知两个定位尺寸的线段称为已知线段；已知一个定位尺寸或条件的称为中间线段；完全靠连接关系来确定位置的称为连接线段。各类线段的绘图顺序是：先绘制已知线段，其次绘制中间线段，最后绘制连接线段。

2. 绘制左视图

（1）绘制已知圆

1）绘制圆的中心线。

用偏移命令，分别设置偏移距离为 45mm、62. 5mm 和 80mm，将水平基准线向上复制，完成圆心中心线的绘制，如图 11-9 所示。用特性匹配命令将偏移复制出来的三条直线转换成中心线。

单击【特性】功能区中的【特性匹配】命令按钮，此时命令提示栏显示如下内容。

命令:_MATCHPROP

选择源对象:

　　//单击选取中心线作为源对象。

选择目标对象或[设置(S)]:

　　//单击选取刚刚偏移复制的直线，它将修改为中心线，如图 11-10 所示。

2）绘制已知圆。

用绘圆命令绘制直径为 13mm、40mm、50mm、54mm 和半径为 8mm 的已知圆，其中 M6 螺纹孔大径是 ϕ6mm，小径取 ϕ5mm（大径的 0. 85 倍），结果如图 11-11 所示。相同图素可

以用阵列、复制等方法快速生成。

（2）绘制左视图其余轮廓线　打开对象捕捉和正交功能，使用直线和偏移等命令绘制其余轮廓线条，修剪整理及填充剖面线后，结果如图 11-12 所示。

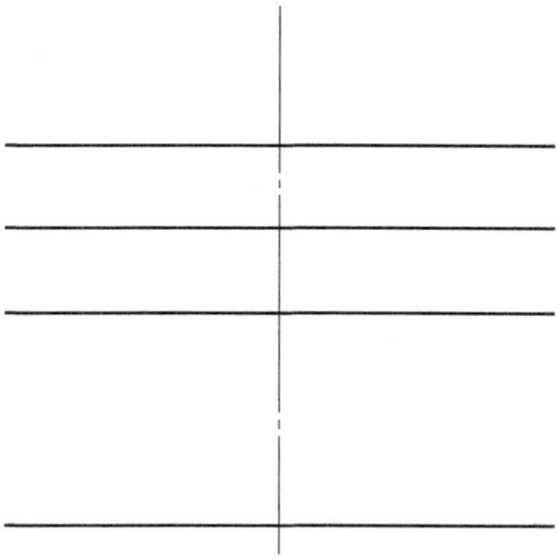

图 11-9　偏移出三条粗实线

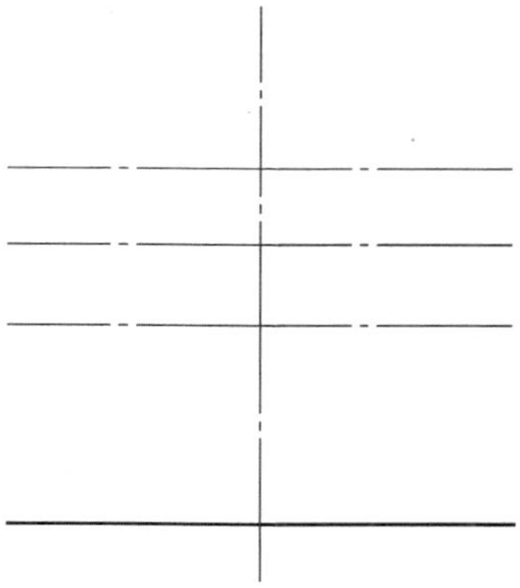

图 11-10　特性匹配成中心线

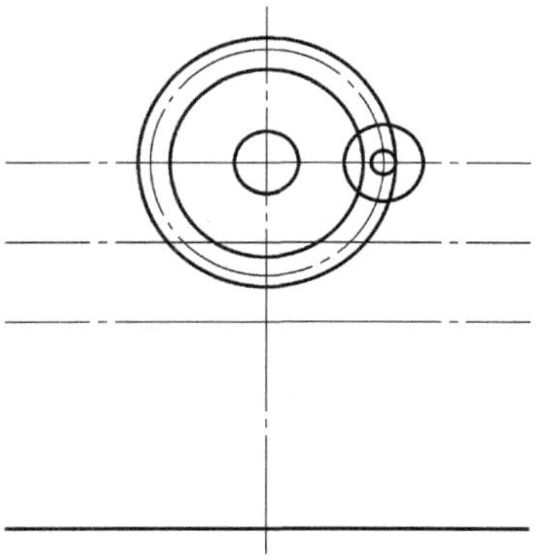

图 11-11　绘制左视图已知圆

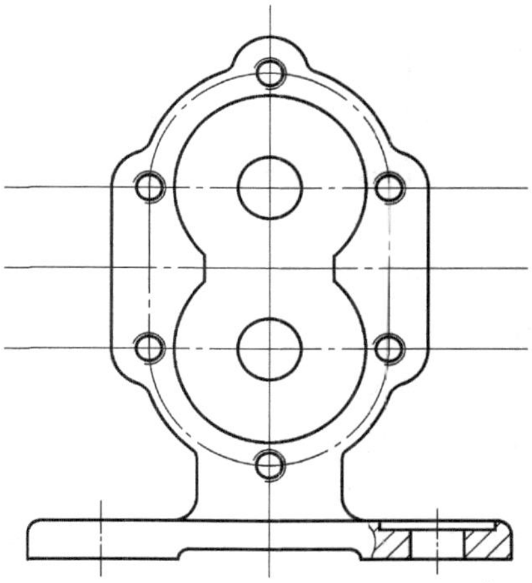

图 11-12　左视图主要外形线

（3）绘制出油口　M12 为普通螺纹，根据工艺规范，没有特别注明的圆孔底锥和过渡圆锥，其锥角等于普通钻头的顶锥角，即为 120°。由于左、右油口是对称的，所以可以先绘制一个，再使用镜像命令复制出另一个。需要注意的是，同一零件的剖面线类型、比例和方向都要保持一致。结果如图 11-13 所示。

3. 绘制主视图

说明：

主视图外形主要由折线组成，其绘图方法有两种：

1. 使用偏移和修剪命令绘制。这种方法已经比较熟悉，同学们可以自行尝试。

2. 当各转折点坐标明确时，可以使用多段线或连续折线绘制，这种方法速度较快，下面使用这种方法进行绘图。

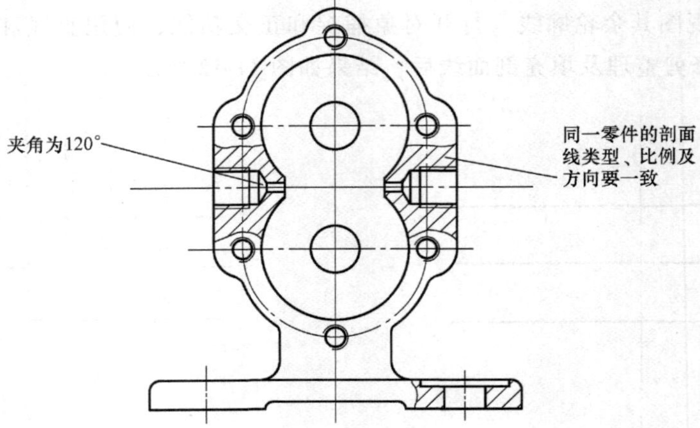

图 11-13 出油口

(1) 绘制主视图轮廓 单击【绘图】功能区中的【直线】命令按钮，此时命令提示栏显示如下内容。

命令:_LINE 指定第一点: ↵

//拾取绘图起点 A 点。

指定下一点或[放弃(U)]: @ 44, 0 ↵

//输入 B 点。

指定下一点或[放弃(U)]: @0, 8 ↵

//输入 C 点。

指定下一点或[闭合(C)/放弃(U)]: @-4, 0 ↵

//输入 D 点。

指定下一点或闭合(C)/放弃(U)]: @0, 20 ↵

//输入 E 点。

指定下一点或[闭合(C)/放弃(U)]: @24, 0 ↵

//输入 F 点。

指定下一点或[闭合(C)/放弃(U)]: @2, 3.5 ↵

//输入 G 点。

指定下一点或[闭合(C)/放弃(U)]: @ 24, 0 ↵

//输入 H 点。

指定下一点或[闭合(C)/放弃(U)]: @0, 27 ↵

//输入 I 点。

指定下一点或[闭合(C)/放弃(U)]: @-24, 0 ↵

//输入 J 点。

指定下一点或[闭合(C)/放弃(U)]: @-2, 3.5 ↵

//输入 K 点。

指定下一点或[闭合(C)/放弃(U)]: @ -20,0 ↵

　//输入 L 点。

指定下一点或[闭合(C)/放弃(U)]:@0, 5 ↵

　//输入 M 点。

指定下一点或[闭合(C)/放弃(U)]:@10, 0 ↵

　//输入 N 点。

指定下一点或[闭合(C)/放弃(U)]:@0, 26 ↵

　//输入 O 点。

指定下一点或[闭合(C)/放弃(U)]:@ -10, 0 ↵

　//输入 P 点。

指定下一点或[放弃(U 闭合(C)/放弃(U)]: @0, 20 ↵

　//输入 Q 点。

指定下一点或[放弃(U 闭合(C)/放弃(U)]:@ -36, 0 ↵

　//输入 R 点。

指定下一点或[闭合(C)/放弃(U)]:@0, -105 ↵

　//输入 S 点。

指定下一点或[闭合(C)/放弃(U)]:@ -4, 0 ↵

　//输入 T 点。

指定下一点或[闭合(C)/放弃(U)]:C ↵

　//闭合图形。

使用圆角命令，设置圆角半径为 2mm，绘制出图中一些圆角，完成主视图外轮廓的绘图，结果如图 11-14 所示。

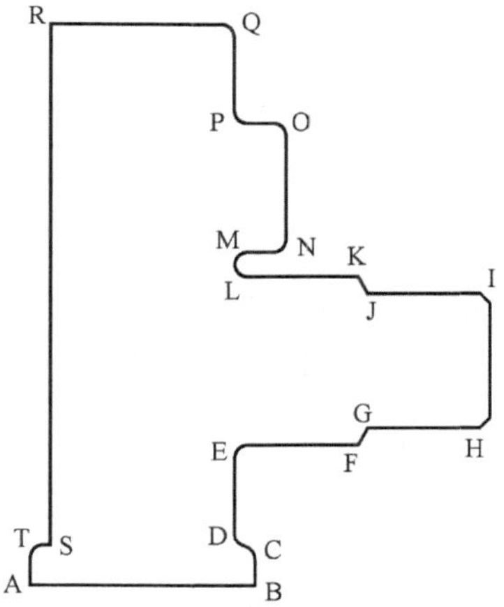

图 11-14　主视图轮廓

（2）绘制主视图的内部结构

1）绘制出主视图的中心线。

激活正交绘图模式，使用夹点编辑将左视图对应的中心线拉长到主视图适当位置，使用打断命令进行修剪，绘制出主视图的中心线，结果如图 11-15 所示。

2）使用偏移和修剪等命令，绘制不通孔、螺纹孔和其他细小结构，完成图 11-16 所示图形的绘制。其中孔的顶锥角度线可以使用极轴捕捉方式绘制。具体操作如下。

右击状态栏中的【极轴捕捉】按钮，打开【草图设置】对话框，选择【极轴追踪】选项卡，设置【增量角】为 30°，如图 11-17 所示。激活极轴捕捉功能，当使用直线命令绘制锥顶斜线时，就能方便地捕捉 30°整数倍的斜角位置并绘制出斜线。

（3）绘制主视图剖面线　剖面线必须绘至螺纹孔的小径上。在拾取边界时要拾取螺纹孔大小径之间的小区域，结果如图 11-18 所示。

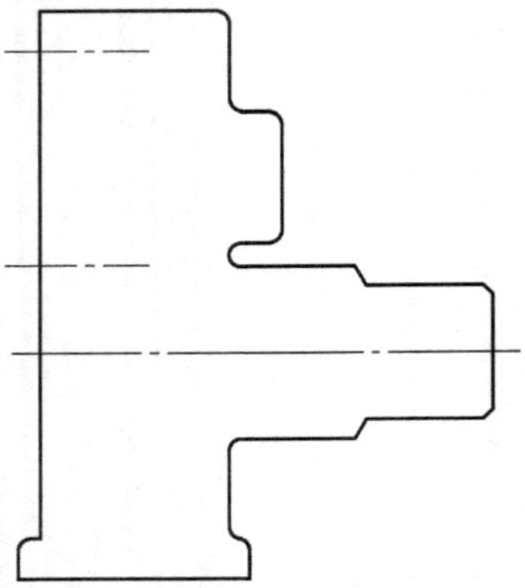

图 11-15　绘制主视图中心线

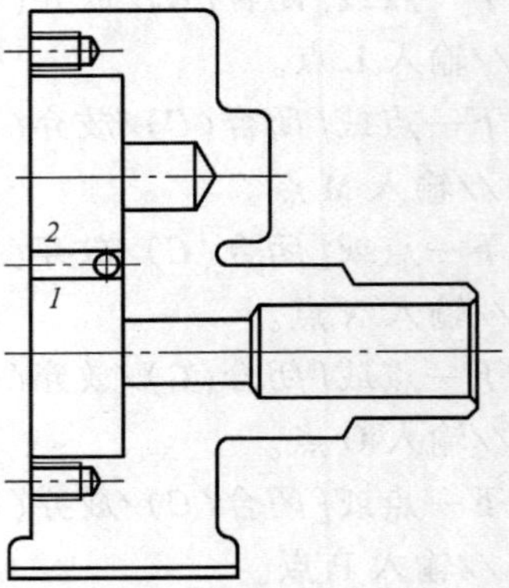

图 11-16　主视图内部结构

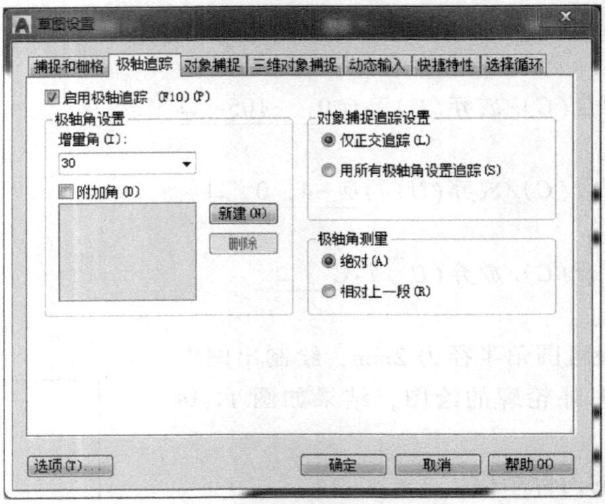

图 11-17　【草图设置】对话框

4. 绘制 *A—A* 视图

在主视图下方，绘制出 *A—A* 剖视图，结果如图 11-19 所示。

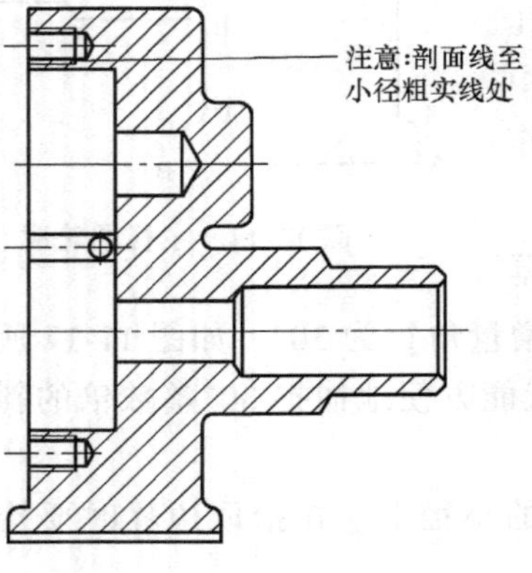

图 11-18　主视图

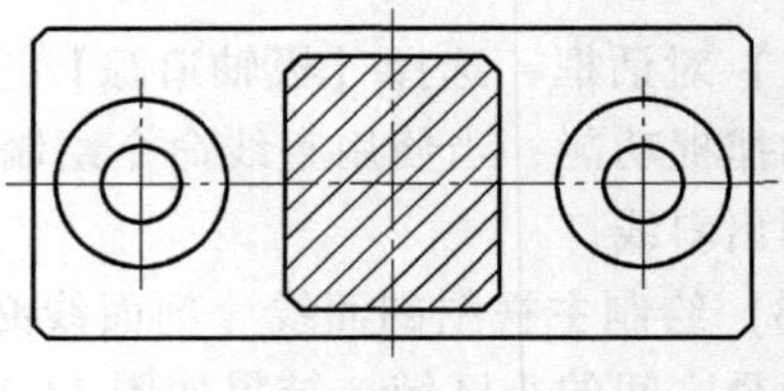

图 11-19　*A—A* 剖视图

思考与练习：

① *A—A* 视图中的两个带圆角矩形，用什么方法绘出比较快捷？

② *A—A* 视图必须对正主视图吗？为什么？

（三）标注尺寸和公差、表面粗糙度

1. 标注线性尺寸

（1）标注 *A—A* 剖视图尺寸　结果如图 11-20 所示。

（2）标注主视图尺寸

1）标注同基线尺寸：22mm、24mm、26mm、42mm。

使用线性标注命令标注完 1、2 点间的距离 22mm 后，选择主菜单中的【标注】⇨【基线】命令，此时命令提示栏显示如下内容。

命令：_DIMBASELINE

指定第二个尺寸界线原点或[选择(S)放弃(U)] <选择>:

//拾取 3 点位置。

标注文字 = 24

//自动生成 1、3 点之间距离尺寸 24mm；依次拾取 4、5 点位置，可以快速完成 1、4 点及 1、5 点之间的尺寸标注。结果如图 11-21 所示。

2）标注连续尺寸：36mm 和 10mm，如图 11-22 所示。

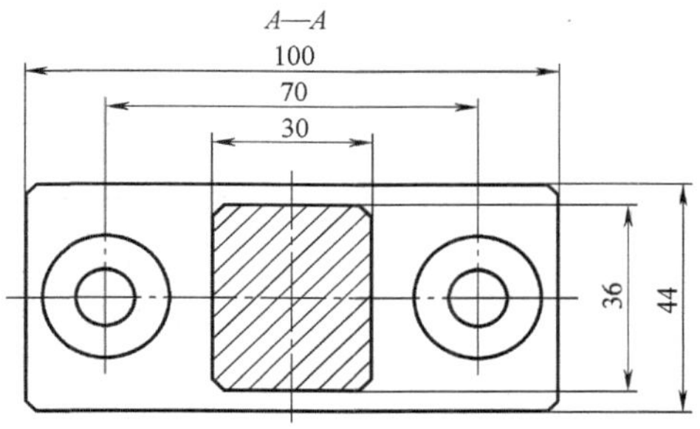

图 11-20　标注 *A—A* 剖视图尺寸

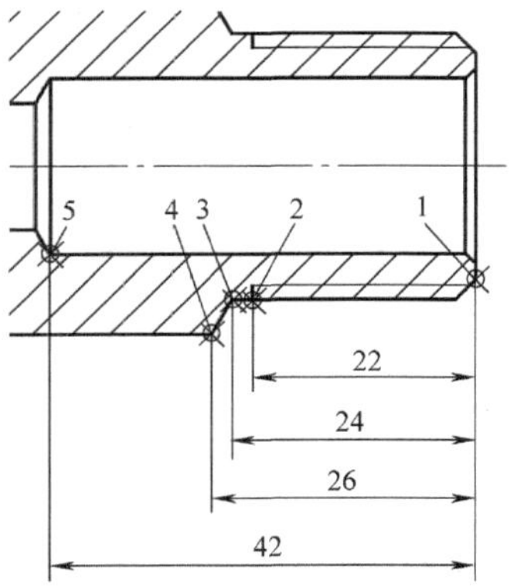

图 11-21　标注基线尺寸

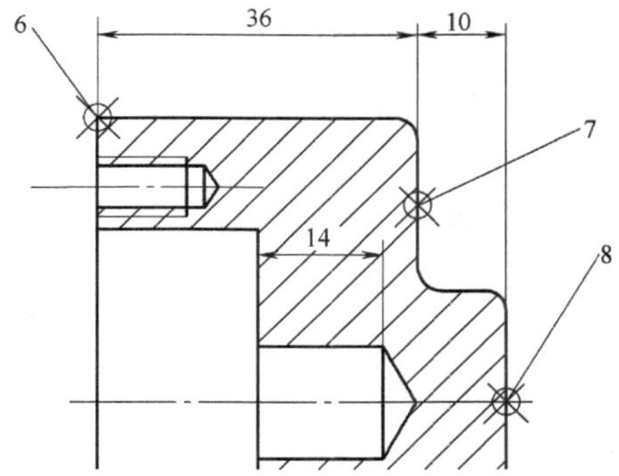

图 11-22　连续尺寸标注

3）标注其他线性尺寸（包括带前、后缀的尺寸）。其余尺寸如 18mm、15mm、ϕ26mm、M27-6g 等都属于线性尺寸，标注带前、后缀的尺寸时需要修改尺寸文字。同样用线性标注命令完成其他尺寸的标注，结果如图 11-23 所示。

（3）标注左视图尺寸

1）标注半径和直径尺寸，结果如图 11-24 和 图 11-25 所示。

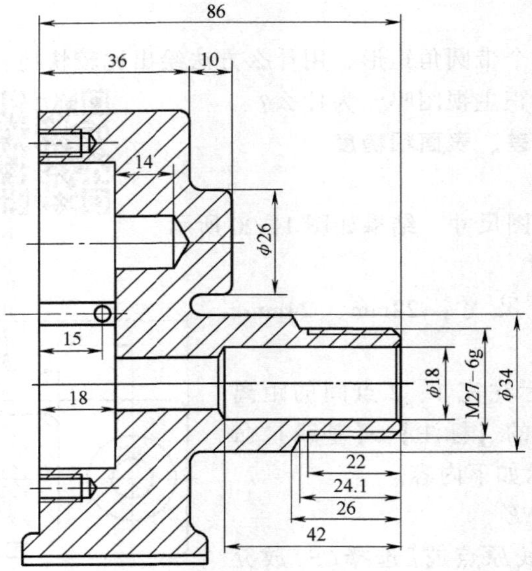

图 11-23　主视图线性尺寸

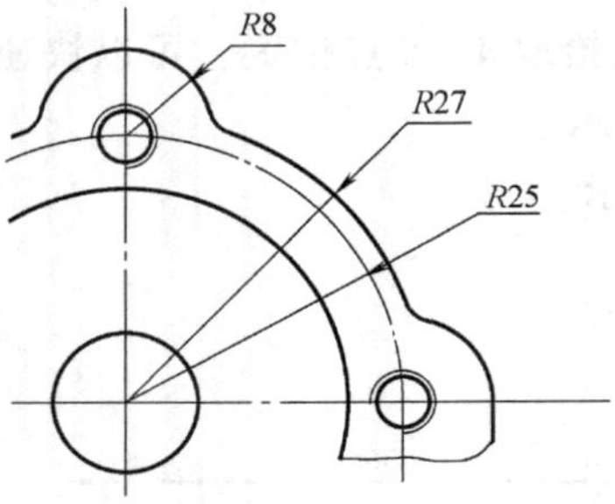

图 11-24　标注半径尺寸

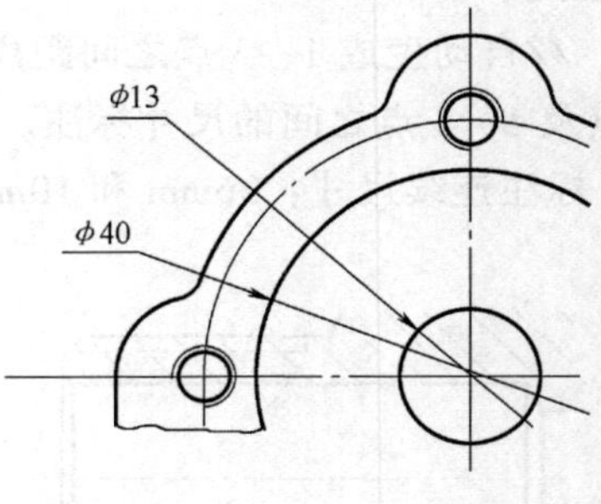

图 11-25　标注直径尺寸

2）用属性修改的方法标注尺寸公差，结果如图 11-26 所示。

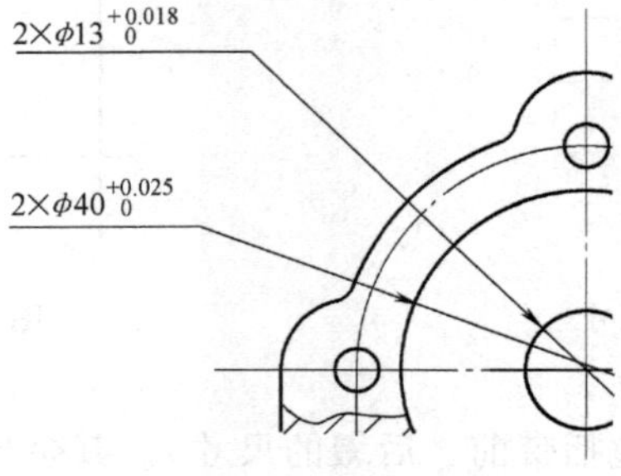

图 11-26　直径尺寸公差

3）特殊标注的处理。螺纹孔尺寸$\frac{6\times M6\text{-}7H\downarrow 10}{孔\downarrow 12}$的标注等属于特殊标注，标注时应分两

步进行。首先，分别用直径命令标注分子内容，标注结果如图 11-27 所示。其次，用多行文字标注分母文字注释。其中绘制深度符号↧的输入方式为：在 gdt 字体格式下输入 x，完成标注，结果如图 11-28 所示。

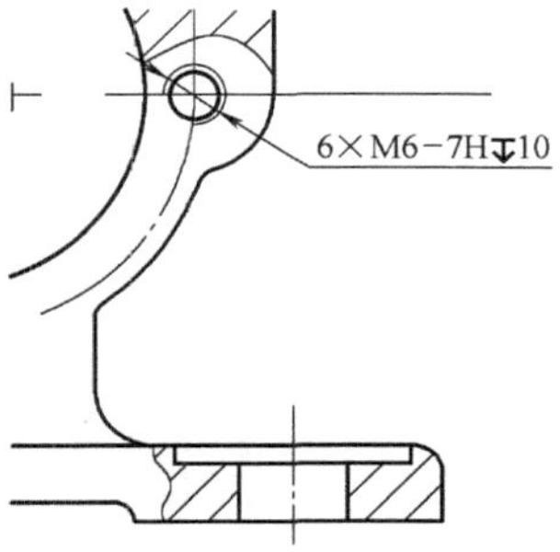

图 11-27　特殊标注

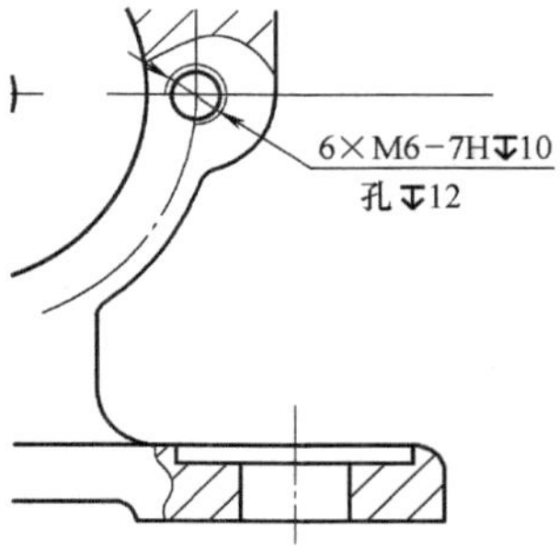

图 11-28　特殊标注

说明：

1. 在 AutoCAD 中，“%%c”代表直径代号“ϕ”，“%%d”代表度数符号“°”，“%%P”代表正负符号“±”。

2. 乘号“×”和其他数学符号可以用数字符号软键盘输入。

3. 在 gdt 字体格式下输入字母 a、x、y、z、v，可以输入∠、↧、▷、◺、⌴符号。

2. 用引线命令标注倒角及几何公差

（1）添加【标注，引线】命令按钮　选择主菜单中的【视图】⇨【工具栏】命令，打开【自定义用户界面】对话框，如图 11-29 所示，选择标注类的引线项，单击并拖动鼠标至快速访问工具栏任一位置上，按应用后退出。

思考与练习：

① 添加的命令按钮只能放在快速访问工具栏吗？

② 尝试添加其他命令按钮。

（2）用引线标注倒角　单击快速访问工具栏中的【标注，引线】命令按钮，此时命令提示栏显示如下内容。

命令：_QLEADER

指定第一个引线点或[设置(S)]<设置>：↵

　　//按<Enter>键，打开【引线设置】对话框，如图 11-30 所示。

当引线标注的注释类型选择【多行文字】时，对话框有三个选项卡，在【引线和箭头】选项卡中，设置【引线】为无箭头样式；第一段【角度约束】设置为 45°，第二段【角度约束】为水平，如图 11-31 所示。在【附着】选项卡中选中【最后一行加下划线】的复选框，如图 11-32 所示。

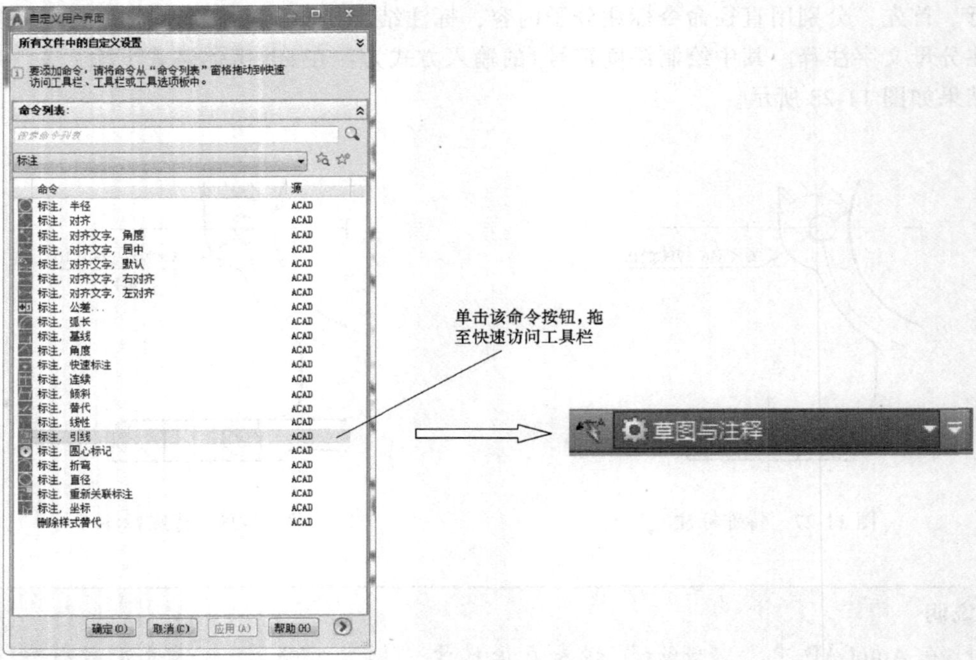

图 11-29 添加命令按钮

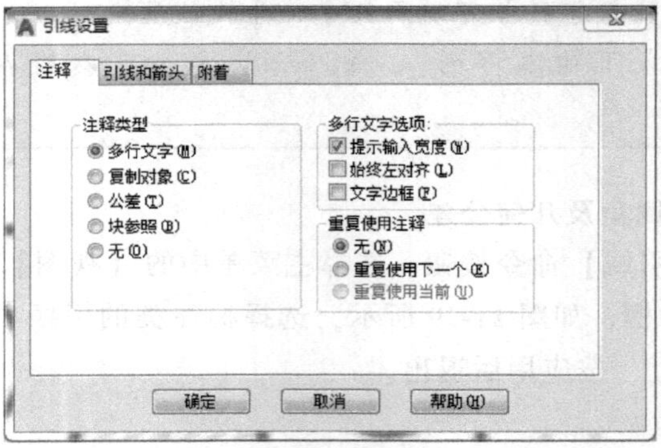

图 11-30 【引线设置】对话框

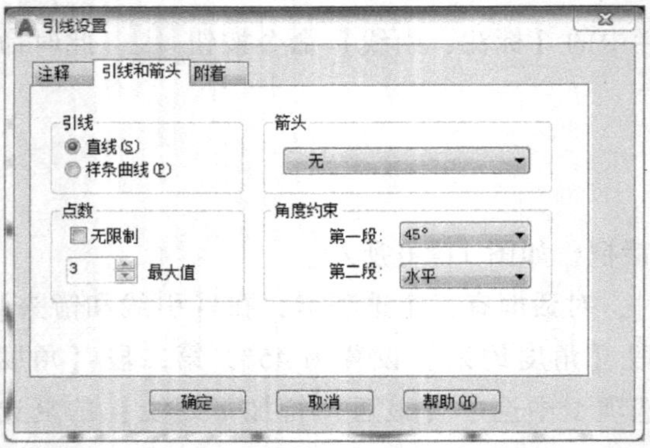

图 11-31 【引线和箭头】选项卡

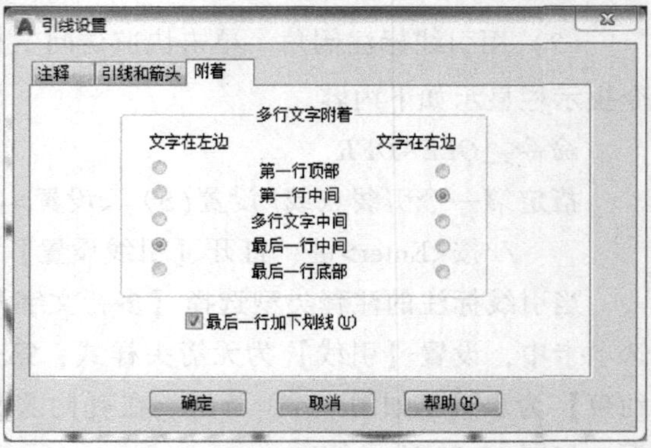

图 11-32 【附着】选项卡

设置完成后单击【确定】按钮，返回前面的命令执行状态。

指定第一个引线点或[设置(S)]<设置>:

//单击选取倒角交点作为引线标注的起点，如图 11-33 所示。

指定下一点:

//指定引线标注第一段线段的终点。

指定下一点:

//指定引线标注第二段线段的终点。

指定文字宽度<0>: ↵

//指定文字字符串的宽度。如果文字的宽度值设置为 0,则多行文字的宽度不受限制。

输入注释文字的第一行<多行文字(M)>: C1 ↵

//输入注释内容。

输入注释文字的下一行: ↵

//按<Enter>键结束引线标注，用同样方法可标注另一个倒角，标注结果如图 11-33 所示。

(3) 用引线标注几何公差　单击快速访问工具栏中的【标注，引线】命令按钮，此时命令提示栏显示如下内容。

命令:_QLEADER

指定第一个引线点或[设置(S)]<设置>: ↵

//按<Enter>键，打开【引线设置】对话框。

在【注释】选项卡中设置【注释类型】为公差，如图 11-34 所示；在【引线和箭头】选项卡中，设置箭头为实心闭合样式，如图 11-35，其他参数均为默认值。

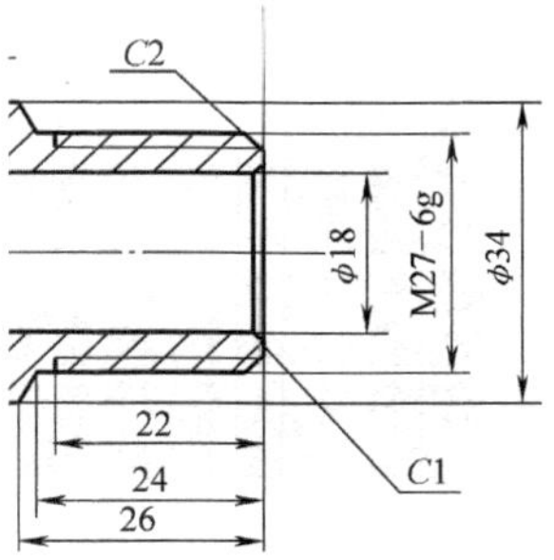

图 11-33　倒角标注

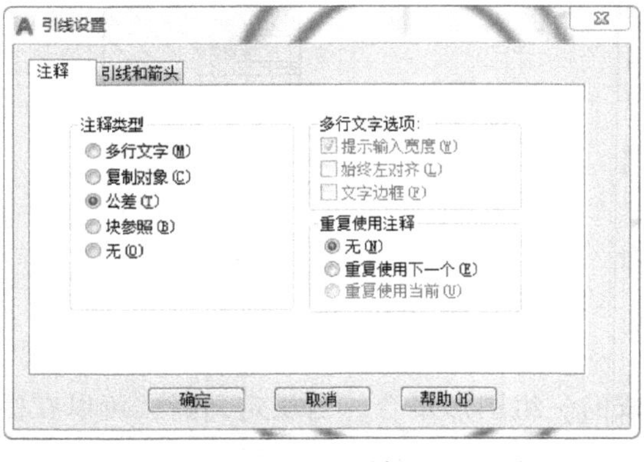

图 11-34　【引线设置】对话框:【注释】选项卡

图 11-35　【引线设置】对话框:【引线和箭头】选项卡

指定第一个引线点或[设置(S)]<设置>:

//单击选取引线标注的起点。

指定下一点:

//指定引线标注第一段线段的终点。

指定下一点:

//指定引线第二段线段的终点。

指定引线标注第二段线段的终点后，系统弹出【形位公差】[㊀]对话框，如图 11-36 所示。

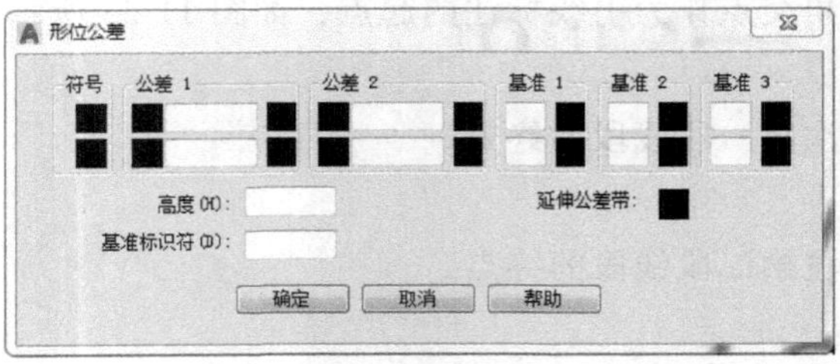

图 11-36　【形位公差】对话框

单击【符号】选项区域下面的第一个黑格，弹出【特征符号】选项板，如图 11-37 所示。在该选项板中选择垂直度符号⊥，返回【形位公差】对话框。在【公差 1】选项区域中的文本框输入公差值【0.06】；在【基准 1】选项区域中的第一个图框中输入基准代号【A】，其他图框不用填写，如图 11-38 所示。

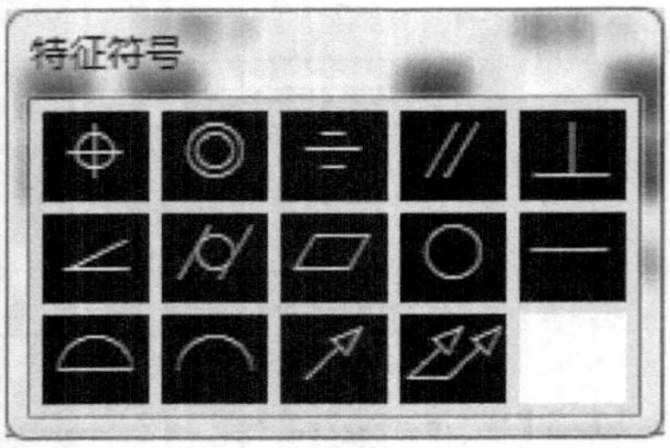

图 11-37　【特征符号】选项板

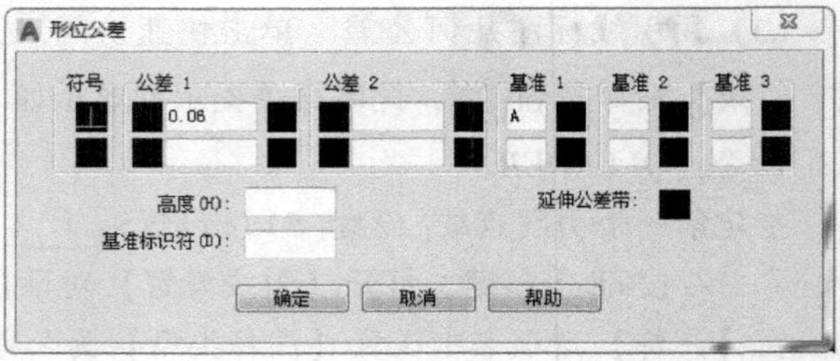

图 11-38　形位公差设置

单击【确定】按钮，完成垂直度公差标注，结果如图 11-39 所示。用同样方法完成平行度公差标注。

思考与练习：

① 这里的【标注，引线】命令与【注释】功能区中的【引线】命令功能相同吗？

② 尝试用【注释】功能区中的【引线】命令完成本例中几何公差的标注。

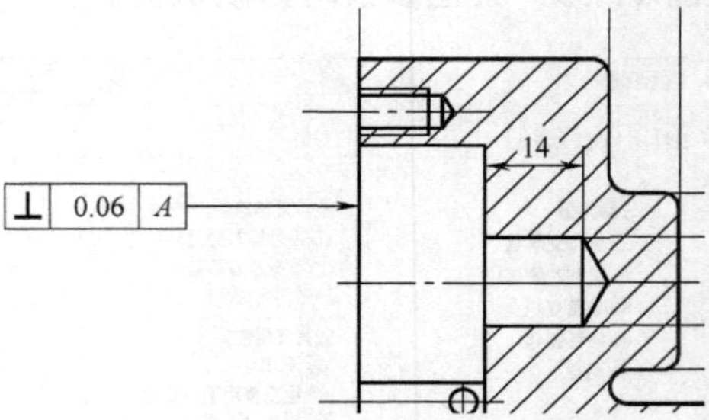

图 11-39　垂直度公差标注

3. 创建带属性图块，标注表面粗糙度

图块就是由若干图形对象所构成的一组图形集合。当块定义后，可以在图形中插入，并可对其进行比例缩放、旋转等操作。还可以根据需要为块定义属性，使图块带有文字信息特性。

常见的表面粗糙度符号由一个带尾巴的等边小三角形和数字（*Ra* 值）组成。由于不同表面其 *Ra* 值的要求不同，在零件图标注时，常将表面粗糙度 *Ra* 值设置为图块的属性，再使用插入图块方式标注。

㊀ 国家标准中为几何公差，为与软件统一，本书采用形位公差。

（1）定义带属性的表面粗糙度符号图块　根据制图规范，绘制表面粗糙度符号，如图 11-40 所示。

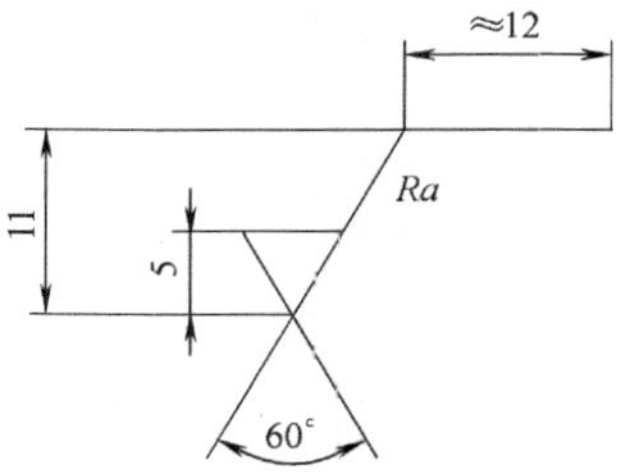

图 11-40　表面粗糙度符号

单击【块】功能区中的【定义属性】命令按钮，打开【属性定义】对话框，设置属性及文字内容，如图 11-41 所示。单击【确定】按钮返回绘图区，此时光标旁边会显示属性标记【Ra】字样，将光标移至标注表面粗糙度位置后单击确认，如图 11-42 所示。如果对文字位置不满意，还可以通过移动命令将属性标记【Ra】字样移至合适位置。

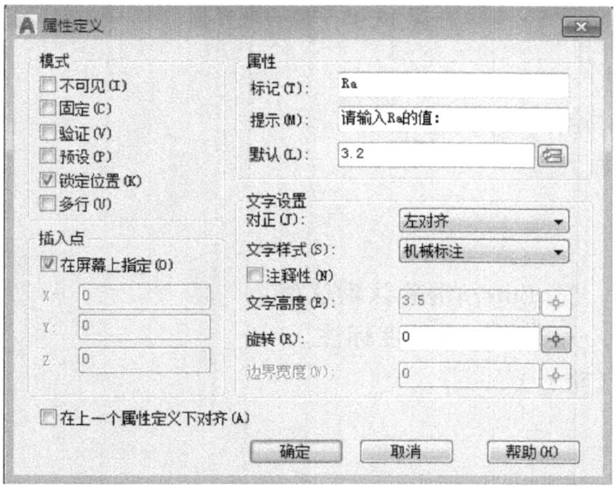

图 11-41　【属性定义】对话框

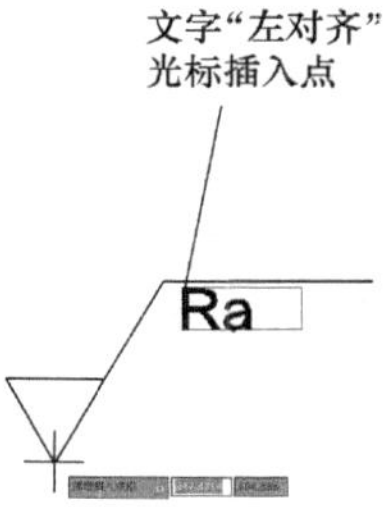

图 11-42　表面粗糙度图块属性插入点

单击【块】功能区中的【创建块】命令按钮，打开【块定义】对话框。

在【名称】文本框中输入块的名称【标注 Ra】；在【基点】选项区域中，单击【拾取点】按钮，拾取表面粗糙度符号的顶点作为基点；在【对象】选项区域中单击【选择对象】按钮，选取整个表面粗糙度图形（连同属性标记【Ra】），如图 11-43 所示。单击【确定】按钮，完成图块的创建。

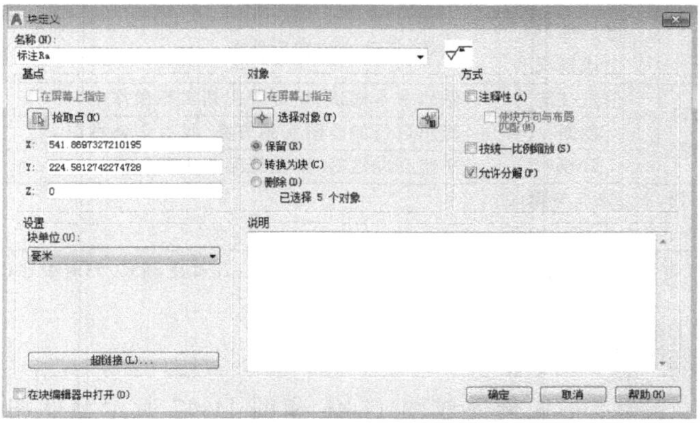

图 11-43　表面粗糙度符号图块定义

（2）块方式标注表面粗糙度

单击【块】功能区中的【插入块】命令按钮，选择已经创建的块【标注 Ra】，如图 11-44 所示。此时光标位置显示块的内容及默认值，并且块基点与光标中心重合，如图 11-45 所示。如果选择其他已创建的块，可以单击【更多选项】按钮进行选择。

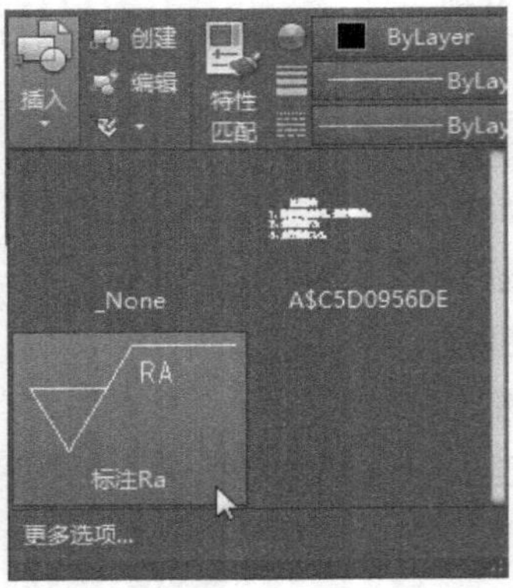

图 11-44　插入块

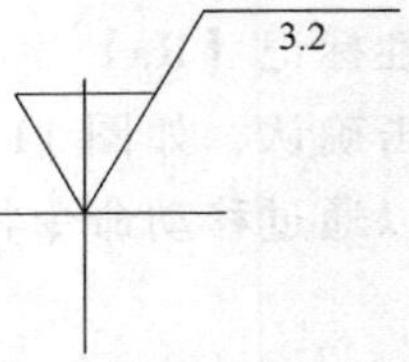

图 11-45　插入块光标

命令：_insert

指定插入点或[基点(B)/比例(S)/X/Y/Z/旋转(R)]：↵

//在图中需要标注的位置单击，指定插入点。

输入属性值

请输入 Ra 的值：<3.2>：↵

//显示块属性中的提示信息及默认值，按<Enter>键确认默认值。

重复插入图块，输入不同的表面粗糙度值，完成其他粗糙度标注。

（四）完成技术要求和标题栏的文字输入（略）

【检查与评价】（表 11-1）

表 11-1　项目十一学生表现评价表

评价项目		具体评价内容	配分	自评	互评	教师评
项目完成的质量		项目按时且保质完成，图线绘制正确	20			
知识与技能	实施方案	制订绘图方案正确合理，切实可行	5			
	国家标准	所绘图形符合国家相关制图标准要求	5			
	绘图顺序	正确制订零件图的绘图方法	10			
	对象属性	正确设置对象属性	10			
	尺寸标注	正确设置尺寸标注样式并熟练使用各种类型尺寸和公差标注	10			
	课后练习完成情况	熟练、正确完成课后练习	25			
学习过程	信息技能	钻研书本知识，正确应用到实际操作中	5			
	创新	提出可行的绘图实施方案，具有创新意识	5			
	合作	小组互动性好，主动提问并正确解决	5			
评语(优、缺点与建议)：			合计			
				总评价(等级)		

注：评价等级与分数的关系是 85≤优≤100，70≤良<85，55≤中<70，40≤差<55。

【强化练习】

按 1∶1 比例完成图 11-46 和图 11-47 所示零件图的绘制，并分别以“练习 11-1”和“练习 11-2”为文件名保存文件。

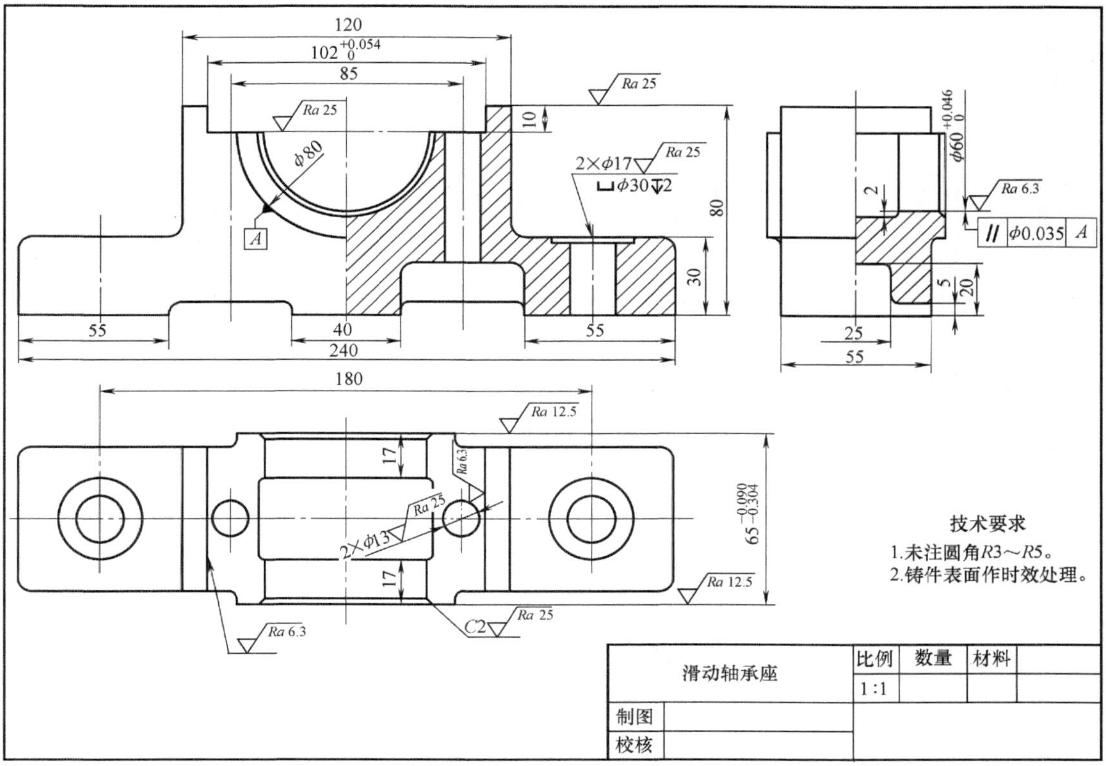

图 11-46　零件图绘制练习 1

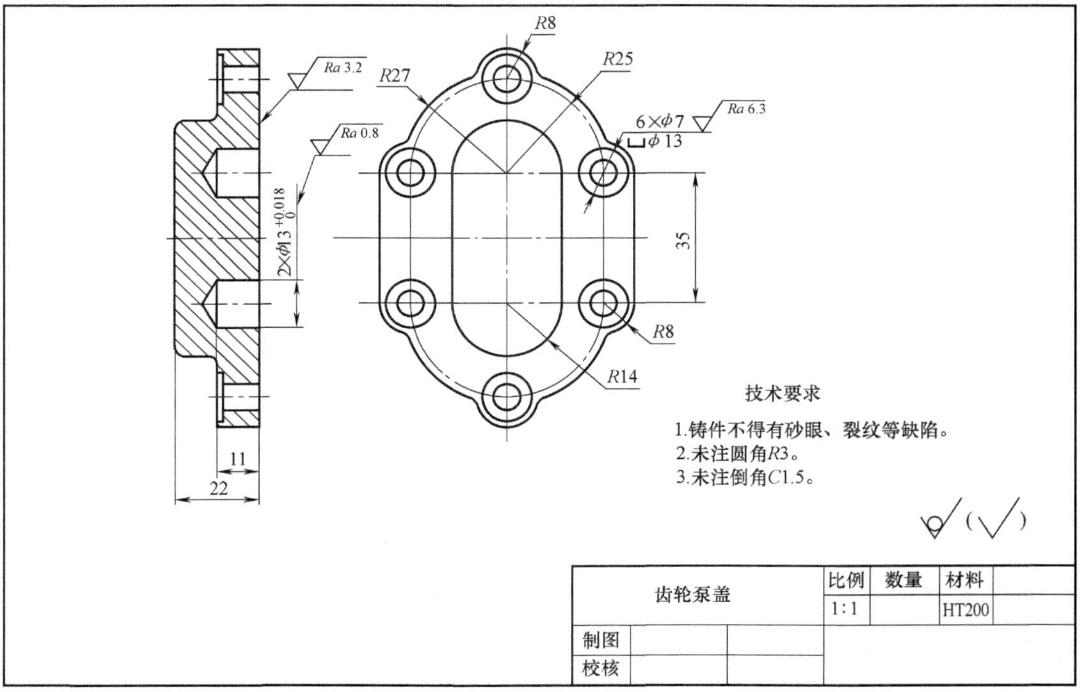

图 11-47　零件图绘制练习 2

项目十二

绘制齿轮轴三维实体图

【学习任务描述及具体要求】

绘制项目九齿轮轴的三维实体图，效果如图 12-1 所示。

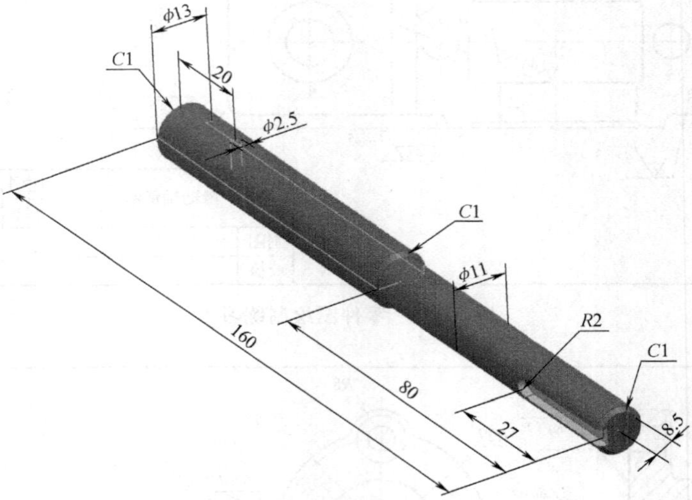

图 12-1　齿轮轴三维实体图

【学习目标】

1）了解三维建模工作空间的使用方法。
2）认识 AutoCAD 2018 的三维坐标系。
3）掌握基本体的绘制方法。
4）学会用多义线命令绘制封闭图线。
5）掌握用拉伸命令创建三维实体。
6）掌握布尔运算、三维倒角命令的使用方法。
7）学会切换不同视图样式观看三维图形。

【知识准备】

一、认识三维建模工作空间

在前面的项目中，我们都采用了系统默认的【草图与注释】工作空间。在三维绘图中，为方便绘图，通常会设置显示更多三维命令的【三维建模】空间。

单击右下角【切换工作空间】按钮⚙，将【工作空间】切换到【三维建模】状态，如图 12-2 所示。结果如图 12-3 所示。

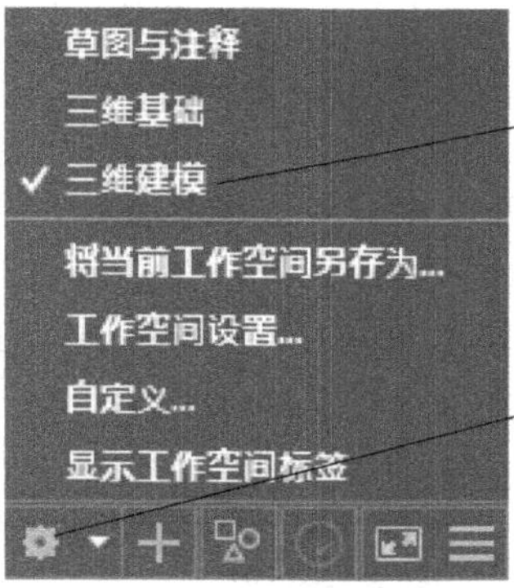

图 12-2　选择工作空间

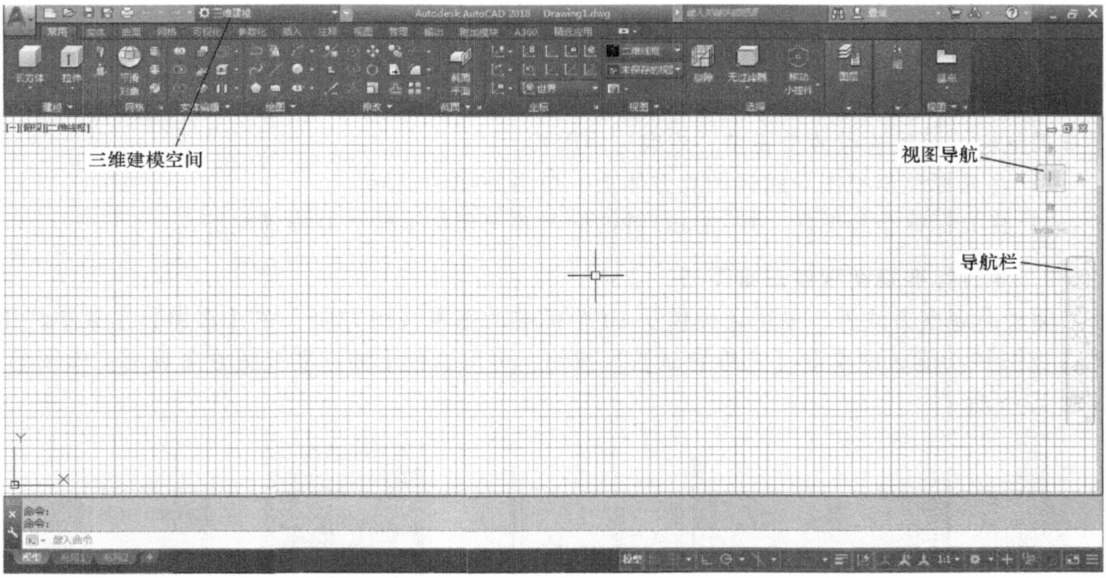

图 12-3　【三维建模】工作空间

二、认识三维坐标系

AutoCAD 2018 提供的是三维的坐标，在此之前的平面绘图中，因为 Z 轴垂直于 XY 平面，在原点积聚成一点，Z 轴从里向外（相当于俯视图方向），所以在平面绘图中往往忽略 Z 轴。

思考与练习：

① 什么是三维图形？与平面图和轴测图有什么区别？

② AutoCAD 2018 中有几种坐标系形式？

③ 本实例的齿轮轴应该在哪个坐标平面上绘制比较合适？

提示：

三维坐标系的分类：

1. 世界坐标系（WCS）

世界坐标系是固定的坐标系，其 X 轴是横轴，Y 轴是纵轴，Z 轴垂直于 XY 平面，原点为图形界限左下角 X、Y 和 Z 轴的交点（0，0，0）。

2. 用户坐标系（UCS）

用户坐标系是可移动的坐标系，是用户参照世界坐标系自行定义的坐标系。在实际绘图过程中，所有的坐标输入都是使用当前用户坐标系（UCS）。

AutoCAD 中的世界坐标系（WCS）主要用在二维图形和简单的三维图形，打开 AutoCAD 界面就可以使用，世界坐标系的原点坐标永远是（0，0，0）。用户坐标系的原点可以是任意数值，可以是任意角度，由绘图者根据需要确定。

三、三维图形的观察

1. 三维动态观察

AutoCAD 2018 提供了三种常用的三维图形动态观察方式：

1）单击导航栏的【动态观察】按钮，如图 12-4 所示，再将光标移至绘图区，单击并拖动鼠标，可以连续改变视角，观察三维图形。

2）将光标移至视图导航器的立方体上，单击并拖动鼠标。

3）将光标移至绘图区，按<Shift>键的同时单击鼠标滚轮，并拖动鼠标。

2. 通过标准视图观察三维图形

除动态观察方式外，系统还提供了 10 个标准的基本视图方向。在【常用】主菜单栏下的【视图】功能区中单击【三维导航栏】按钮，可以选择十种标准视图方向观察三维图形，如图 12-5 所示。

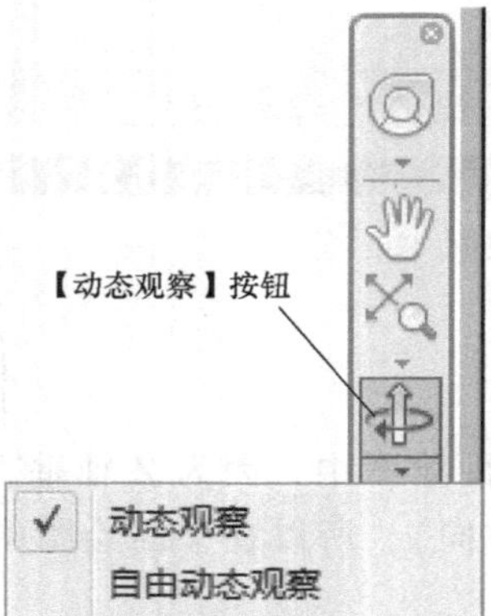

图 12-4 三维动态观察器

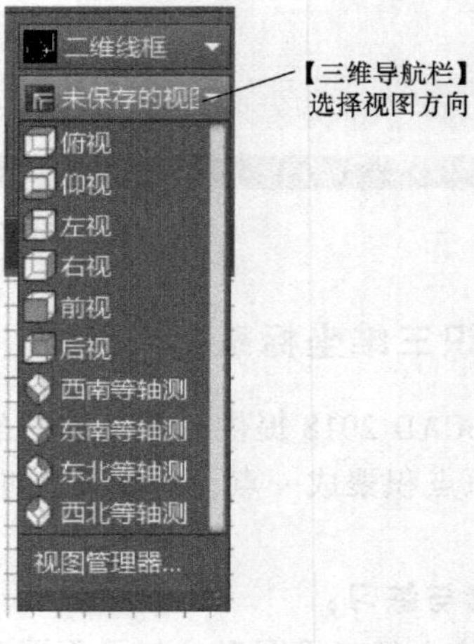

图 12-5 10 种不同方位视图

【计划与实施】

一、制订绘图方案

通过分析可知，该齿轮轴由 ϕ13mm 和 ϕ11mm 的圆柱体组成，键槽、圆孔通过挖切方式生成，再进行倒角。

1）绘制 ϕ13mm、ϕ2.5mm、ϕ11mm 圆柱体。

2）创建面域，绘制键槽三维实体。

3）通过布尔运算组合成一个实体模型。

4）对实体模型进行实体倒角。

二、实施绘图

（一）绘制基本体

1. 绘制 ϕ13mm 圆柱体

（1）图层设置　由于三维绘图可能涉及不同平面上绘图，绘制时，尽量将同一平面上的内容一次完成。当实体比较复杂、线条较多时，为方便识别和绘制，同一类型实体也可以放在不同图层，设置不同颜色。本项目设置图层如图 12-6 所示。

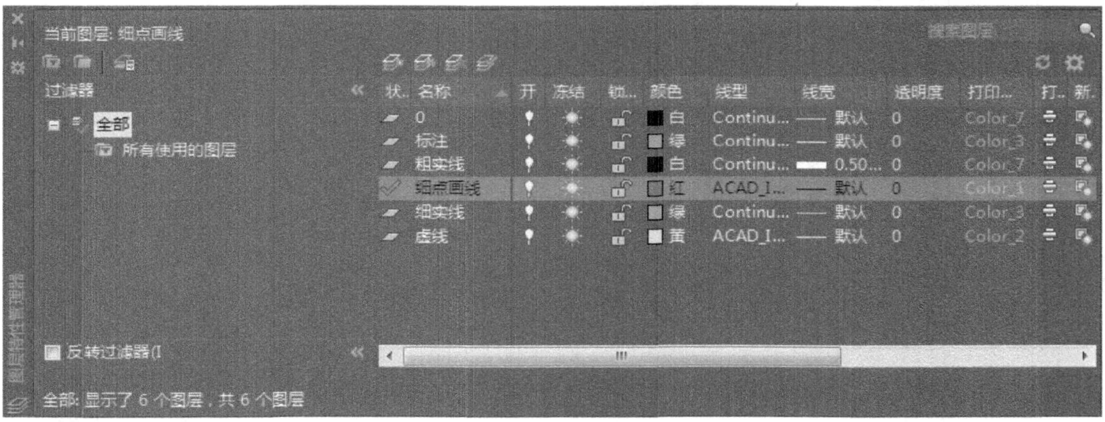

图 12-6　设置图层

（2）选择绘图平面　在【常用】主菜单的【坐标】功能区，选择【左视】方向为绘图平面，结果如图 12-7 所示。

（3）选择看图方位　在【常用】主菜单的【视图】功能区中选择【东南等轴测】方向，结果如图 12-8 所示。

（4）绘制圆柱底面中心线　设置【细点画线】图层为当前层，在绘图区任意位置绘制圆柱体底面中心线，结果如图 12-9 所示。

（5）绘制 ϕ13mm 圆柱体　选择【粗实线】层为当前层，单击【建模】功能区中的【圆柱体】命令按钮 圆柱体，此时命令提示栏显示如下内容。

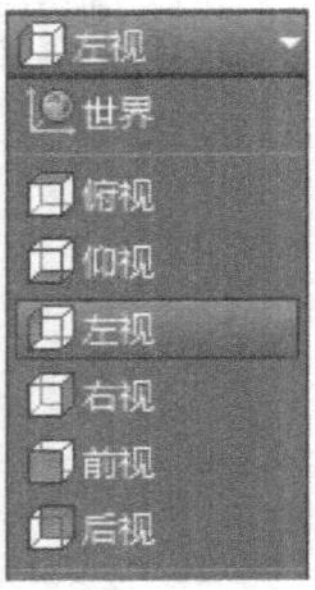

图 12-7 设置当前绘图平面为左视图

图 12-8 看图方位为【东南等轴测】视图

命令：_CYLINDER

指定底面的中心点或[三点(3P)/两点(2P)/相切、相切、半径(T)/椭圆(E)]：

//捕捉直线交点作为中心点。

*指定底面的半径或[直径(D)]：*6.5↵

//输入圆柱底面半径。

*指定高度或[两点(2P)/轴端点(A)]：*80↵

//指定圆柱体的高度，结果如图 12-10 所示。

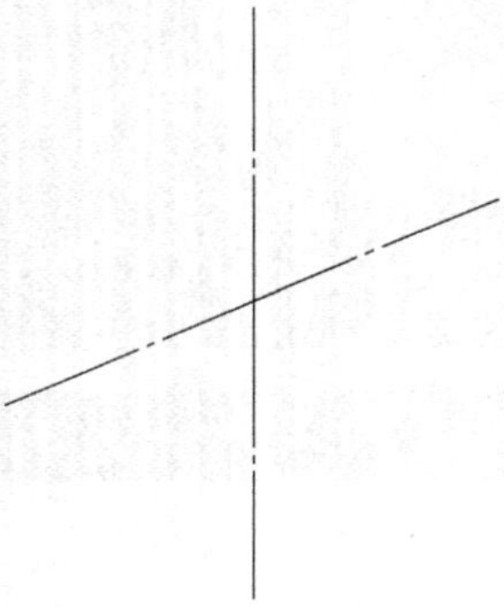

图 12-9 绘制圆柱底面中心线

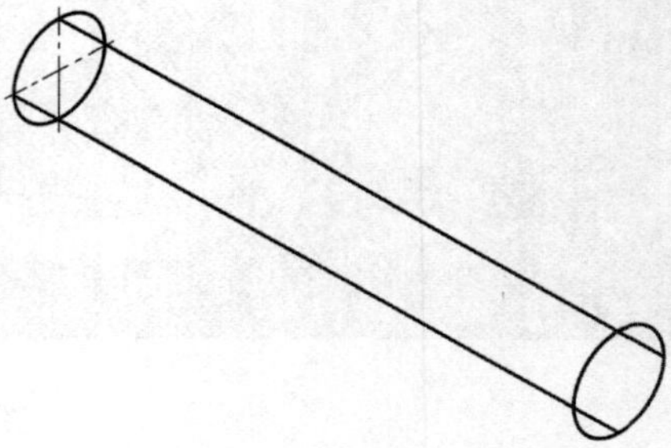

图 12-10 绘制 ϕ13mm 圆柱体

提示：

快捷键<F12>可以开启/关闭【动态输入】功能。在【开启】状态下，光标的位置会决定拉伸方向；如果光标位于 XY 平面下方，当输入 10 时，会向下方进行拉伸，反之，则向上拉伸。

在【关闭】状态下，光标位置不能决定拉伸方向；拉伸方向与输入值有关；如果输入 10，则向 Z 轴的正方向拉伸；如果输入-10，则向 Z 轴的负方向拉伸。

2. 绘制 ϕ2.5mm 圆柱体

选择绘图平面为俯视图方向，选择看图方位为东南等轴测视图。

单击【建模】功能区中的【圆柱体】命令按钮，此时命令提示栏显示如下内容。

命令：_CYLINDER

指定底面的中心点或[三点(3P)/两点(2P)/相切、相切、半径(T)/椭圆(E)]：<u>20↵</u>

　　//输入底面中心点到象限点距离，如图 12-11 所示。

指定底面的半径或[直径(D)]：<u>1.25↵</u>

　　//输入圆柱底面半径。

指定高度或[两点(2P)/轴端点(A)]：<u>13↵</u>

　　//指定圆柱体高度，结果如图 12-12 所示。

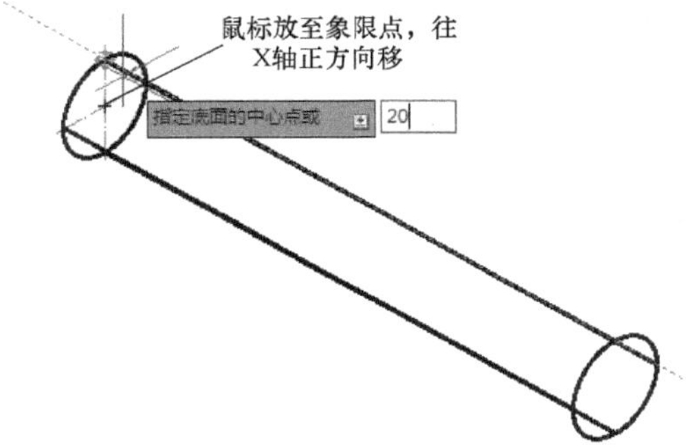

图 12-11　确定圆柱底面中心点

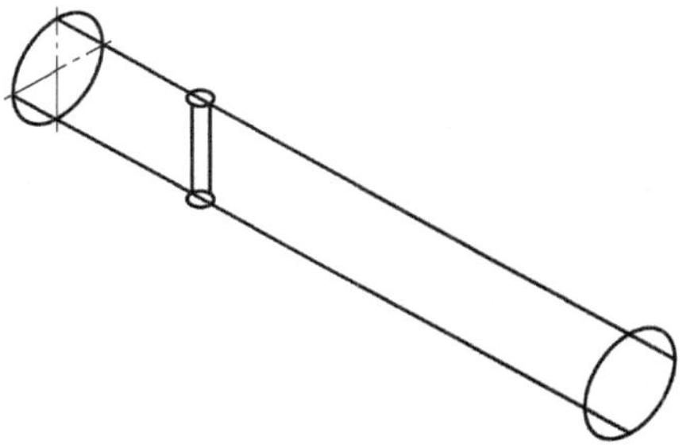

图 12-12　绘制 ϕ2.5mm 圆柱体

3. 绘制 ϕ11mm 圆柱体

单击【建模】功能区中的【圆柱体】命令按钮，此时命令提示栏显示如下内容。

命令：_CYLINDER

指定底面的中心点或[三点(3P)/两点(2P)/相切、相切、半径(T)/椭圆(E)]：

　　//捕捉 ϕ13mm 圆柱体右端面圆心。

指定底面的半径或[直径(D)]：<u>5.5↵</u>

　　//输入圆柱底面半径。

指定高度或[两点(2P)/轴端点(A)]：<u>80↵</u>

　　//指定圆柱体高度，结果如图 12-13 所示。

(二) 绘制键槽三维实体

1. 绘制键槽的平面图形

选择绘图平面为前视图方向，选择看图方位为东南等轴测视图。用多义线命令绘制键槽平面图形。

单击【绘图】功能区中的【多义线】命令按钮，此时命令提示栏显示如下内容。

命令：_PLINE 指定起点：<u>(将鼠标放至 ϕ11mm 圆柱体右侧圆心，向 Z 轴正方向移动，如图 12-14 所示，然后输入 3↵) 3↵</u>

　　//确定该点为多义线起点。

指定下一点或[圆弧(A)半宽(H)长度(L)放弃(U)宽度(W)]：<u>2 (光标放至 Y 轴正方</u>

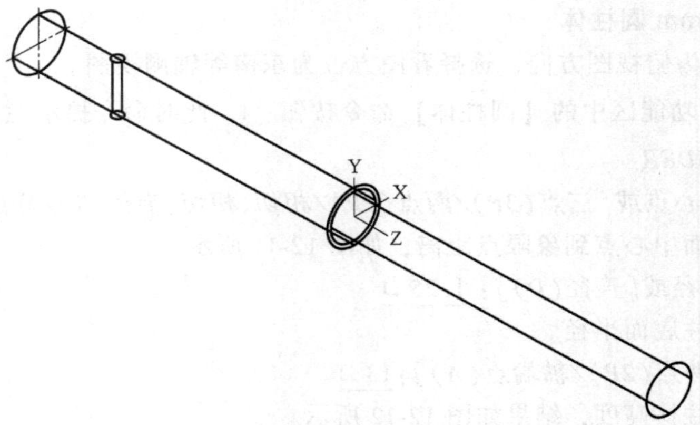

图 12-13　绘制 ϕ11mm 圆柱体

向）↵

//绘制直线。

指定下一点或[圆弧(A)半宽(H)长度(L)放弃(U)宽度(W)]：27（光标放至 X 轴负方向）↵

//绘制直线。

指定下一点或[圆弧(A)半宽(H)长度(L)放弃(U)宽度(W)]：A ↵

//绘制圆弧。

[角度(A)圆心(CE)闭合(CL)方向(D)半宽(H)直线(L)半径(R)第二个点(S)放弃(U)宽度(W)]：4 ↵

//指定圆弧直径。

[角度(A)圆心(CE)闭合(CL)方向(D)半宽(H)直线(L)半径(R)第二个点(S)放弃(U)宽度(W)]：L ↵

//绘制直线。

指定下一点或[圆弧(A)半宽(H)长度(L)放弃(U)宽度(W)]：　27（将光标放至 X 轴正方向）↵*指定下一点或[圆弧(A)半宽(H)长度(L)放弃(U)宽度(W)]*：　C ↵

//闭合多义线，结果如图 12-15 所示。

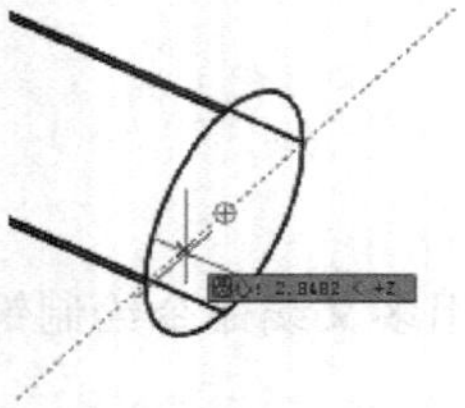

图 12-14　捕捉圆柱体右侧顶端象限点为起点

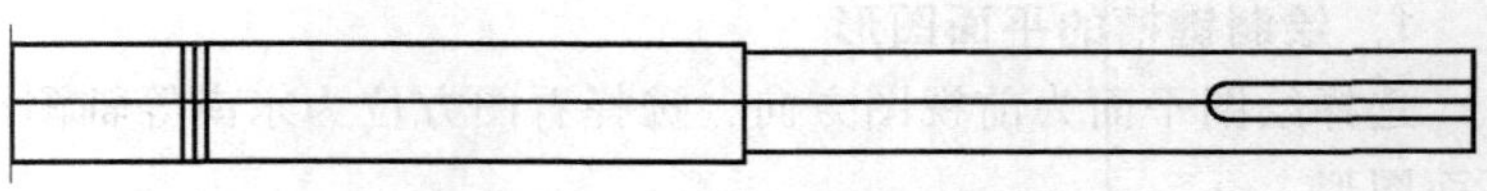

图 12-15　键槽的平面图形

2. 拉伸键槽平面图形成三维实体

拉伸命令（EXTRUDE）的功能是将某些二维图形拉伸为三维实体造型。这里的某些二维图形是指封闭的单一的线条，例如圆、椭圆、矩形等。

思考与练习：

本例中用多义线绘制出来的 U 形槽轮廓线是封闭的单一线条吗？如何识别？

单击【建模】功能区中的【拉伸】命令按钮，此时命令提示栏显示如下内容。

命令：_EXTRUDE

当前线框密度：　ISOLINES=4，闭合轮廓创建模式=实体

选择要拉伸的对象或[模式(MO)]：_MO 闭合轮廓创建模式[实体(SO)/曲面(SU)]<实体>： SO ↵

选择要拉伸的对象或[模式(MO)]：找到 1 个

//单击选取面域。

选择要拉伸的对象： ↵

//结束选择。

指定拉伸的高度或[方向(D)/路径(P)/倾斜角(T)/表达式(E)]： 2.5 ↵

//沿 Z 轴方向拉伸 2.5mm，结果如图 12-16 所示。

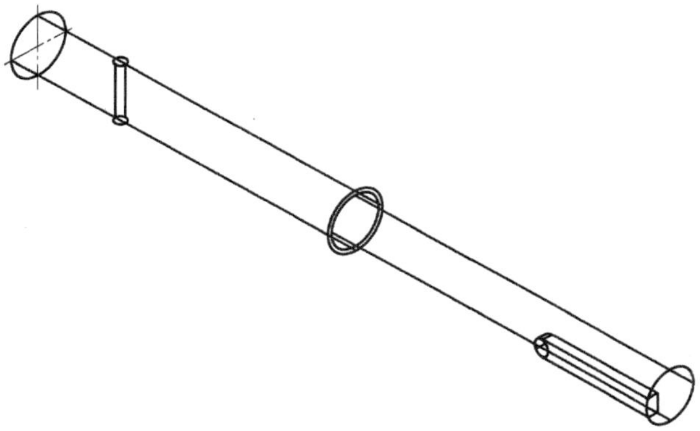

图 12-16　将二维图形拉伸成三维实体

（三）通过布尔运算构成组合体

AutoCAD 2018 提供了三种布尔运算：并集、差集、交集。三种运算的结果如图 12-17 所示。

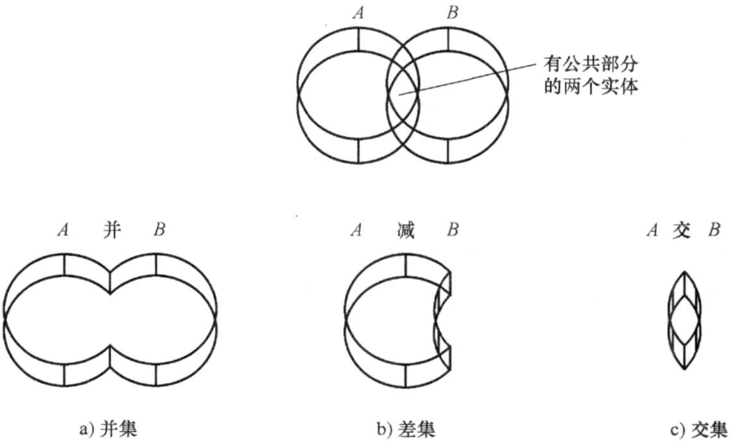

图 12-17　有公共部分的两个三维实体的布尔运算结果

注意：

复合体中的孔，通常可以通过差集运算生成；但如果孔贯穿两个或以上三维实体时，要先将要贯穿的实体合并后，才进行差集运算。

1. 用差集运算生成圆孔

单击【实体编辑】功能区中的【差集】命令按钮，如图 12-18 所示，此时命令提示栏显示如下内容。

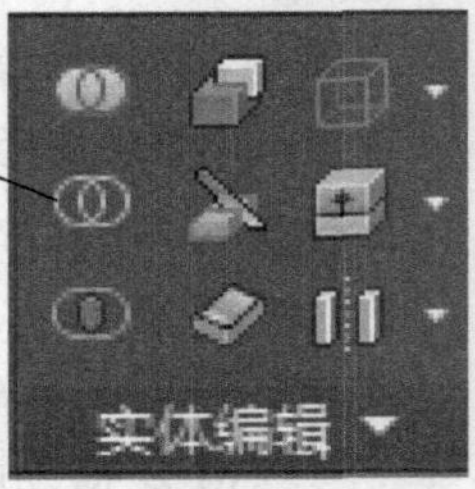

图 12-18　建模工具条

命令：_SUBTRACT 选择要从中减去的实体或面域...

选择对象：找到 1 个

//选择 ϕ13mm 圆柱体。

选择对象：↵

//结束选择。

选择要减去的实体或面域...

选择对象：找到 1 个

//选择 ϕ2.5mm 圆柱体。

选择对象：找到 1 个，总计 1 个

选择对象：↵

//结束选择。

2. 用差集运算生成键槽

单击【实体编辑】功能区中的【差集】命令按钮，此时命令提示栏显示如下内容。

命令：_SUBTRACT 选择要从中减去的实体或面域...

选择对象：找到 1 个

//选择 ϕ11mm 圆柱体。

选择对象：↵

//结束选择。

选择要减去的实体或面域...

选择对象：找到 1 个

//选择键槽。

选择对象：找到 1 个，总计 1 个

选择对象：↵

//结束选择。

3. 用并集运算将各基本体合并成一个组合体

单击【实体编辑】功能区中的【并集】命令按钮，此时命令提示栏显示如下内容。

命令：_UNION

选择对象：找到 1 个

//选择 ϕ13mm 圆柱体。

选择对象：找到 1 个，总计 2 个

//选择 φ11mm 圆柱体。

选择对象:↵

//结束选择，结果如图 12-19 所示。

（四）对实体进行实体倒角

单击【实体编辑】功能区中的【倒角边】命令按钮，此时命令提示栏显示如下内容。

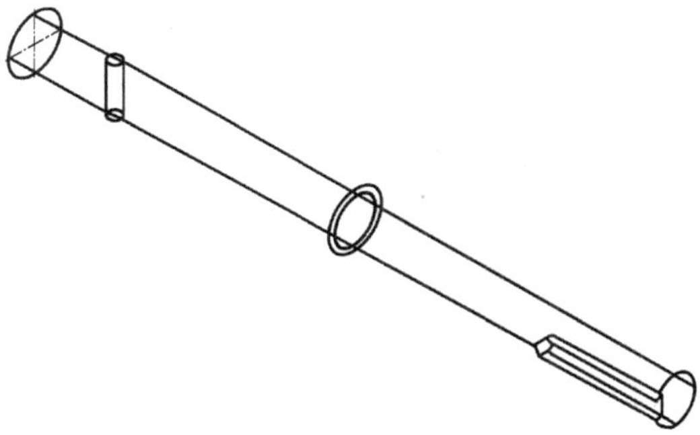

图 12-19　合并基本体

命令: _CHAMFEREDGE

选择一条边或[环 (L)距离 (D)]: D↵

//选择设置倒角边距离。

指定距离 1 或[表达式 (E)]<1.0000> : ↵

//设置倒角距离为 1mm。

指定距离 1 或[表达式 (E)]<1.0000> : ↵

//设置倒角距离为 1mm。

选择一条边或[环 (L)距离 (D)]: ↵

//单击 φ13mm 圆柱底面，如图 12-20 所示）。

选择同一个面上的其他边或[环 (L)距离 (D)]: ↵

//按<Enter>键确定。

按 Enter 键接受倒角或[距离 (D)]:↵

//结束选择，结果如图 12-21 所示。

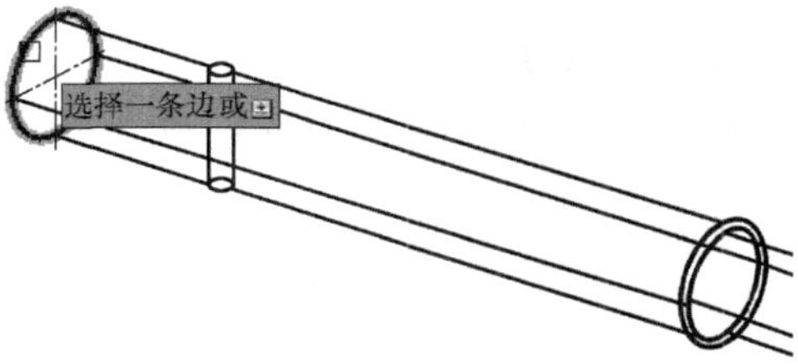

图 12-20　倒角选取边

采用同样的方法对实体其余两个倒角进行实体倒角，结果如图 12-22 所示。

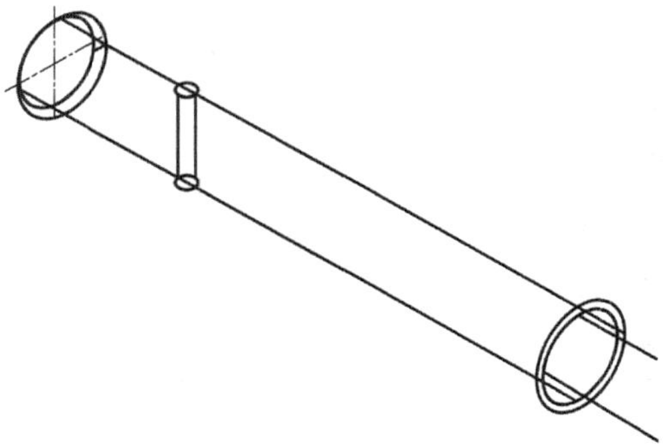

图 12-21　实体倒角（一）

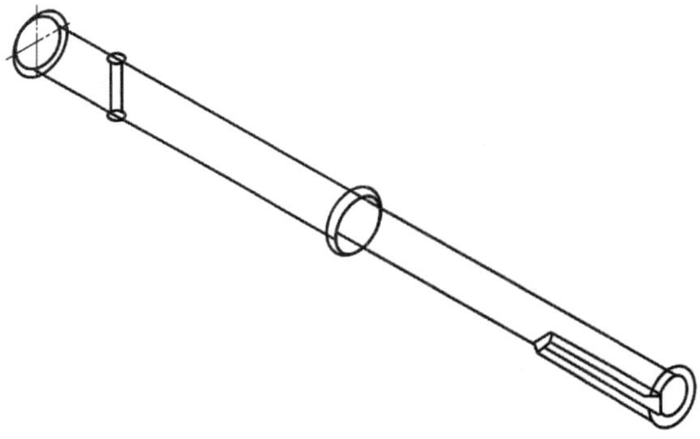

图 12-22　实体倒角（二）

（五）观看三维实体的三维效果

1. 消隐

消隐（HIDE）命令的功能是使三维实体中被挡部分的图线不在屏幕上显示。由于在三维图形的绘制或普通显示时，屏幕上出现的是线框架结构，所有的线条都出现在屏幕上，不易分辨清楚形体的结构及其位置关系。另外，在绘图输出时也常用此命令，使绘出的图形消除隐藏线。

单击【视图样式】功能区中的【隐藏】命令按钮，结果如图 12-23 所示。

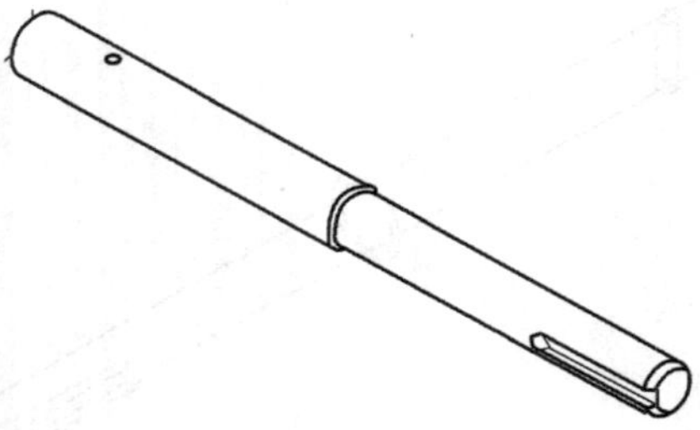

图 12-23　隐藏效果

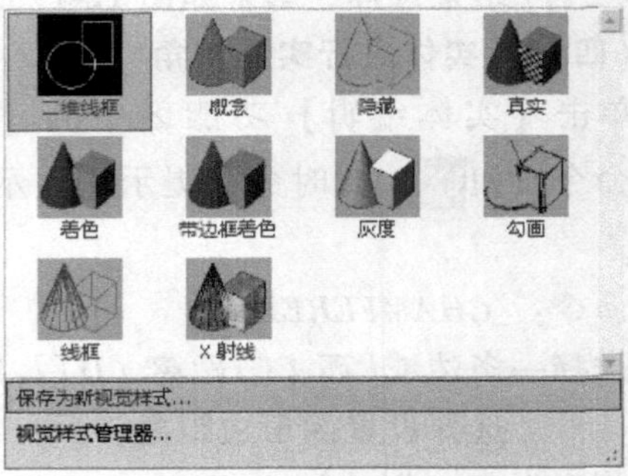

图 12-24　视觉样式

2. 修改视觉样式

选择主菜单中的【视图】⇨【视觉样式】命令，弹出图 12-24 所示选项板，单击图形效果图，可以选择图示的不同视觉样式。

思考与练习：

观察图 12-25 所示圆柱体，属于哪一种视觉样式？

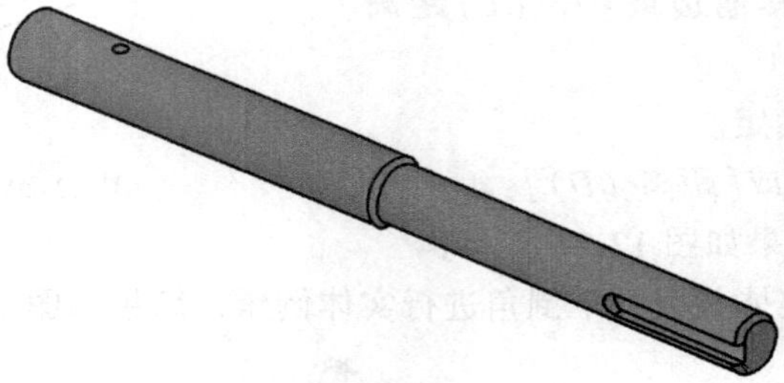

图 12-25　圆柱体视觉样式

【知识拓展】

尝试操作，或通过帮助信息，找出其他命令的功能和使用方法，并完成表 12-1。

表 12-1　命令功能和使用方法

非基本体/内容生成方式	命令按钮	可绘制图形	所需参数
按住并拖动			
旋转			
放样			
抽壳			

【检查与评价】（表 12-2）

表 12-2　项目十二学生表现评价表

评价项目		具体评价内容	配分	自评	互评	教师评
项目完成的质量		项目按时且保质完成，图线绘制正确	20			
知识与技能	实施方案	制订绘图方案正确合理，切实可行	5			
	三维坐标系	正确使用 AutoCAD 的三维坐标系	5			
	三维实形	正确使用基本体、拉伸、倒角等三维命令	10			
	布尔运算	正确使用三维实体的三种布尔运算	10			
	观看三维方式	正确使用消隐命令和修改视觉样式操作	10			
	课后练习完成情况	熟练、正确完成课后练习	25			
学习过程	信息技能	钻研书本知识，正确应用到实际操作中	5			
	创新	提出可行的绘图实施方案，具有创新意识	5			
	合作	小组互动性好，主动提问并正确解决	5			
评语（优、缺点与建议）：			合计			
			总评价（等级）			

注：评价等级与分数的关系是 85≤优≤100，70≤良<85，55≤中<70，40≤差<55。

【强化练习】

1）按 1∶1 比例绘制图 12-26 所示圆柱销的三维实体图，以“练习 12-1”为文件名保存文件。

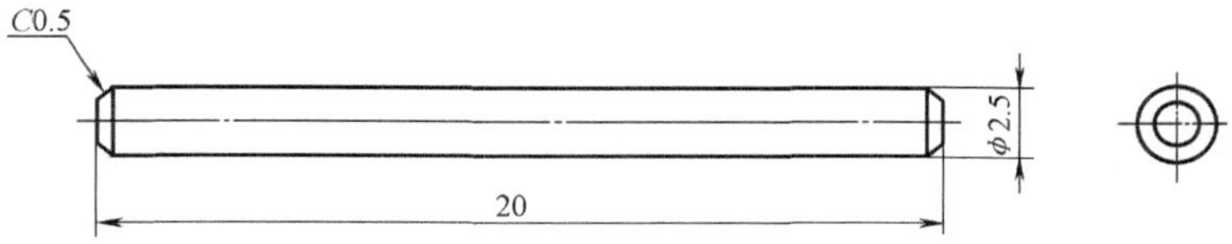

图 12-26　圆柱销

2）按 1∶1 比例绘制图 12-27 所示从动轴的三维实体图，以“练习 12-2”为文件名保存文件。

3）按 1∶1 比例绘制图 12-28 所示套筒的三维实体图，以“练习 12-3”为文件名保存文件。

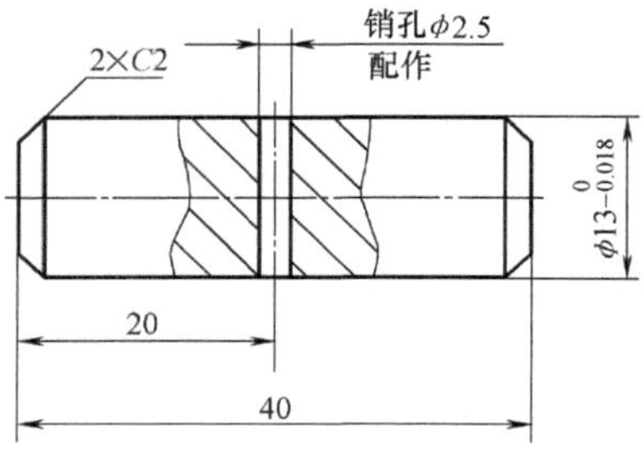

图 12-27　从动轴

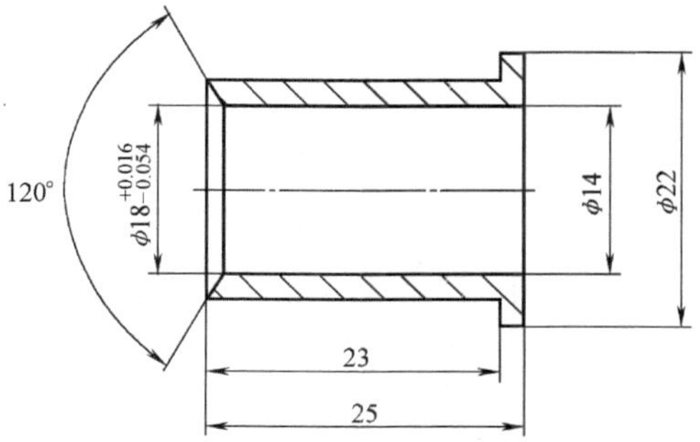

图 12-28　套筒

项目十三

绘制齿轮泵体三维实体图

【学习任务描述及具体要求】

绘制齿轮泵体的三维图形，如图 13-1 所示，并根据三维图形生成泵体的三视图（图 13-2），设置打印格式，将零件图打印出来或模拟显示打印结果。

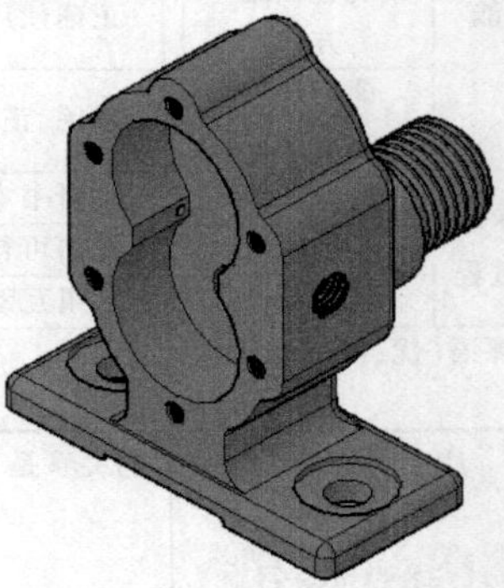

图 13-1　齿轮泵体

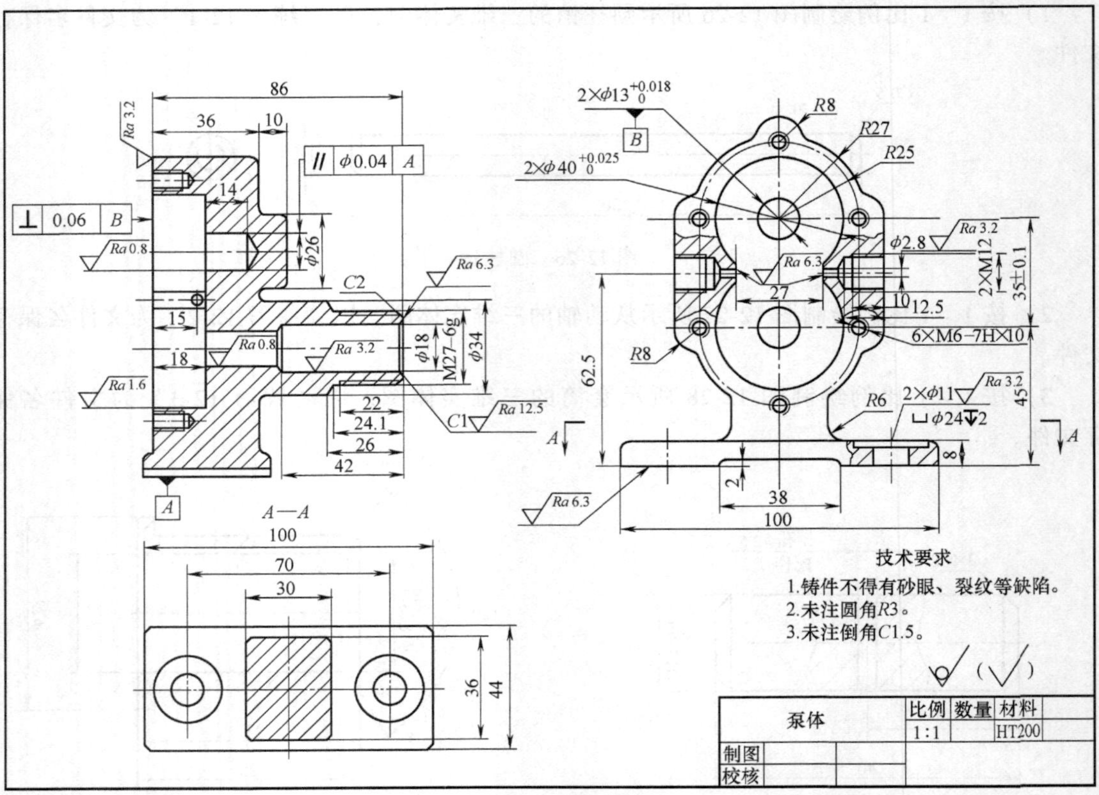

图 13-2　齿轮泵体三视图

【学习目标】

1）学会定义用户坐标系（UCS）。
2）掌握三维实体的圆角边命令。
3）熟练使用各种切换视角观察三维图形。
4）掌握利用三维实体生成标准视图的方法。
5）掌握用螺旋、扫掠的方式绘制螺纹实体。
6）学会图形的输出及打印设置。

【知识准备】

一、认识用户坐标系（UCS）

AutoCAD 2018 提供了两种坐标系：一种是世界坐标系（WCS），系统提供的默认坐标，主要用于绘制平面图形；另一种是用户坐标系（UCS），它是用户根据绘图的需要，在世界坐标系中，通过重新指定 X、Y 和 Z 轴的位置及方向而形成的坐标系。在一个图形文件中，用户可以创建无数个 UCS。但是，在同一时刻多个用户坐标中，只有一个是当前坐标系，输入的坐标值都是相对于这个坐标系的。

用户坐标系是可移动的坐标系，是用户参照世界坐标系自行定义的坐标系。在实际绘图过程中，所有的坐标输入都是使用当前用户坐标系（UCS）。

思考与练习：

① 系统提供了哪几种用户坐标的定义方式？
② 如何保存已经定义好的坐标系？
③ 用户坐标系能给绘图带来哪些便利？

二、螺纹实体的绘制方法

在绘制螺纹实体前，首先要确定螺纹的参数，例如公称直径、螺距、螺纹长度、牙型等。根据公称直径绘制基本体，根据螺距与螺纹长度绘制螺旋线、绘制牙型截面且构建牙型面域，使用扫掠命令把螺纹牙型截面面域作为扫掠对象，螺旋线为路径扫掠出螺纹，最后通过布尔运算生成螺纹。

思考与练习：

① 螺旋线怎么绘制？需要哪些参数？
② 螺纹的牙型截面与螺旋线应保持怎样的位置关系？

1. 螺旋命令

在螺旋命令中，输入底面半径/直径、圈高、螺旋高度/圈数，即可绘制螺旋线，如图 13-3 所示。

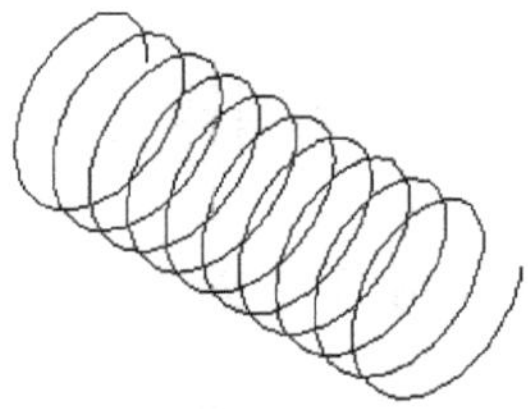

图 13-3 螺旋线

2. 面域命令

使用面域命令前，先绘制一个首尾相接的封闭二维平面图形，如图 13-4 所示，然后通过面域命令将平面图形转变为面域，如图 13-5 所示。

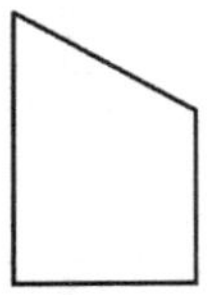

图 13-4　首尾相接封闭的二维平面图形

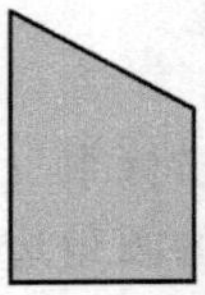

图 13-5　构建面域

3. 扫掠命令

使用扫掠命令前，先要构建好面域、绘制扫掠路径，如图 13-6 所示。

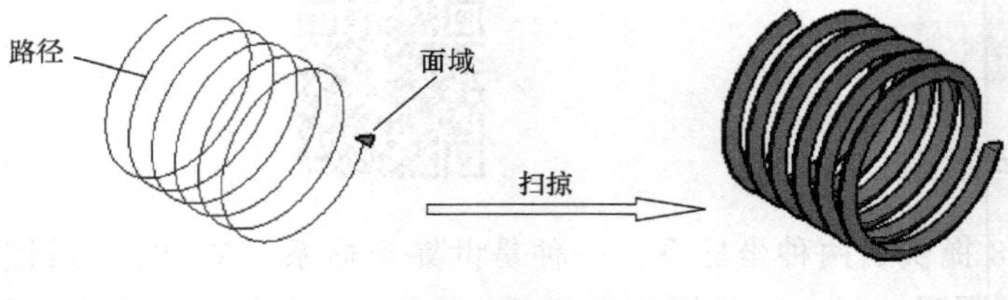

图 13-6　扫掠命令

4. 旋转命令

使用旋转命令前，先要构建好面域、旋转中心轴，如图 13-7 所示。

三、由实体生成基本三视图

由三维实体生成基本视图是一种常规的二维平面绘图方法，该方法能有效节约绘图时间。确定投影视图方向，应用命令 FLATSHOT 垂直投影出图形，经过简单修改即可生成实体的二维平面图形。

思考与练习：

① 如何确定视图投影方向？

② 如何使用 FLATSHOT 命令（图 13-8）使实体投影生成三视图？

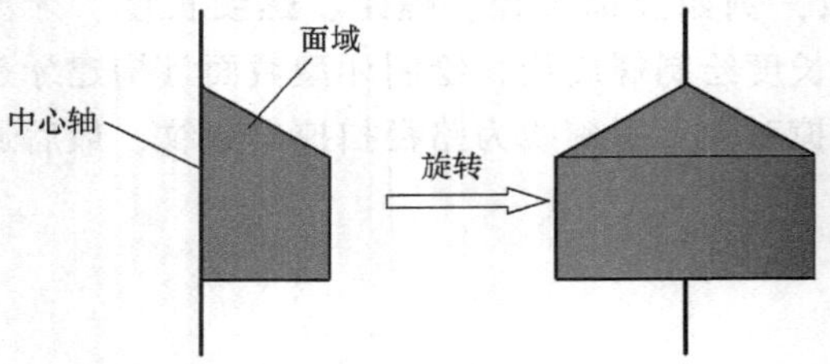

图 13-7　旋转命令

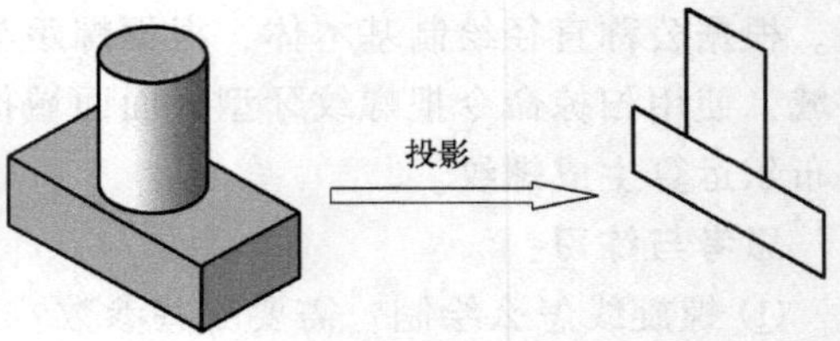

图 13-8　FLATSHOT 命令

【计划与实施】

一、制订绘图方案

对齿轮泵进行形体分析，可以将齿轮泵的绘制拆分为以下步骤：长方体底座、泵体、腔体、轴凸台、圆孔、倒圆角、应用扫掠命令生成螺纹实体，通过布尔运算结合在一起生成齿轮泵体。

1）建立图层。

2）绘制底座。

3）绘制泵体。

4）绘制腔体。

5）绘制轴凸台。

6）绘制圆孔。

7）绘制倒角边、圆角边。

8）绘制螺纹。

9）生成三视图。

二、实施绘图

由于是绘制三维图形，此项目的绘图界面采用【三维建模】形式。

（一）建立图层、绘制中心线

1. 设置图层内容

因三维图形相对二维平面图形图线要复杂很多，所以在绘图过程中，可以对不同部位的实体，选择放在不同图层，通过对图层进行隐藏、关闭等操作，减少对看图、捕捉等的干扰。如果图层比较多，图层内容最好在命名上能体现出来，本项目图层设置如图 13-9 所示。

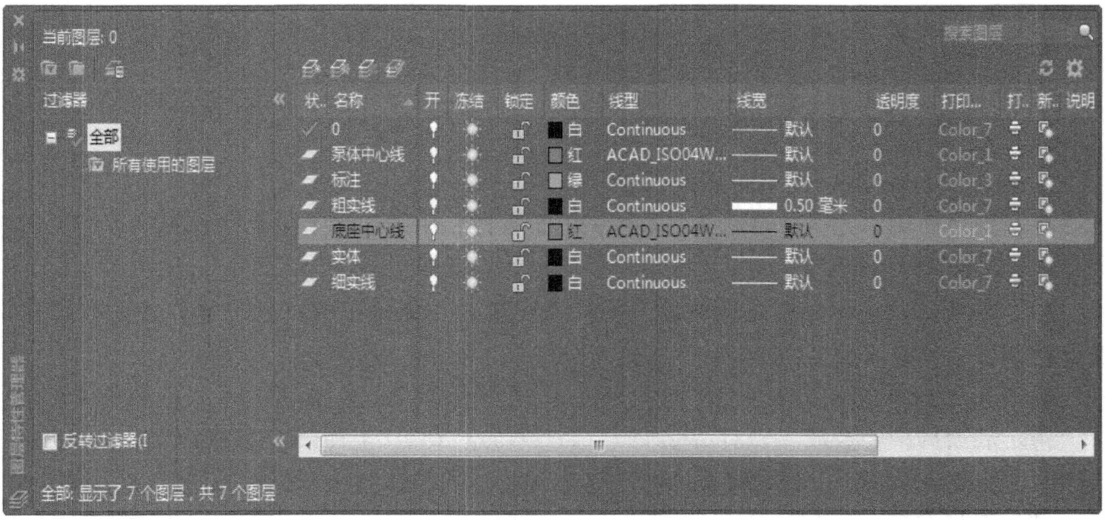

图 13-9　图层设置

2. 绘制底座中心线

图层：底座中心线层；绘图平面：俯视图；视角平面：俯视。

用直线命令绘制出底座中心线、底座圆孔的中心，结果如图 13-10 所示。

（二）绘制底座

1. 绘制 100mm×44mm×8mm 的长方体

当前图层：实体层；绘图平面：俯视图；视角平面：西南等轴测。

单击【建模】功能区中的【长方体】命令按钮，此时命令提示栏显示如下内容。

命令：_BOX

指定第一个角点或［中心（C）］：↵

//确定左下角点。

指定其他角点或［立方体（C）/长度（L）］：@ 100，44 ↵

//输入@ 100，44。

指定高度或［两点（2P）］： 8 ↵

//输入高度值，结果如图 13-11 所示。

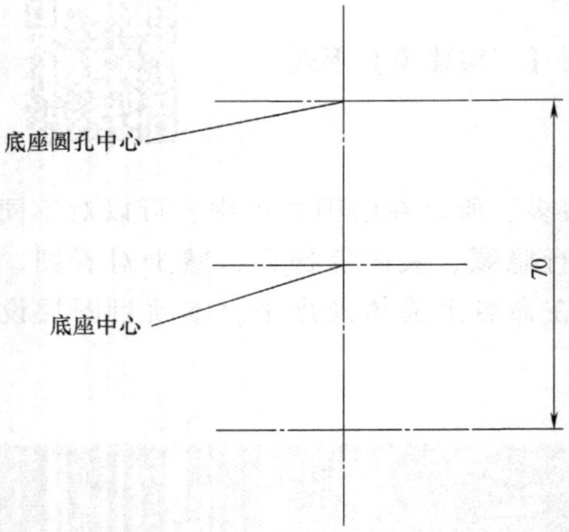

图 13-10　底座中心线

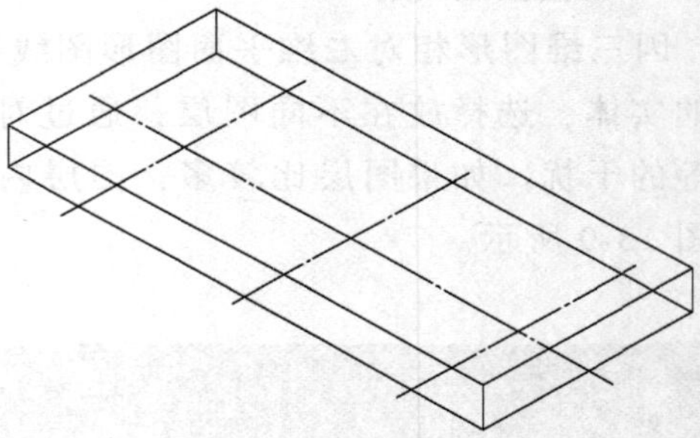

图 13-11　绘制底座

2. 绘制 38mm×44mm×2mm 的长方体

参照上述创建的方法，绘制底座要减去的长方体，结果如图 13-12 所示。

3. 绘制底座的圆孔

（1）绘制 ϕ11mm×6mm 的圆柱体　单击【建模】功能区中的【圆柱体】命令按钮，此时命令提示栏显示如下内容。

命令：_CYLINDER

指定底面的中心点或［三点（3P）/两点（2P）/切点、切点、半径（T）/椭圆（E）］：

//捕捉图 13-12 所示的 *A* 点。

*指定底面半径或［直径（D）］：*5.5 ↵

//输入半径值，按<Enter>键。

*指定高度或［两点（2P）/轴端点（A）］<2.0000>：*6 ↵

//输入高度值，按<Enter>键，结果如图 13-13 所示。

（2）绘制 ϕ24mm×2mm 的圆柱体　参照上述方法绘制 ϕ24mm×2mm 的圆柱体，结果如图 13-14 所示。

(3) 绘制另一组圆柱体　复制命令完成另一组圆柱体的绘制，结果如图 13-15 所示。

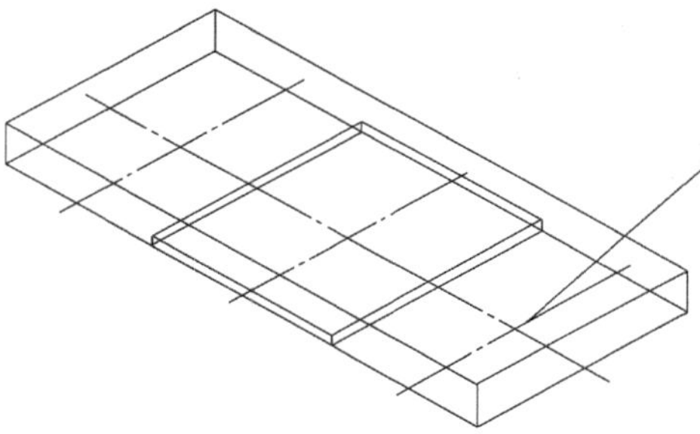

图 13-12　绘制底座要减去的长方体

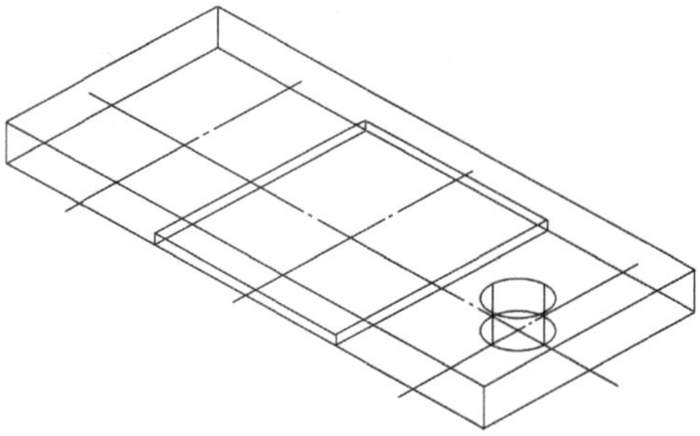

图 13-13　绘制 ϕ11mm×6mm 的圆柱体

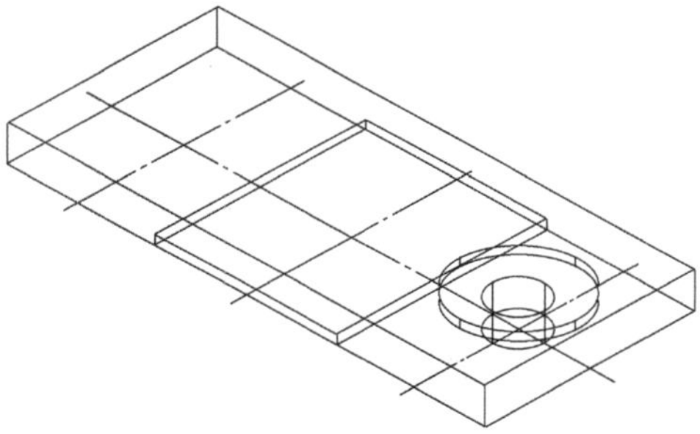

图 13-14　绘制 ϕ24mm×2mm 的圆柱体

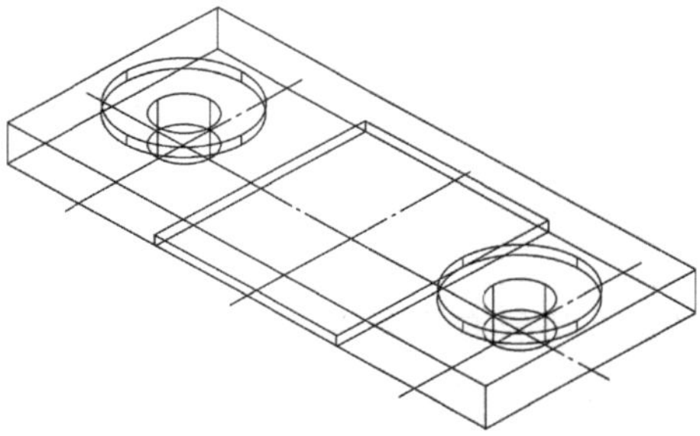

图 13-15　复制出另一组圆柱体

4. 生成底座实体

单击主菜单的【实体】⇨【布尔值】功能区中的【差集】命令按钮，此时命令提示栏显示如下内容。

命令：_SUBTRACT

选择要从中减去的实体、曲面和面域...

选择对象：找到 1 个

//选择图 13-10 所示的底座。

选择对象：↵

//按<Enter>键。

选择要减去的实体、曲面和面域...

选择对象：找到 1 个

//不分顺序，选择底座上要减去的长方体和四个圆柱体。

选择对象：找到 1 个，总计 5 个

选择对象：↵

//按<Enter>键，结果如图 13-16 所示。

思考与练习：在复制两圆柱体前，先将两圆柱体执行并集，后面的操作会不会简便一些？试一试。

（三）绘制泵体

1. 绘制泵体基准线

当前图层：泵体中心线层；绘图平面：前视图；视角平面：西南等轴测。

以底部基线交点为起点，绘制中心线，结果如图 13-17 所示。

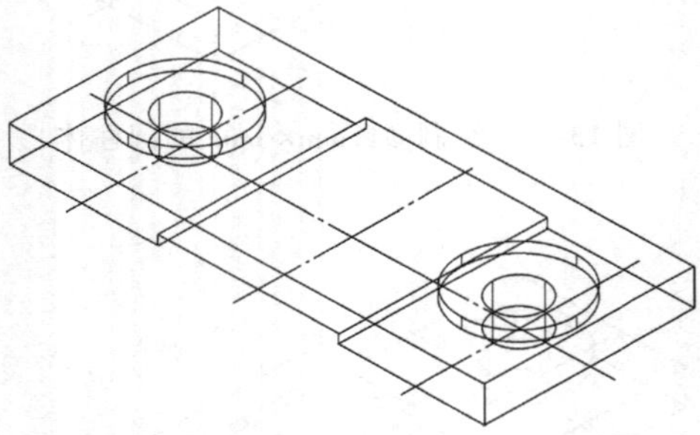

图 13-16 生成底座实体

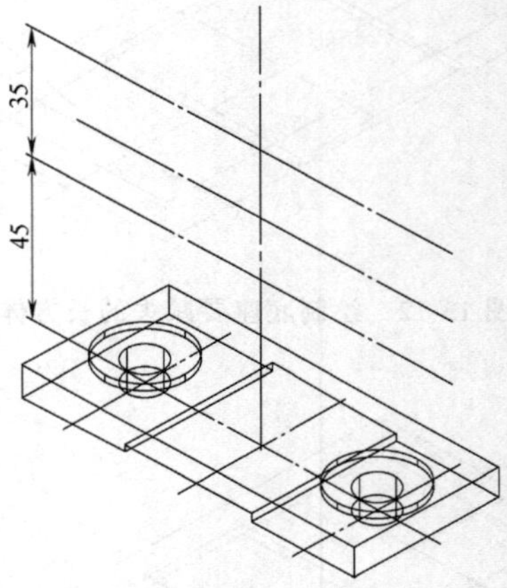

图 13-17 绘制泵体基准线

2. 绘制泵体轮廓线

当前图层：粗实线层；绘图平面：前视图；视角平面：西南等轴测。

1）建立用户坐标系。

命令：_UCS

当前 UCS 名称：＊没有名称＊

指定 UCS 的原点或［面(F)/命名(NA)/对象(OB)/上一个(P)/视图(V)/世界(W)/X/Y/Z/Z 轴(ZA)］<世界>:3 ↵

//输入 3，按<Enter>键。

指定新原点 <0,0,0>:_

//捕捉图 13-18 所示 A 点。

在正 X 轴范围上指定点 <1.0000,0.0000,0.0000>:_

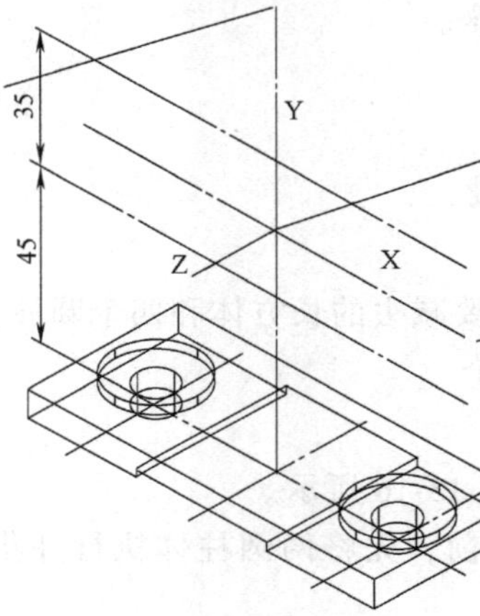

图 13-18 三点确定新用户坐标

//捕捉图 13-18 所示 B 点。

在 UCS XY 平面的正 Y 轴范围上指定点 <0.0000,1.0000,0.0000>:

//捕捉图 13-18 所示 C 点。

2）用二维绘图方法完成泵体的轮廓线，结果如图 13-19 所示。

3. 绘制泵体

当前图层：实体层；绘图平面：前视图；视角平面：西南等轴测；视觉样式：概念。

（1）构建面域　单击【绘图】功能区中的【面域】命令按钮，此时命令指示栏显示如下内容。

命令:_REGION

选择对象:找到 1 个,总计 13 个

//选择泵体所有轮廓线,不分顺序。

选择对象:↵

//按<Enter>键结束选择,结果如图 13-20 所示。

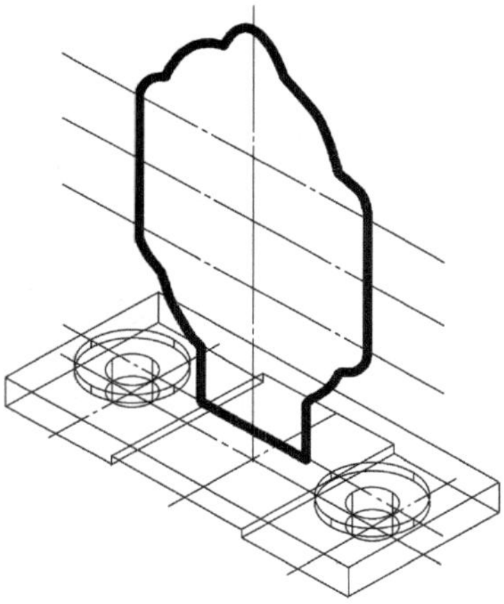

图 13-19　绘制泵体轮廓线

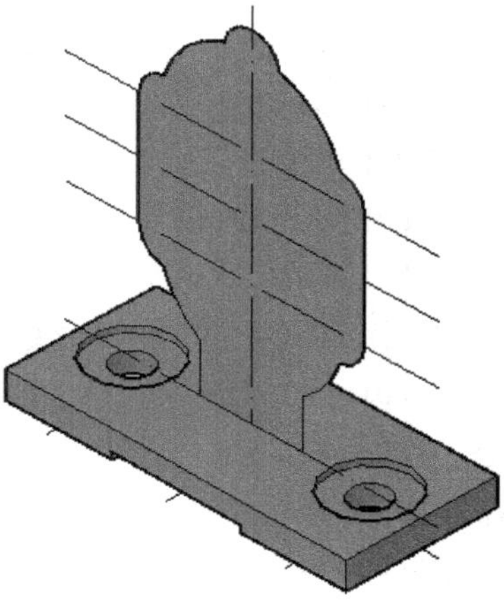

图 13-20　构建泵体面域

注意：

三维实体编辑可以通过动态观察的方式观察不同方位的投影视觉，详细操作可参考项目十二中的内容。

（2）拉伸出一半的泵体　单击【建模】功能区中的【拉伸】命令按钮，此时命令提示栏显示如下内容。

命令:_EXTRUDE

当前线框密度:　ISOLINES=4,闭合轮廓创建模式=实体

选择要拉伸的对象或 [模式(MO)]:_MO 闭合轮廓创建模式 [实体(SO)/曲面(SU)] <实体>: SO ↵

//单击选取图 13-20 创建的面域。

选择要拉伸的对象或 [模式(MO)]:找到 1 个

选择要拉伸的对象或[模式(MO)]:↲

//按<Enter>键。

指定拉伸的高度或[方向(D)/路径(P)/倾斜角(T)/表达式(E)] <-18.9056>:18 ↲

//输入拉伸高度值,按<Enter>键,结果如图 13-21 所示。

(3) 镜像生成另一半泵体　单击主菜单的【修改】⇨【三维镜像】功能区中的【三维镜像】命令按钮，此时命令提示栏显示如下内容。

命令:_MIRROR3D

选择对象:找到 1 个

//选取图 13-21 所示的实体。

选择对象:

指定镜像平面(三点)的第一个点或

[对象(O)/最近的(L)/Z 轴(Z)/视图(V)/XY 平面(XY)/YZ 平面(YZ)/ZX 平面(ZX)/三点(3)] <三点>:XY ↲

//选择 XY 平面,按<Enter>键。

指定 XY 平面上的点 <0,0,0>:↲

//按<Enter>键。

是否删除源对象?[是(Y)/否(N)] <否>:↲

//按<Enter>键,结果如图 13-22 所示。

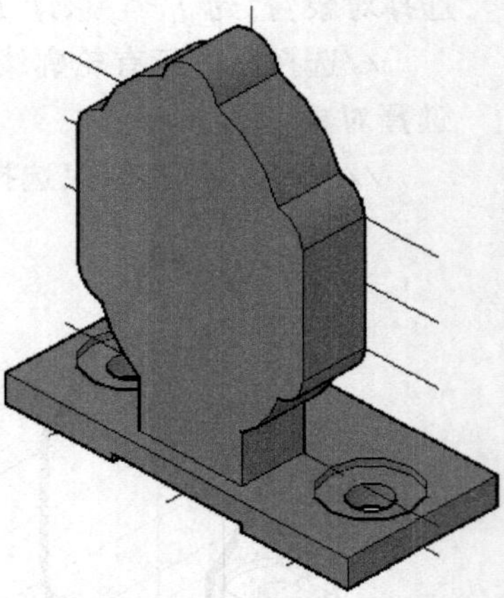

图 13-21　拉伸出泵体一半

(4) 泵体与底座结合成整体　单击主菜单的【实体】⇨【布尔值】功能区中的【并集】命令按钮，此时命令提示栏显示如下内容。

命令:_UNION

选择对象:找到 1 个

选择对象:找到 1 个,总计 3 个

选择对象:↲

//选择图 13-16 所示底座、图 13-21 和图 13-22 所示的泵体,不分先后顺序,按<Enter>键,结果如图 13-23 所示。

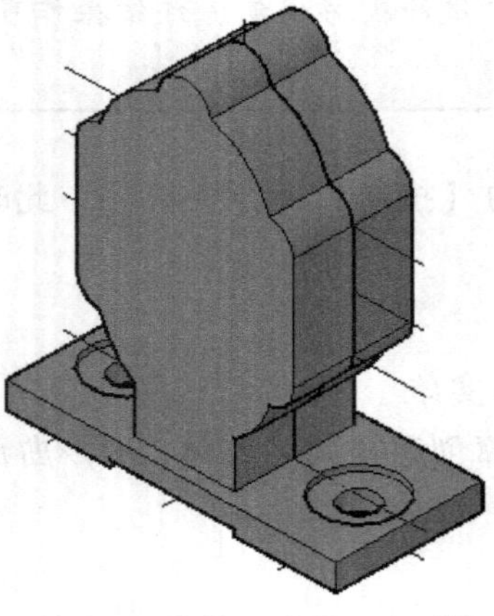

图 13-22　镜像生成另一半泵体

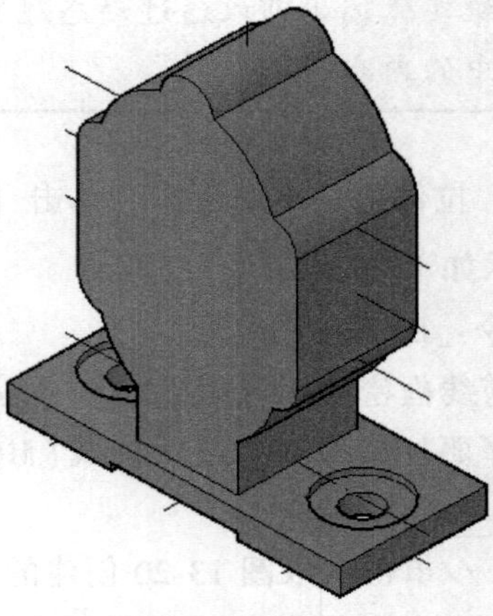

图 13-23　并集生成泵体

4. 绘制泵体凸台

当前图层：实体层；绘图平面：左视图；视角平面：东北等轴测；视觉样式：概念。

1）创建 φ26mm×10mm 的凸台。单击【建模】功能区中的【圆柱体】命令按钮，此时命令提示栏显示如下内容。

命令:_CYLINDER

指定底面的中心点或［三点(3P)/两点(2P)/切点、切点、半径(T)/椭圆(E)］： >>选项卡索引 <0>:

正在恢复执行 CYLINDER 命令。

指定底面的中心点或［三点(3P)/两点(2P)/切点、切点、半径(T)/椭圆(E)］:

　　//捕捉圆弧中心。

指定底面半径或［直径(D)］:13 ↵

　　//输入半径值,按<Enter>键。

指定高度或［两点(2P)/轴端点(A)］<18.0000>: -10 ↵

　　//输入高度值,按<Enter>键,结果如图 13-24 所示。

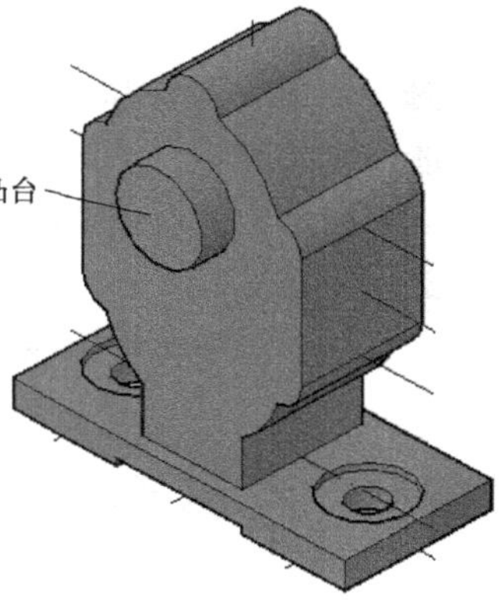

图 13-24　创建凸台

2）参照上述方法，继续创建凸台 φ34mm×24mm 和 φ27mm×26mm，结果如图 13-25 所示。

3）参照上述并集运算方法，将泵体与凸台结合成整体，结果如图 13-26 所示。

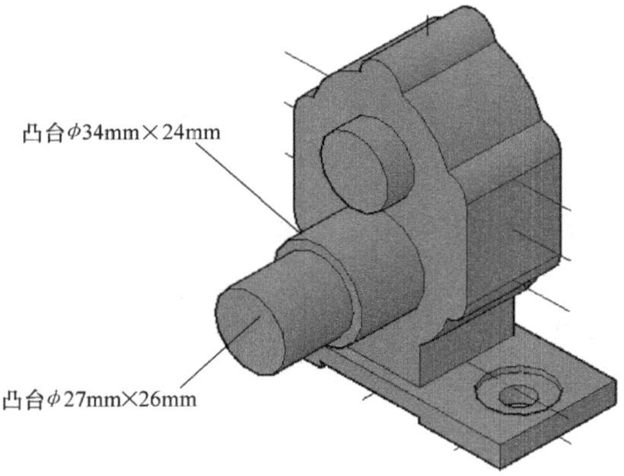

图 13-25　创建 φ34mm×24mm、φ27mm×26mm 凸台

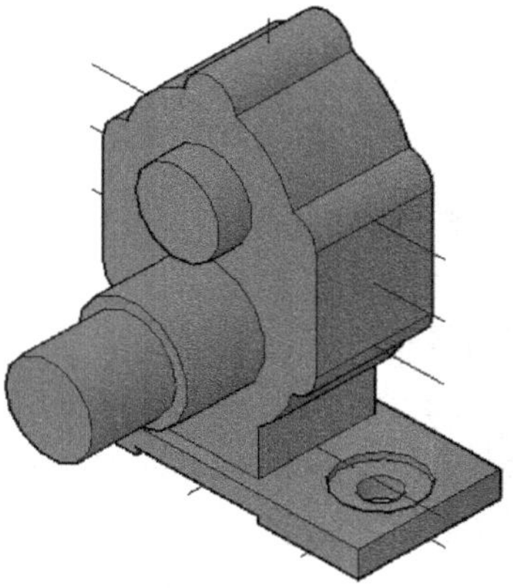

图 13-26　泵体与凸台结合成整体

5. 绘制腔体实体

当前图层：实体层；绘图平面：左视图；视角平面：西南等轴测；视觉样式：二维线框。

1）参照上述绘制泵体的方法，绘制腔体实体，拉伸高度为 18mm，结果如图 13-27 所示。

2）差集生成腔体。

当前图层：实体层；绘图平面：前视图；视角平面：西南等轴测；视觉样式：概念。

单击主菜单的【实体】⇨【布尔值】功能区中的【差集】命令按钮，此时命令提示栏显示如下内容。

命令:_SUBTRACT 选择要从中减去的实体、曲面和面域...

选择对象:找到 1 个

//单击选取图 13-26 所示的泵体。

选择对象:↵

//按<Enter>键。

选择要减去的实体、曲面和面域...

选择对象:找到 1 个

//单击选取图 13-27 绘制的腔体实体。

选择对象:↵

//按<Enter>键结束选择,结果如图 13-28 所示。

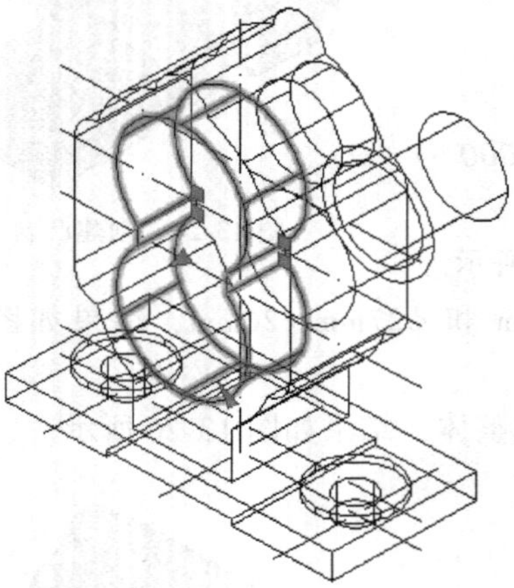

图 13-27　绘制腔体实体

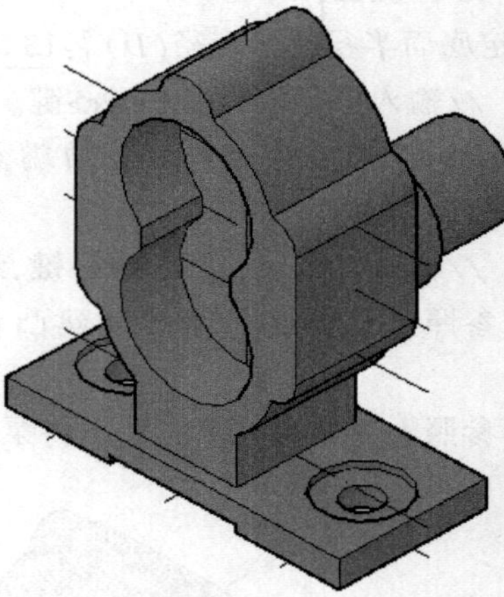

图 13-28　差集生成腔体

6. 绘制圆孔

当前图层：实体层；绘图平面：前视图；视角平面：西南等轴测；视觉样式：二维线框。

（1）绘制 ϕ13mm×14mm 的圆柱体　参照上述圆柱体绘制方法，绘制 ϕ13mm×14mm 的圆柱体，结果如图 13-29 所示。

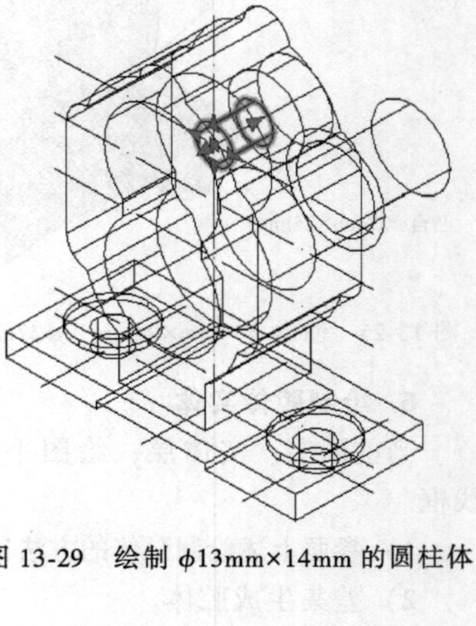

图 13-29　绘制 ϕ13mm×14mm 的圆柱体

（2）绘制 ϕ13mm×3.75mm 的圆锥体　单击【建模】功能区中的【圆锥体】命令按钮，此时命令提示栏显示如下内容。

命令:_CONE

指定底面的中心点或［三点(3P)/两点(2P)/切点、切点、半径(T)/椭圆(E)］:

//捕捉底面中心。

指定底面半径或［直径(D)］<6.5000>:6.5↵

//输入半径值，按<Enter>键。

指定高度或［两点(2P)/轴端点(A)/顶面半径(T)］<-26. 5566>:4 ↵

//输入高度值，按<Enter>键，结果如图 13-30 所示。

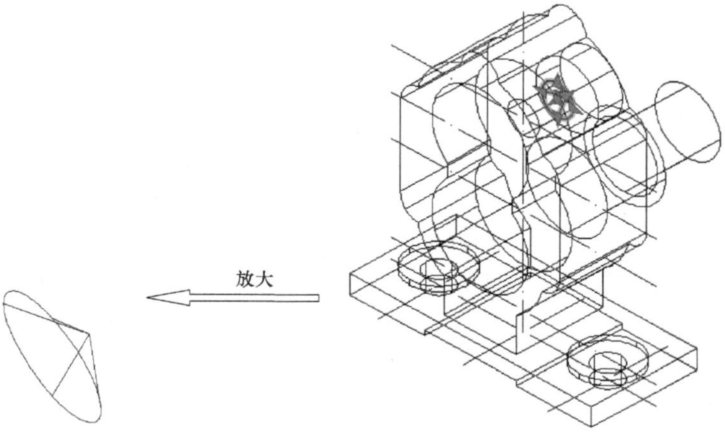

a)　　b)

图 13-30　绘制 ϕ13mm×3. 75mm 的圆锥体

（3）绘制其余的圆柱体和圆锥体　参照上述方法，继续绘制圆柱体、圆锥体，结果如图 13-31 所示。

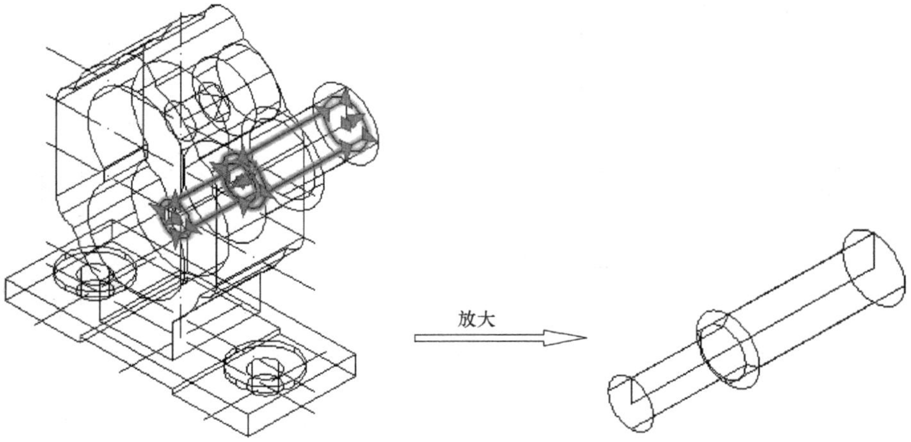

a)　　b)

图 13-31　分别绘制圆柱体、圆锥体

（4）生成圆孔　当前图层：实体层；绘图平面：左视图；视角平面：东北等轴测；视觉样式：概念。

运用差集运算，减去上述步骤（1）、（2）、（3）绘制的圆柱体、圆锥体，结果如图 13-32 所示。

7. 倒角边、圆角边

当前图层：实体层；绘图平面：前视图；视角平面：东北等轴测；视觉样式：概念。

(1) 倒角边　单击主菜单的【实体】⇨【实体编辑】功能区中的【倒角边】命令按钮，此时命令提示栏显示如下内容。

命令：_ CHAMFEREDGE 距离 1 = 1.0000，距离 2=1.0000

*选择一条边或［环(L)/距离(D)］:*D ↵

//选择距离，按<Enter>键。

*指定距离 1 或［表达式(E)］<1.0000>:*1 ↵

//输入距离值，按<Enter>键。

*指定距离 2 或［表达式(E)］<1.0000>:*1 ↵

//输入距离值，按<Enter>键。

选择一条边或［环(L)/距离(D)］:

选择同一个面上的其他边或［环(L)/距离(D)］:↵

//单击选取倒角边，按<Enter>键。

按 Enter 键接受倒角或［距离(D)］:↵

//按<Enter>键，结果如图 13-33 所示。

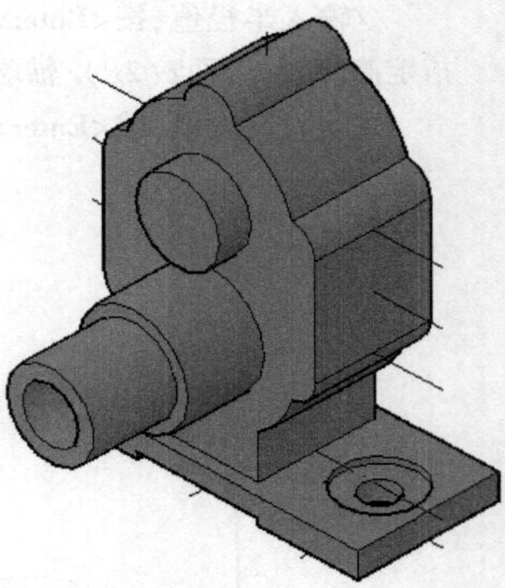

图 13-32　生成圆孔

参照上述方法，继续倒角其余边，结果如图 13-34 所示。

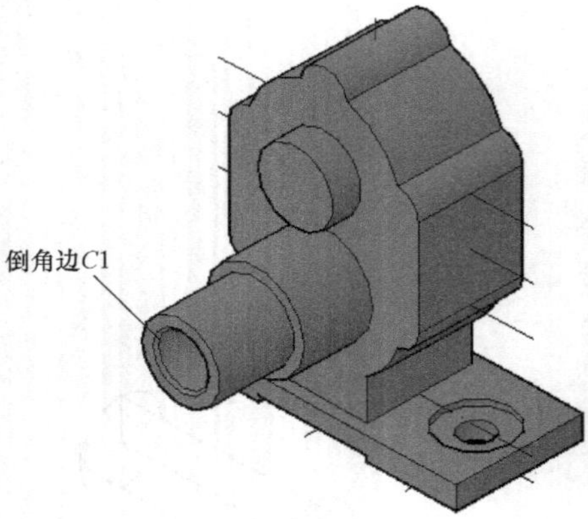

图 13-33　倒角边 C1

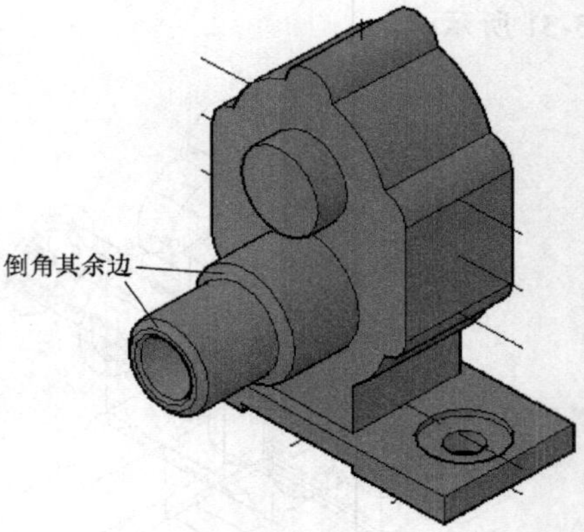

图 13-34　倒角其余边

(2) 圆角边　单击主菜单的【实体】⇨【实体编辑】功能区中的【圆角边】命令按钮，此时命令提示栏显示如下内容。

命令：_FILLETEDGE

半径 = 1.0000

*选择边或［链(C)/环(L)/半径(R)］:*R ↵

//选择半径，按<Enter>键。

*输入圆角半径或［表达式(E)］<1.0000>:*6 ↵

//输入半径值，按<Enter>键。

选择边或［链(C)/环(L)/半径(R)］:

*选择边或［链(C)/环(L)/半径(R)］:*__

已选定 1 个边用于圆角。

　　//单击选取圆角边。

按 *Enter 键接受圆角或［半径(R)］:↵*

　　//按<Enter>键,结果如图 13-35 所示。

参照上述方法，对其余边进行圆角，结果如图 13-36 所示。

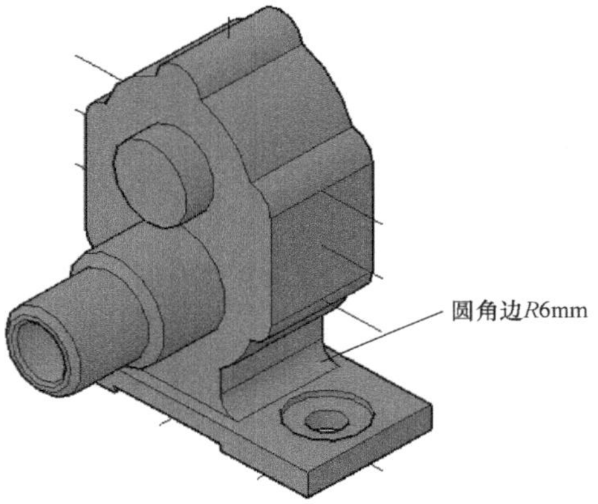

图 13-35　圆角边 *R*6mm

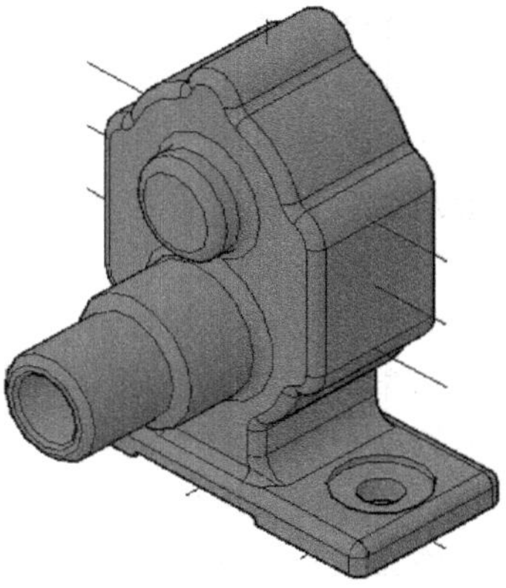

图 13-36　圆角其余边

（四）绘制螺纹

当前图层：实体层；绘图平面：前视图；视角平面：西南等轴测；视觉样式：概念。

1. 绘制内螺纹 M6

（1）绘制螺纹底孔圆柱体 ϕ4.917mm×12mm、圆锥体 ϕ4.917mm×1.4mm　通过圆柱体、圆锥体绘制螺纹底孔，结果如图 13-37 所示。

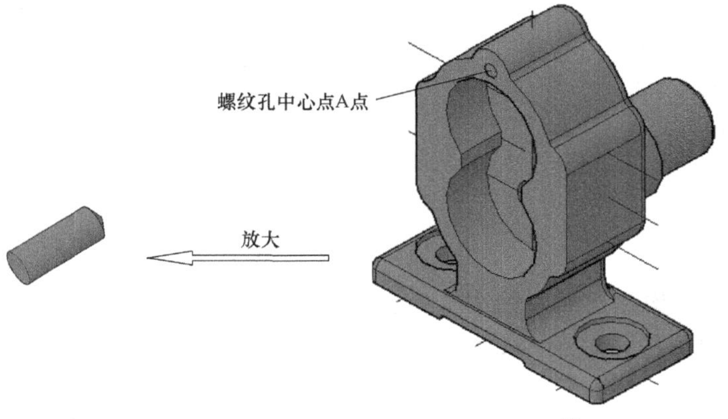

a)　　b)

图 13-37　绘制圆柱体、圆锥体

> **注意：**
> 经查表可得 M6 螺纹底孔直径是 ϕ4.917mm，故在此处应以底孔的直径创建。

（2）绘制螺旋线　单击【绘图】功能区中的【螺旋】命令按钮，此时命令提示栏显示如下内容。

命令:_HELIX

圈数=3.0000　　　扭曲=CCW

指定底面的中心点:

//单击选取图 13-37 所示的 A 点。

*指定底面半径或[直径(D)]<1.0000>:*D↵

//选择直径方式,按<Enter>键。

*指定直径 <2.0000>:*4.917↵

//输入直径值。

指定顶面半径或[直径(D)]<2.4585>:↵

//按<Enter>键。

*指定螺旋高度或[轴端点(A)/圈数(T)/圈高(H)/扭曲(W)]<1.0000>:*H↵

//选择高度选项,按<Enter>键。

指定圈间距 <0.2500>:1↵

//输入圈间距值,按<Enter>键。

输入圈数 <3.0000>:-10↵

//输入圈数值,按<Enter>键,结果如图 13-38 所示。

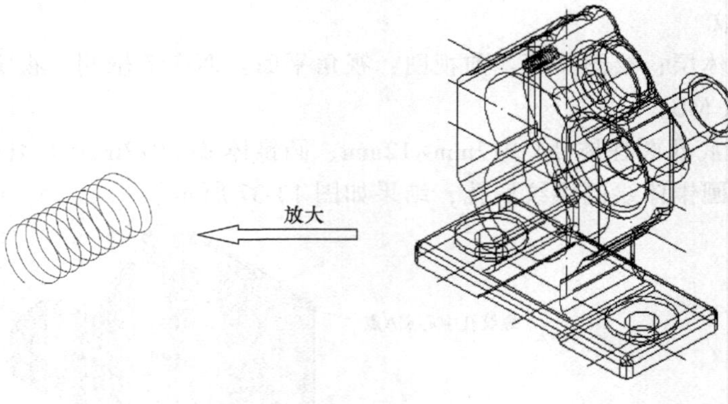

图 13-38　绘制螺旋线

(3) 绘制牙型、构建面域　绘图平面:俯视图。绘制牙型,并构建面域,结果如图 13-39 所示。

(4) 移动面域　单击【绘图】功能区中的【移动】命令按钮，此时命令提示栏显示如下内容。

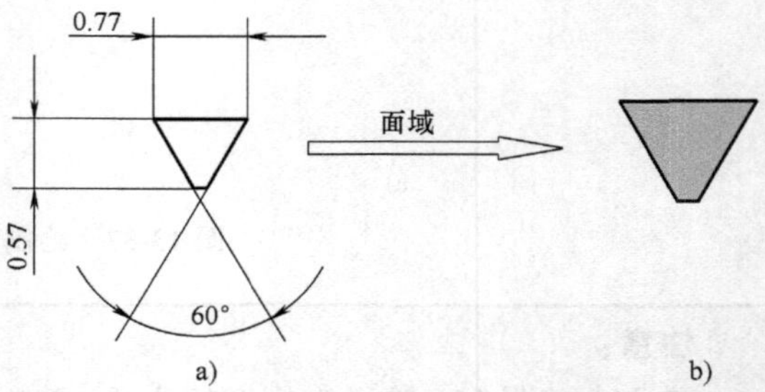

图 13-39　绘制牙型、构建面域

命令:_MOVE

选择对象:找到 1 个

//单击选取上一步骤构建的面域。

选择对象:↵

//按<Enter>键结束选择。

指定基点或位移:↵

//捕捉图 13-40a 所示的 A 点。

指定位移的第二点或 < 用第一点作为位移 > :↵

//捕捉图 13-40b 所示的 B 点,结果如图 13-40b 所示。

a)　　　　b)

图 13-40　移动面域

(5) 扫掠出螺旋实体　单击主菜单的【实体】⇨【实体】功能区中的【扫掠】命令按钮，此时命令提示栏显示如下内容。

命令:_SWEEP

当前线框密度:ISOLINES=4,闭合轮廓创建模式=实体

选择要扫掠的对象或［模式(MO)］:_MO 闭合轮廓创建模式［实体(SO)/曲面(SU)］<实体>:_SO

//单击选取牙型面域。

选择要扫掠的对象或［模式(MO)］:找到 1 个

选择要扫掠的对象或［模式(MO)］:↵

//按<Enter>键。

选择扫掠路径或［对齐(A)/基点(B)/比例(S)/扭曲(T)］:A ↵

//选择对齐选项,按<Enter>键。

扫掠前对齐垂直于路径的扫掠对象［是(Y)/否(N)］<是>:↵

//按<Enter>键。

选择扫掠路径或［对齐(A)/基点(B)/比例(S)/扭曲(T)］:

//单击选取扫掠路径,结果如图 13-41 所示。

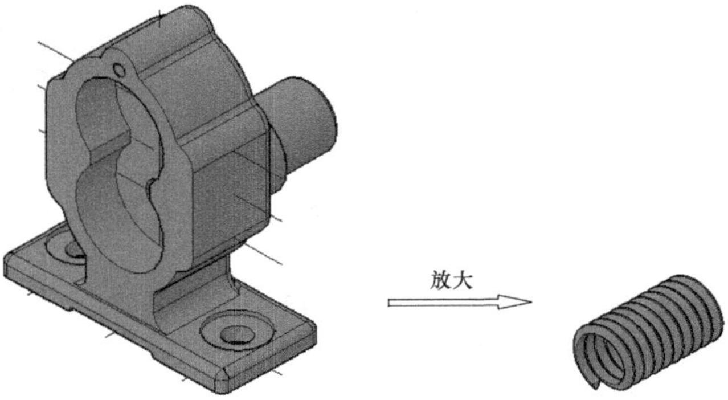

a)　　　　b)

图 13-41　扫掠出螺旋实体

(6) 差集运算生成螺纹孔　运用布尔运算中的差集运算命令，减去步骤（5）绘制的螺旋实体，结果如图 13-42 所示。

(7) 绘制其余内螺纹　参照上述步骤，继续绘制其余的螺纹，结果如图 13-43 所示。

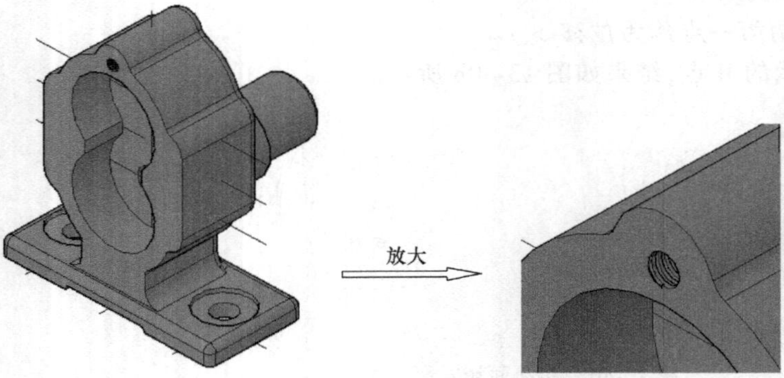

图 13-42　差集运算生成螺纹孔

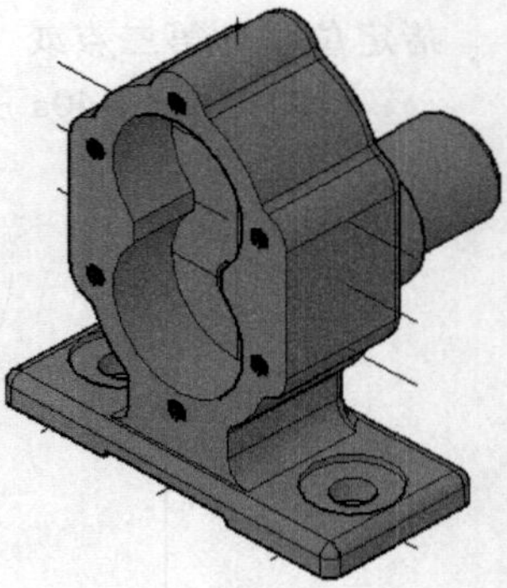
图 13-43　绘制其余内螺纹

思考与练习：在绘制完成第一个内螺纹后，使用复制命令完成其余内螺纹的绘制会不会更加简便一些？试一试。

2. 绘制外螺纹 M27

(1) 绘制螺旋线　单击【绘图】功能区中的【螺旋】命令按钮，此时命令提示栏显示如下内容。

命令：_HELIX

圈数 = 7.3333　　扭曲 = CCW

指定底面的中心点：

//单击选取图 13-44 所示 A 点。

*指定底面半径或［直径(D)］<1.000>：*13.5 ↵

//输入半径值，按<Enter>键。

指定顶面半径或［直径(D)］<13.5000>：↵

//按<Enter>键。

*指定螺旋高度或［轴端点(A)/圈数(T)/圈高(H)/扭曲(W)］<22.0000>：*H ↵

//选择圈高选项，按<Enter>键。

*指定圈间距 <3.0000>：*3 ↵

//输入圈间距，按<Enter>键。

*指定螺旋高度或［轴端点(A)/圈数(T)/圈高(H)/扭曲(W)］<22.0000>：*22 ↵

//输入螺旋高度，按<Enter>键，结果如图 13-45 所示。

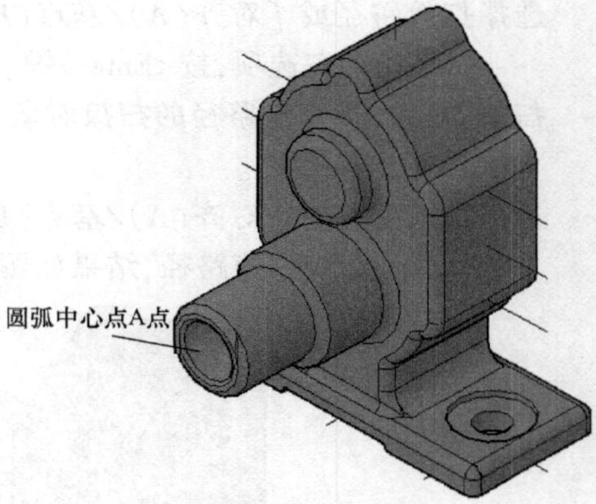

图 13-44　圆弧中心点 A 点

(2) 绘制牙型　当前视图：俯视图。

参照前面步骤，绘制图 13-46a 所示牙型，构建牙型面域，结果如图 13-46b 所示。

(3) 参照前面步骤，生成外螺纹 M27，结果如图 13-47 所示。

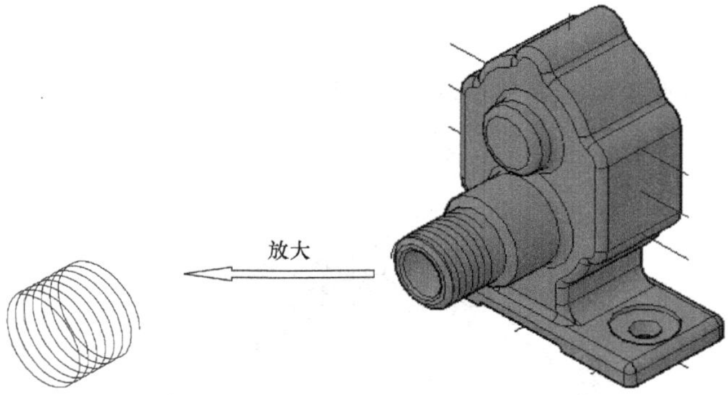

图 13-45　绘制外螺纹 M27

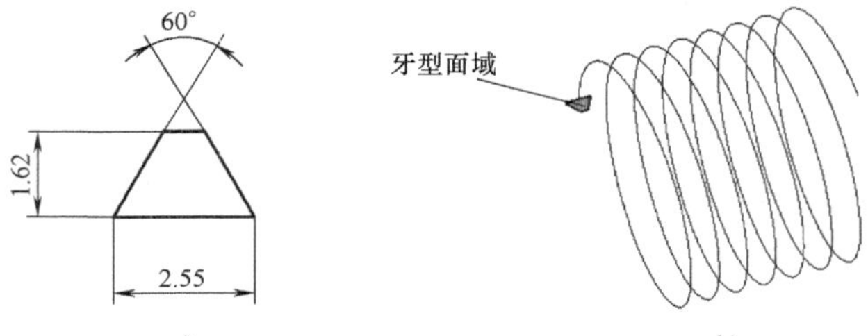

图 13-46　绘制牙型

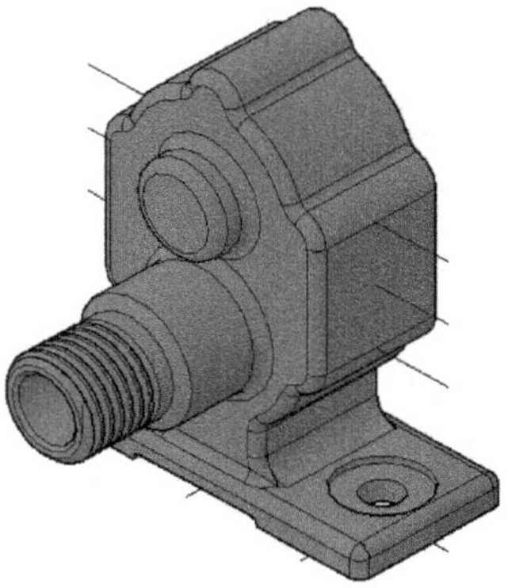

图 13-47　生成外螺纹 M27

3. 绘制内螺纹 M12

当前图层：粗实线层；绘图平面：左视图；视角平面：西南等轴测；视觉样式：二维线框。

(1) 绘制直线　单击选取图 13-48 所示中心点，向右绘制一条直线，长度为 33mm，结果如图 13-48 所示。

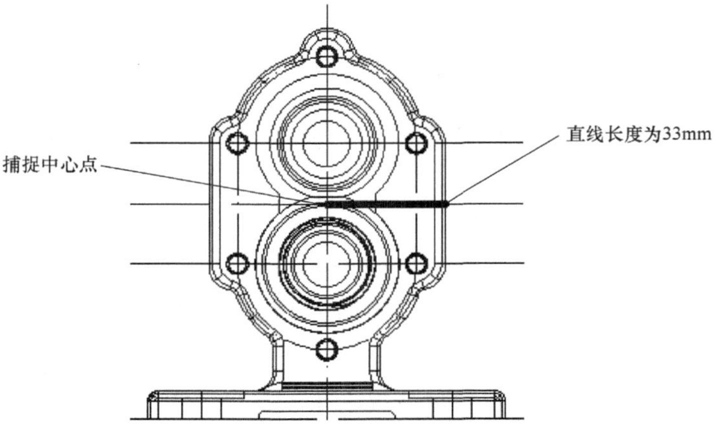

图 13-48　绘制直线

（2）偏移直线　当前图层：粗实线层；绘图平面：俯视图；视角平面：西南等轴测；视觉样式：二维线框。

将上一步骤绘制的直线向左偏移 3mm，结果如图 13-49 所示。

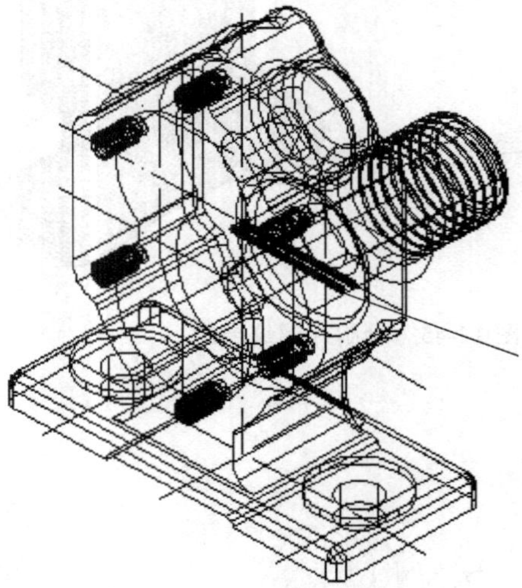

图 13-49　偏移直线

（3）构建面域　捕捉图 13-49 所示端点 A 点，绘制图 13-50 所示的截面，并构建面域。

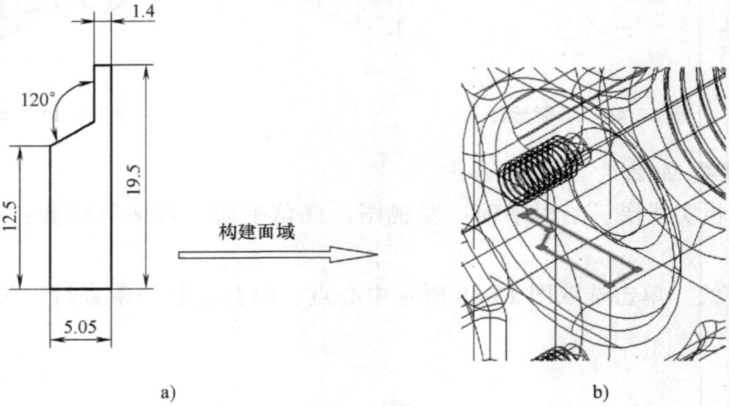

图 13-50　绘制截面、构建面域

（4）生成实体　单击主菜单的【实体】⇨【实体】功能区中的【旋转】命令按钮，此时命令提示栏显示如下内容。

命令:_REVOLVE

当前线框密度:ISOLINES=4,闭合轮廓创建模式=实体

选择要旋转的对象或［模式(MO)］:_MO 闭合轮廓创建模式［实体(SO)/曲面(SU)］<实体>:_SO

选择要旋转的对象或［模式(MO)］:找到 1 个

选择要旋转的对象或［模式(MO)］:↵

//单击选取图 13-50 构建的面域，按<Enter>键。

指定轴起点或根据以下选项之一定义轴［对象(O)/X/Y/Z］<对象>:

*指定轴端点:*__

//单击选取图 13-49 所示偏移的直线的两个端点。

指定旋转角度或［起点角度(ST)/反转(R)/表达式(EX)］<360>:↵

//按<Enter>键，结果如图 13-51 所示。

(5) 绘制螺旋线　当前图层：实体层；绘图平面：前视图；视角平面：西南等轴测；视觉样式：二维线框。单击【绘图】功能区中的【螺旋】命令按钮，此时命令提示栏显示如下内容。

命令:_HELIX

圈数=7.3333　　扭曲=CCW

指定底面的中心点:

//单击选取图 13-49 所示 A 点。

*指定底面半径或［直径(D)］<1.000>:*5.05 ↵

//输入半径值，按<Enter>键。

指定顶面半径或［直径(D)］<5.05000>:↵

//按<Enter>键。

*指定螺旋高度或［轴端点(A)/圈数(T)/圈高(H)/扭曲(W)］<22.0000>:*H ↵

//选择圈高选项，按<Enter>键。

*指定圈间距 <3.0000>:*1.75 ↵

//输入圈间距，按<Enter>键。

指定螺旋高度或［轴端点(A)/圈数(T)/圈高(H)/扭曲(W)］<22.0000>:-10 ↵

//输入螺旋高度，按<Enter>键，结果如图 13-52 所示。

(6) 绘制牙型　当前视图：俯视图。

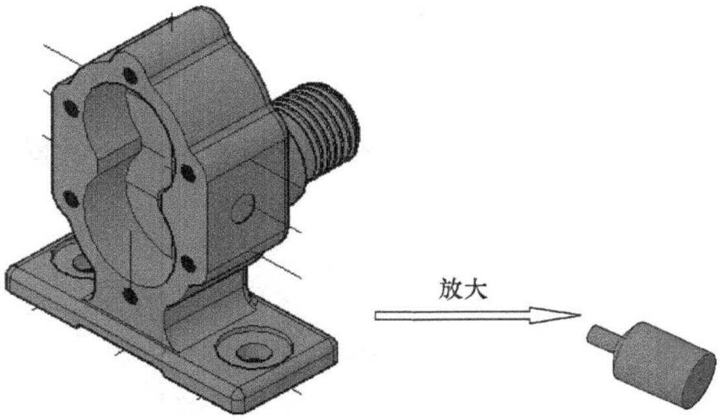

a)　　b)

图 13-51　旋转生成实体

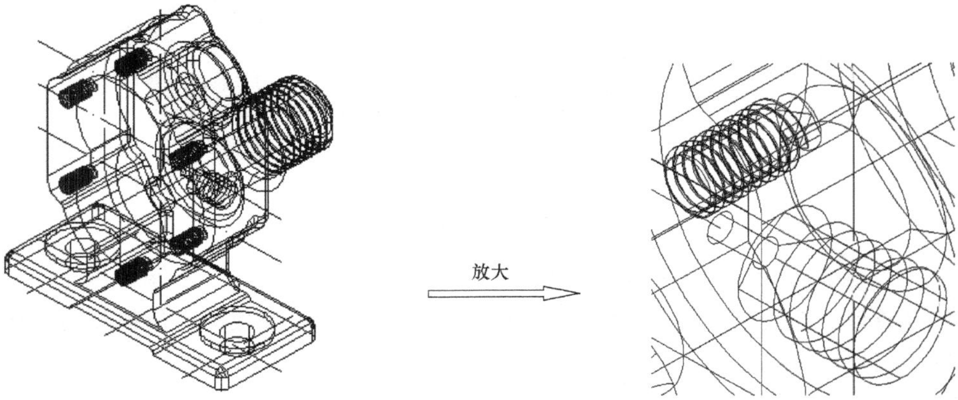

a)　　b)

图 13-52　绘制螺旋线

参照前面步骤，绘制图 13-53a 所示牙型，构建牙型面域，结果如图 13-53b 所示。

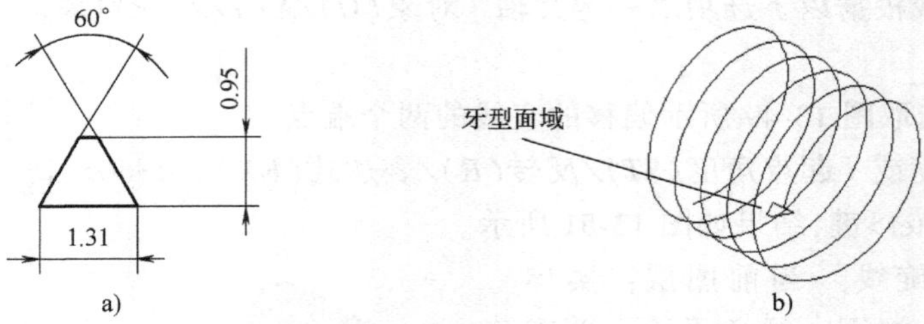

图 13-53　绘制牙型

（7）生成螺旋体　参照前面扫掠命令的操作步骤，生成螺旋体，结果如图 13-54 所示。

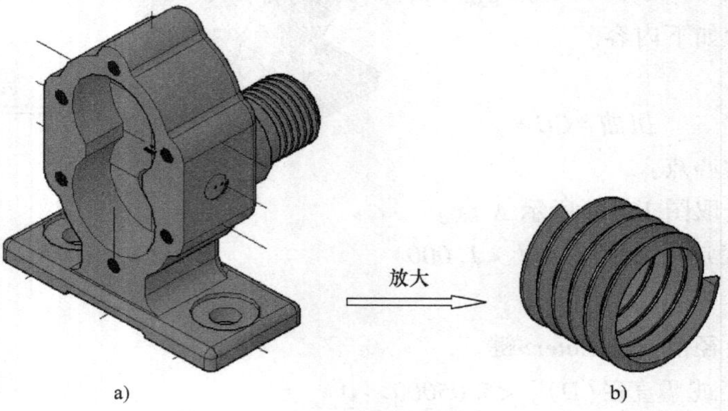

图 13-54　扫掠生成螺旋体

（8）生成螺纹　使用布尔运算命令中的差集运算方式，减去步骤（4）、（7）的实体，生成内螺纹 M12，结果如图 13-55 所示。

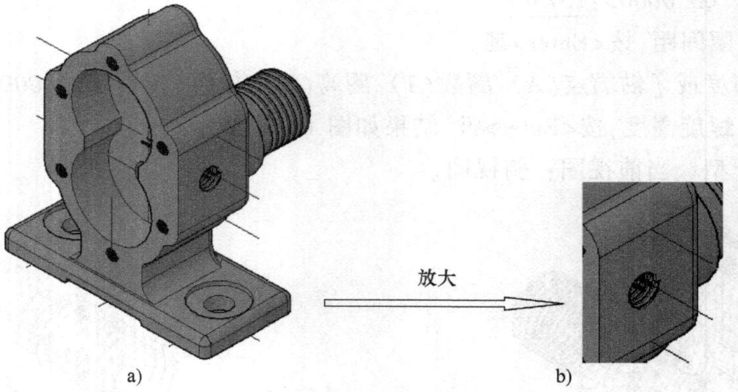

图 13-55　生成螺纹

（9）绘制其余内螺纹　参照上述步骤，继续绘制另一侧内螺纹，结果如图 13-56 所示。

思考与练习：在绘制好第一个螺纹后，使用三维镜像命令完成另一侧螺纹的绘制会不会更加简便一些？试一试。

（五）删除其余线段

运用删除命令删除了多余的线段，结果如图 13-57 所示。

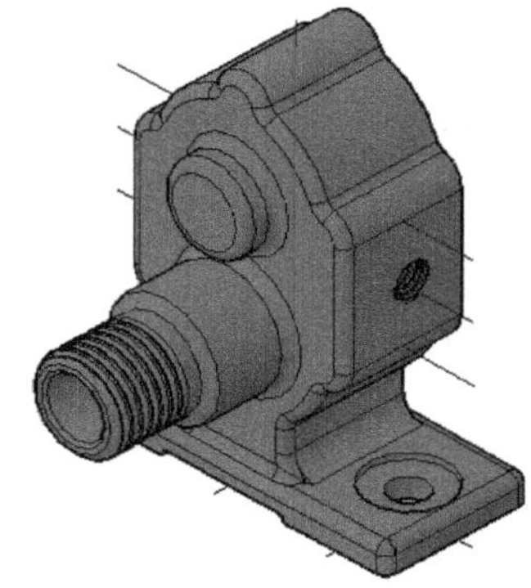

图 13-56　绘制内螺纹

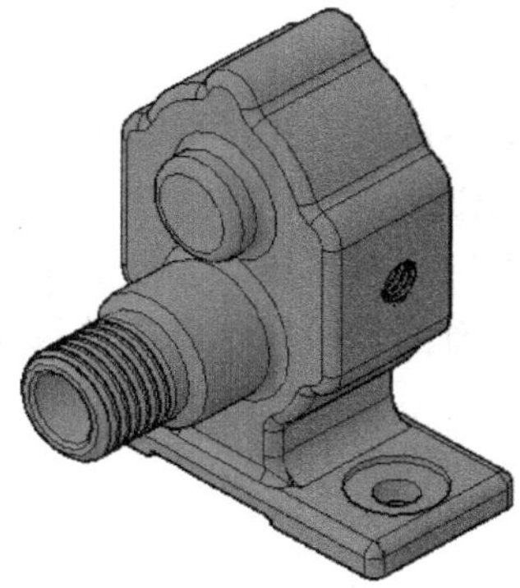

图 13-57　删除多余的线

（六）生成三视图

1. 主视图投影

当前图层：粗实线层；绘图平面：前视图。

命令:FLATSHOT ↵

//输入命令 FLATSHOT,按<Enter>键,弹出图 13-58 所示【平面摄影】对话框,单击【创建】按钮。

单位:毫米　转换:1.0000

指定插入点或［基点(B)/比例(S)/X/Y/Z/旋转(R)］:

//在绘图区单击选取合适的位置确定插入点。

输入 X 比例因子,指定对角点,或［角点(C)/xyz(XYZ)］<1>:　输入 Y 比例因子或<使用 X 比例因子>:↵

//按<Enter>键。

指定旋转角度 <0>:↵

//按<Enter>键,结果如图 13-59 所示。

图 13-58　【平面摄影】对话框

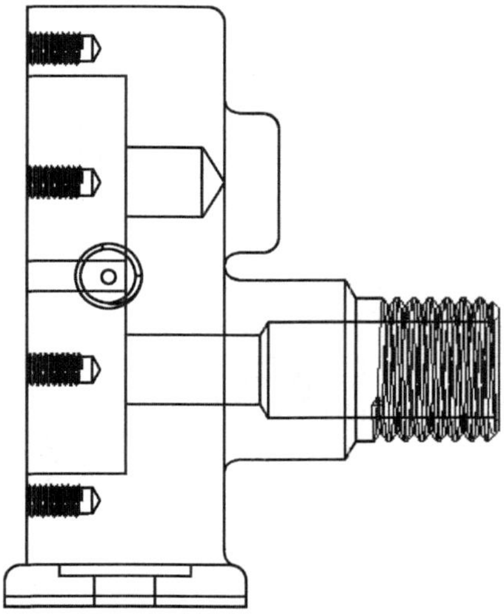

图 13-59　主视图投影

2. 左视图投影

当前图层：粗实线层；绘图平面：左视图。

参照上一步骤操作，完成俯视图投影，结果如图 13-60 所示。

3. 俯视图投影

当前图层：粗实线层；绘图平面：俯视图。

参照前面步骤操作，完成俯视图投影，结果如图 13-61 所示。

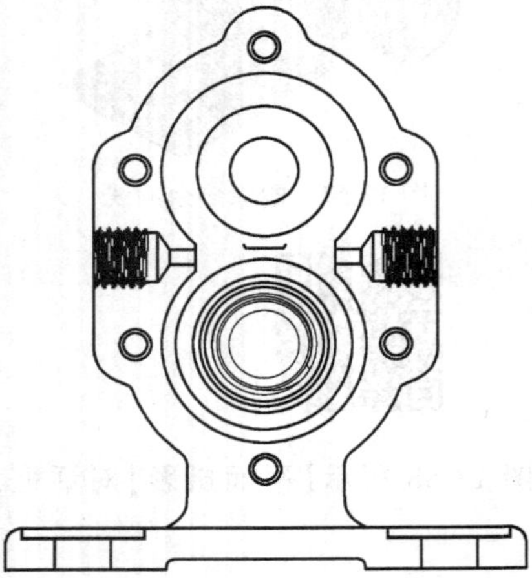

图 13-60　左视图投影

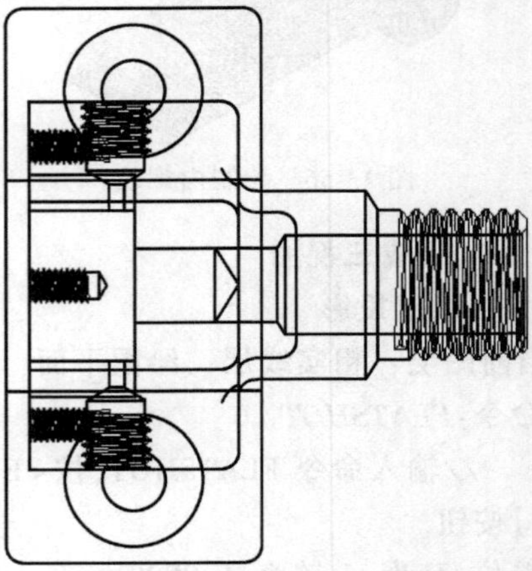

图 13-61　俯视图投影

4. 生成三视图

新建一个文件，将上述步骤生成的三个投影图形复制到该文件上适当的位置，如图 13-62 所示，通过修改图形中心线、粗实线、细实线、剖面线、标注等，生成实体的三视图，如图 13-63 所示。

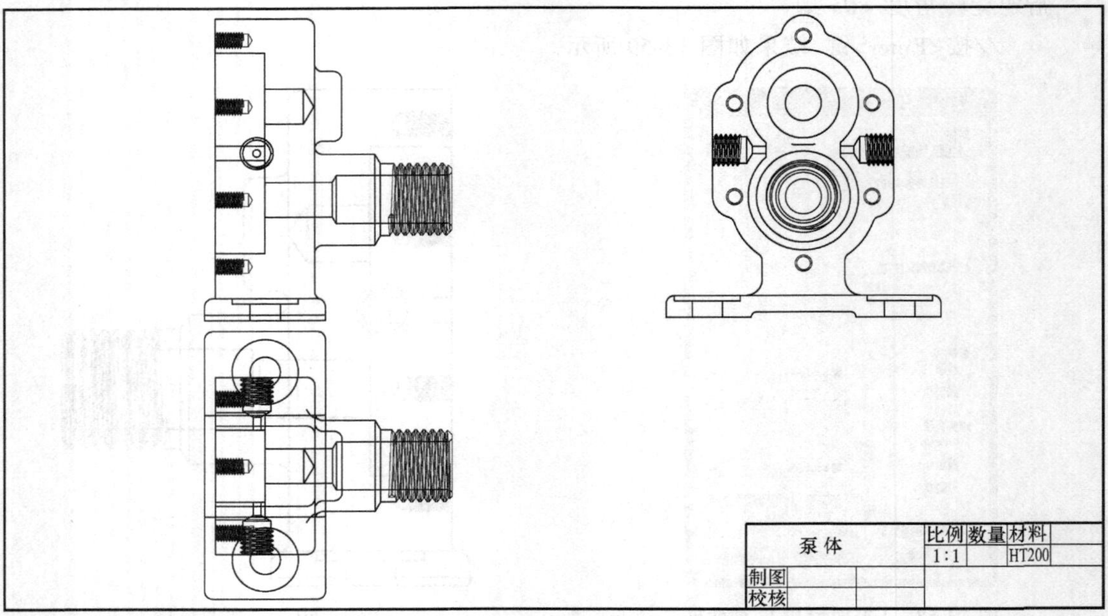

图 13-62　生成三视图

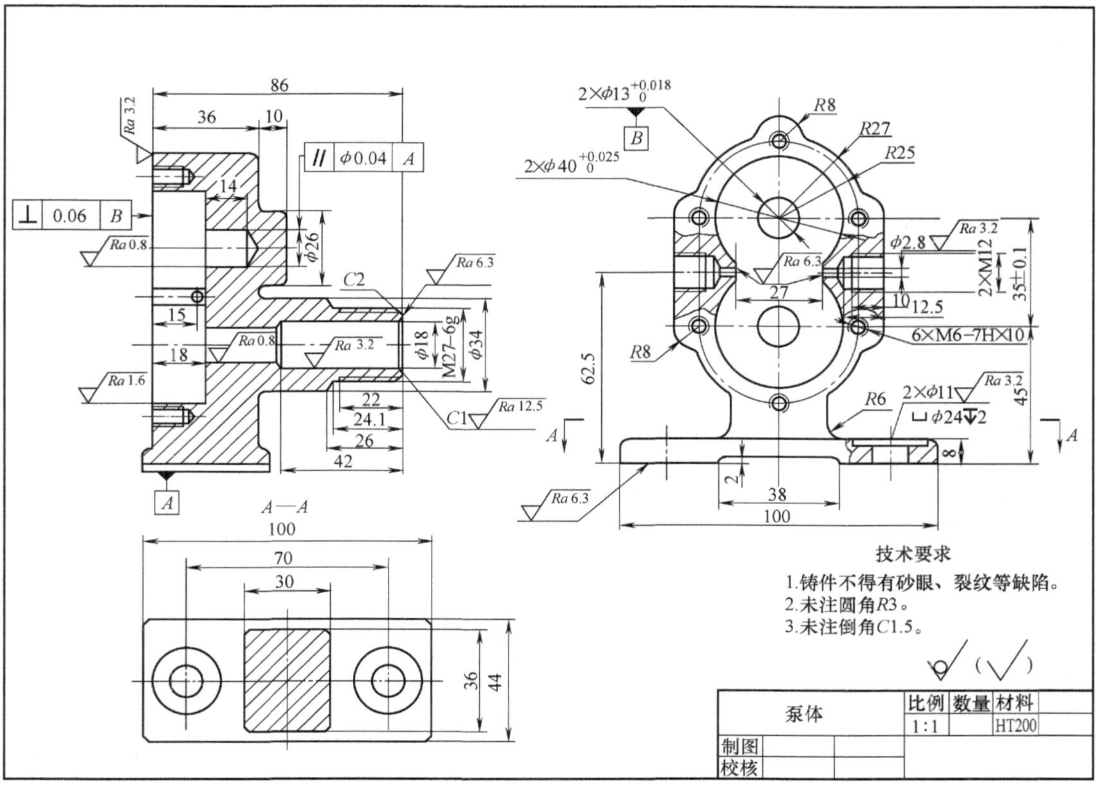

图 13-63　完整三视图

思考与练习：实体投影生成三视图还有其他更简单的方法吗？思考一下。

【知识拓展】

一、在模型空间快速打印出图

思考与练习：

① 在 AutoCAD 2018 中，工作空间可分为哪两种？

② 在模型空间打印是否一定要进行打印样式设置？

③ 在模型空间是否可以将不同比例的视图打印在同一张图纸上？

④ 在模型空间快速打印的步骤是什么？

在 AutoCAD 2018 中，工作空间可分为模型空间和图纸空间。模型空间主要进行绘图，也可以打印出图。由于要模型空间打印出图时，不必进行打印样式设置，所以出图较快，但是，不能将不同比例的图形打印在一张图纸上。模型空间打印出图操作步骤如下。

选择主菜单中的【文件】⇨【打印】命令，打开【打印-模型】对话框，如图 13-64 所示。

各项设置如图 13-65 所示。其中，在【打印机/绘图仪】选项区域的【名称】列表框中选择可使用的打印机（本例中选择 AutoCAD 软件自带的 PDF 虚拟打印机），设置【图纸尺寸】为 A3，【图形方向】为横向；【打印范围】为范围，【打印比例】为布满图纸，【打印偏移】为居中打印，其他参数保持不变。单击【预览】按钮可预览打印效果，单击【确定】按钮即可执行打印任务。

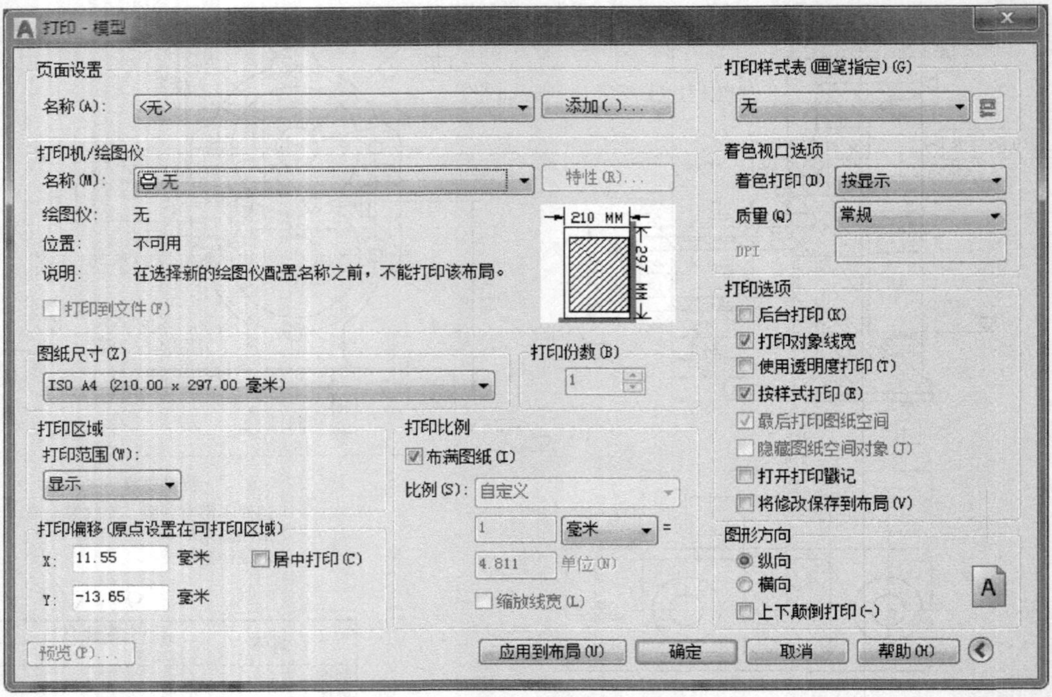

图 13-64 【打印-模型】对话框

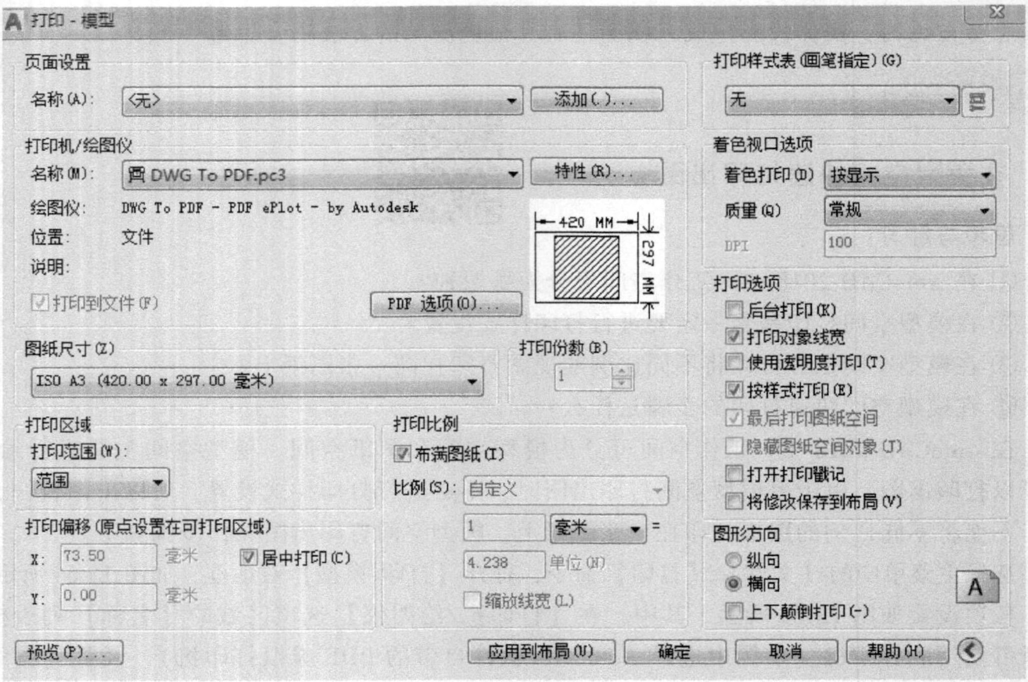

图 13-65 更多选项设置

在上述打印设置中，如果不选中【布满图纸】复选框，可以输入打印比例，系统按选择的比例准确出图。

二、在图纸空间打印出图

思考与练习：

①在模型空间快速打印出图与在图纸空间快速打印出图有什么区别？

②在图形空间快速打印出图的步骤是什么？

图纸空间可以模拟图纸页面，按照 1∶1 比例打印出图纸。根据打印的需要进行相关参数的设置，首先应在【页面设置】对话框中指定图纸尺寸。其具体步骤如下。

1）打开图 13-1 所示需要打印的零件图，将试图空间切换到【布局 1】，如图 13-66 所示。

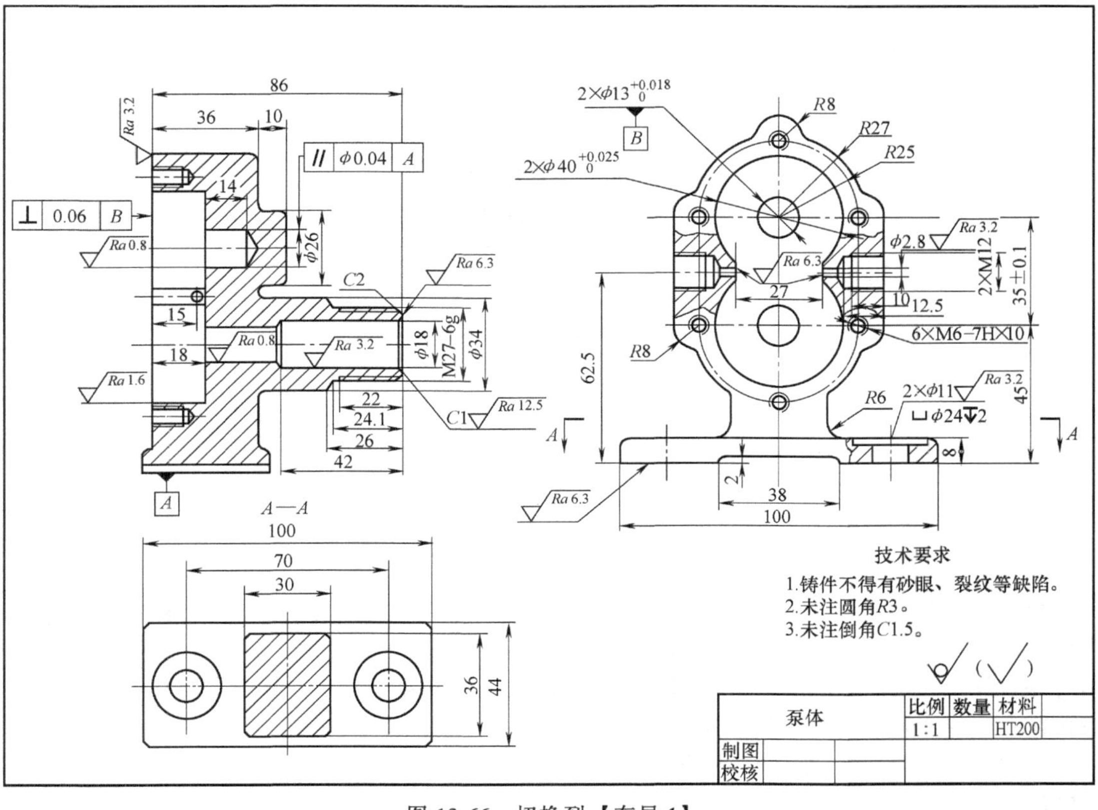

图 13-66　切换到【布局 1】

2）在【布局 1】选项卡上单击鼠标右键，在弹出的快捷菜单中选择【页面设置管理器】命令，打开【页面设置管理器】对话框，如图 13-67 所示。

3）单击【新建】按钮，打开【新建页面设置】对话框。在【新页面设置名】文本框中输入【零件图】，如图 13-68 所示。

4）单击【确定】按钮，打开【页面设置-零件图】对话框，根据打印的需要进行相关参数的设置，结果如图 13-69 所示。

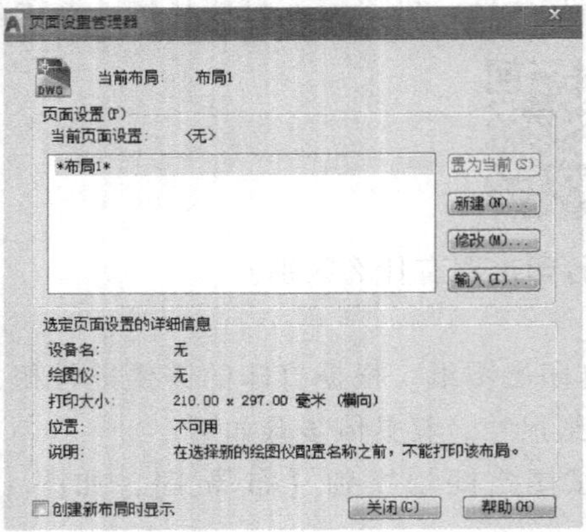

图 13-67 【页面设置管理器】对话框

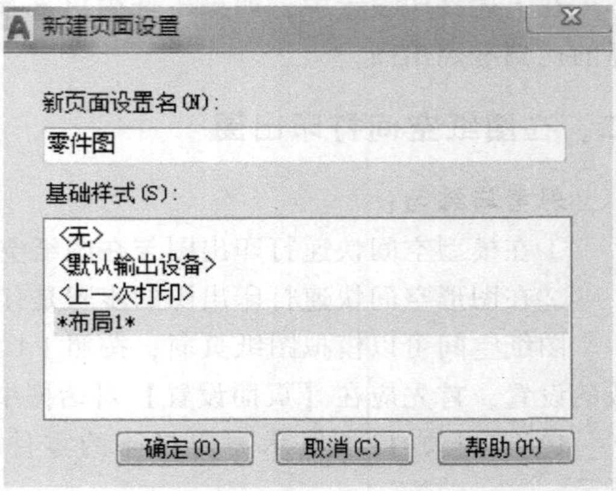

图 13-68 创建【零件图】新页面

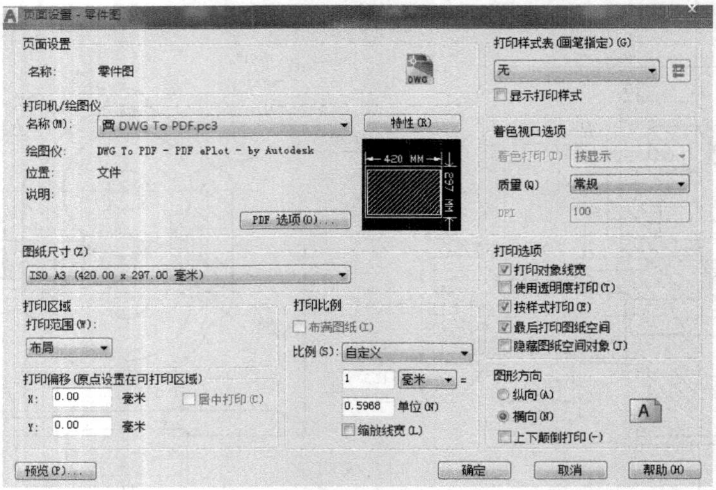

图 13-69 【页面设置-零件图】对话框

5）单击【确定】按钮，返回到【页面设置管理器】对话框。在【页面设置】列表中选择【零件图】选项，单击【置为当前】按钮，将其置为当前布局，如图 13-70 所示。

6）单击【关闭】按钮，完成【零件图】布局创建，结果如图 13-71 所示。

7）单击【标准】工具栏中的【打印】按钮，打开【打印-布局 1】对话框，如图 13-72 所示。

8）单击【打印-布局 1】对话框左下方的【预览】按钮，预览打印结果，如图 13-73 所示。如果满意其结果，在预览窗口中单击鼠标右键，在弹出的快捷菜单中选择【打印】命

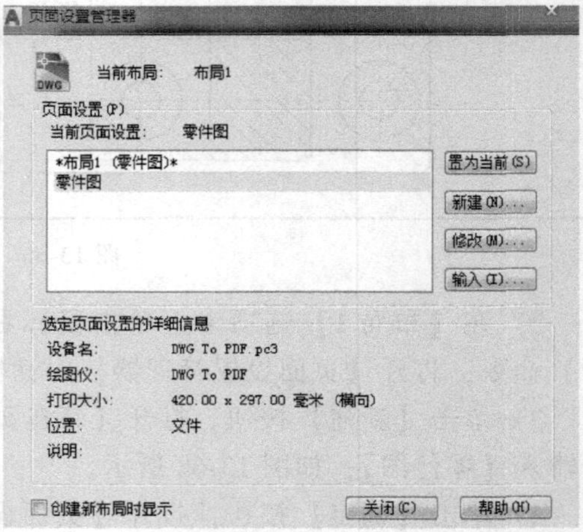

图 13-70 将【零件图】设成【置为当前】

令，完成零件图的打印。

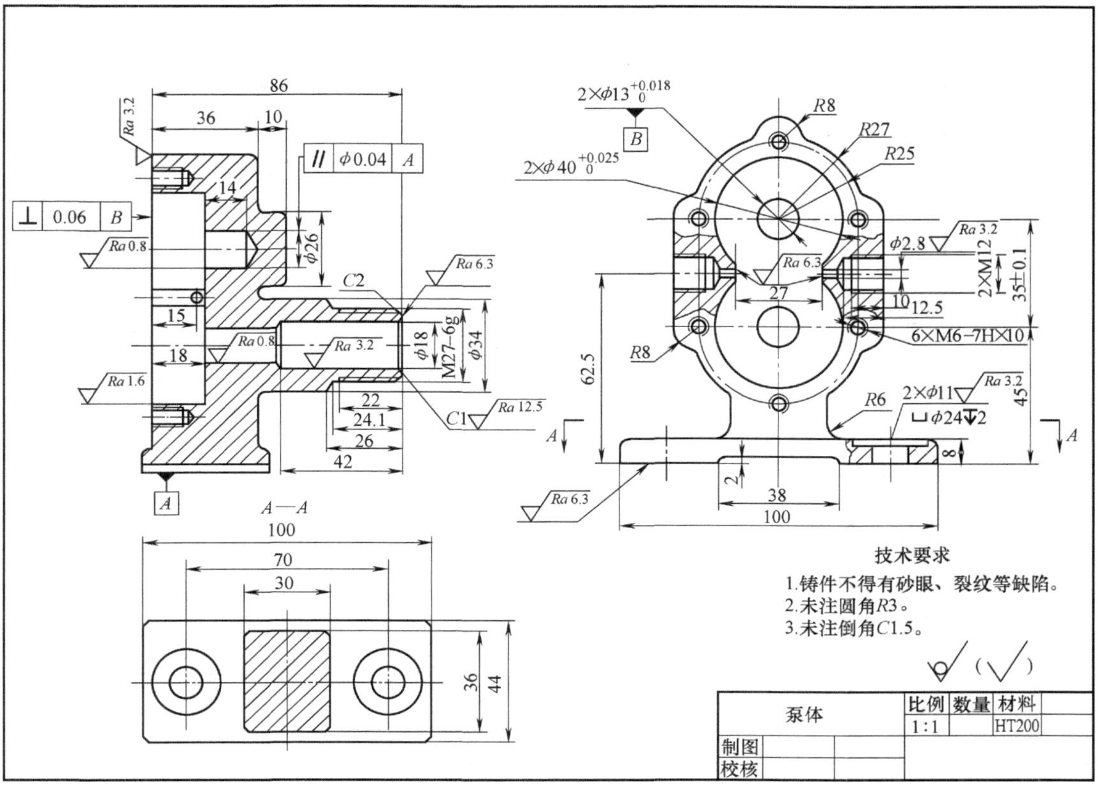

图 13-71　完成【零件图】布局创建

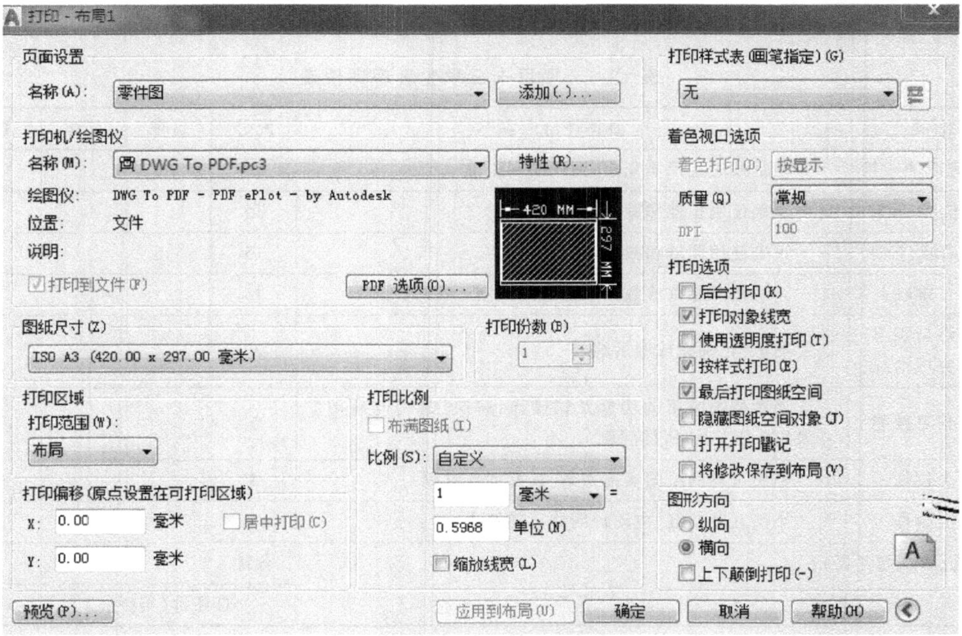

图 13-72　【打印-布局 1】对话框

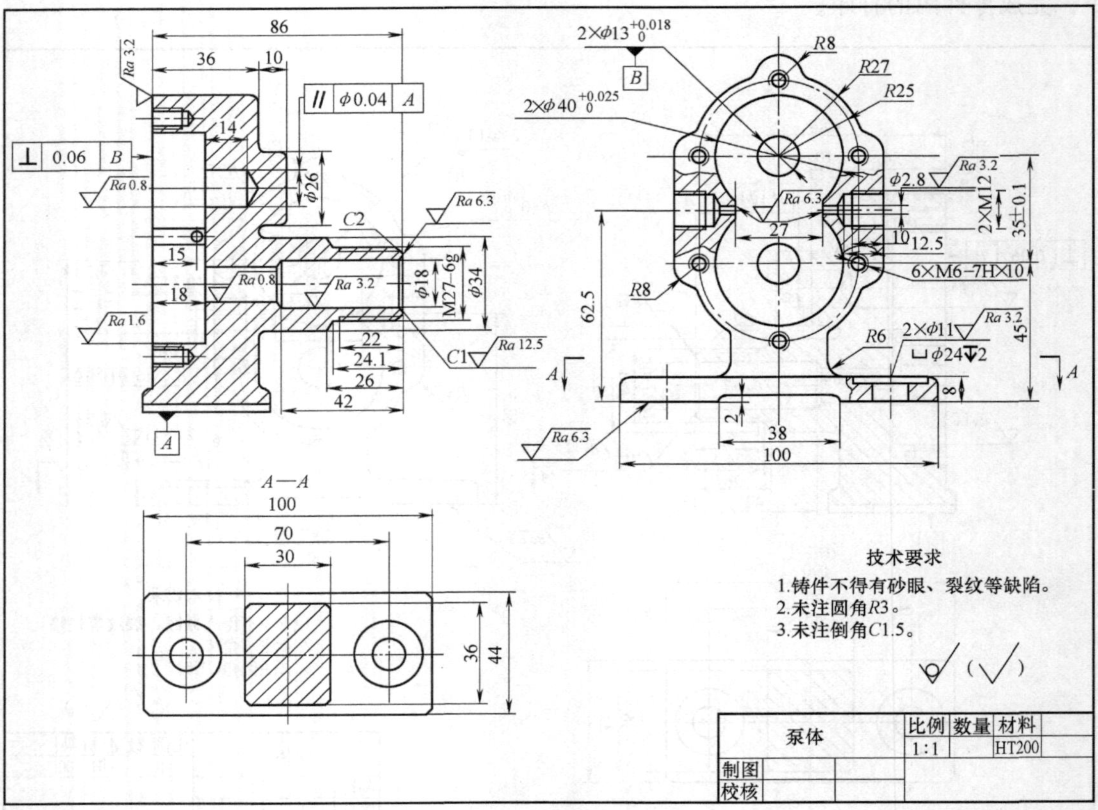

图 13-73　打印预览效果

【检查与评价】（表 13-1）

表 13-1　项目十三学生表现评价表

评价项目		具体评价内容	配分	自评	互评	教师评
项目完成的质量		项目按时且保质完成，图线绘制正确	20			
知识与技能	拉伸、旋转	正确使用拉伸和旋转命令	15			
	面域、扫掠	正确使用面域和扫掠命令	15			
	螺纹	正确按照螺纹参数完成螺纹的绘制	15			
	课后练习完成情况	熟练、正确完成课后练习	20			
学习过程	信息技能	通过系统的帮助功能及试操作，解决“思考与练习”及“知识拓展”所提问题	5			
	创新	提出可行的绘图实施方案，具有创新意识	5			
	合作	小组互动性好，主动提问并正确解决	5			
评语（优、缺点与建议）：			合计			
			总评价（等级）			

注：评价等级与分数的关系是 85≤优≤100，70≤良<85，55≤中<70，40≤差<55。

【强化练习】

按 1：1 比例完成图 13-74～图 13-76 所示三维实体的创建，并由三维实体生成三视图。

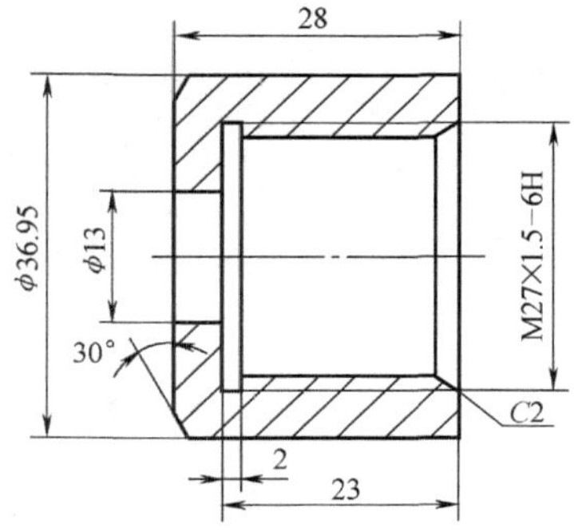

图 13-74　压盖螺母

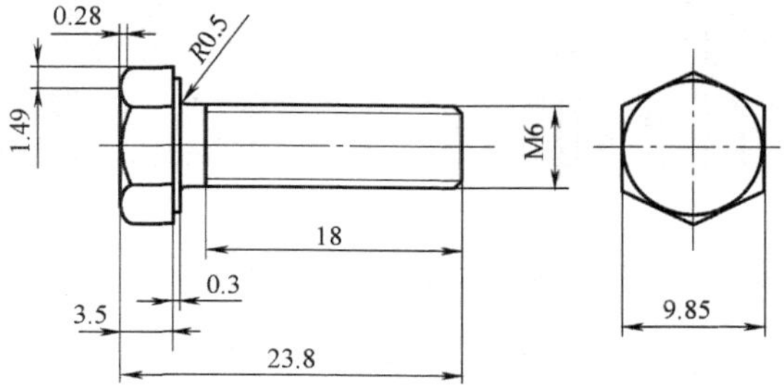

图 13-75　螺栓

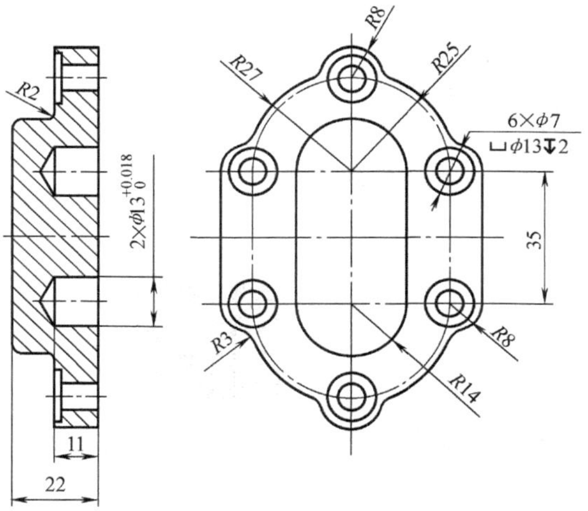

图 13-76　泵盖

项目十四

装配齿轮泵

【学习任务描述及具体要求】

使用 Visual Lisp 二次开发工具绘制齿轮，将项目十二、项目十三完成的三维实体图以插入方式完成齿轮泵的装配，并赋予其一定材质，形成爆炸图，如图 14-1 所示。

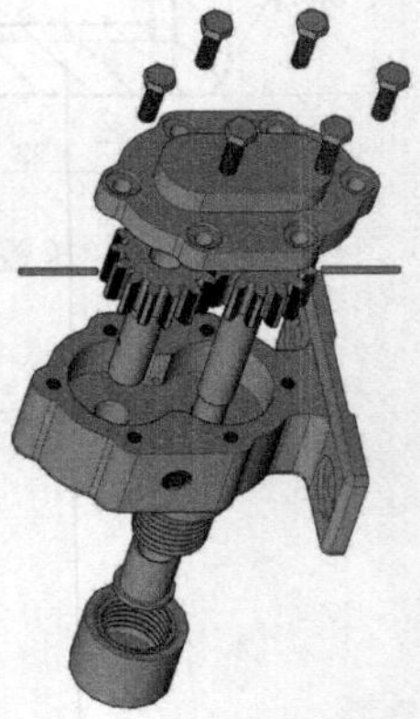

图 14-1　齿轮泵装配爆炸图

【学习目标】

1）了解 Visual Lisp 的开发与应用。
2）了解三维图形的装配。
3）掌握三维移动、旋转、镜像等编辑命令。
4）熟悉材质的应用和渲染。

【知识准备】

一、认识 AutoLisp

AutoCAD 软件包中包含大多数用于产生图形的命令，但仍有某些命令未被提供。AutoLISP 是由 Autodesk 公司开发的一种 LISP 程序语言。通过 AutoLISP 编程，可以实现对 AutoCAD 当前图形数据库的直接访问、修改，实现交互设计，使 AutoCAD 具有更完善的系统开放性和丰富的二次开发功能。AutoLISP 语言作为嵌入在 AutoCAD 内部的具有智能特点的编程语言，为绘图领域中应用人工智能提供了方便，是开发应用 AutoCAD 不可缺少的工具。

AutoLISP 程序可以使用任何文本编辑器进行编制，对硬件没有特殊要求，如果系统能够运行 AutoCAD，那么同样也可以运行 AutoLISP。现在，已经有数以百计的第三方软件开发人员使用 AutoLISP 语言编制各种应用程序软件包，产生各种复杂几何图形，节省工程师很多时间，在各个行业中被广泛应用。

思考与练习：

① 列举几个可以应用 AutoLISP 程序绘图的例子。

② AutoLISP 程序文件后缀是什么？

二、常用实体编辑命令

思考与练习：

① AutoCAD2018 提供了哪些三维编辑命令？适用于哪些场合？

② 三维编辑命令与其对应的二维编辑命令在功能和操作中有何异同？

（1）三维移动命令 在三维视图中，显示三维移动小控件以帮助在指定方向上按指定距离移动三维对象，如图 14-2 所示。

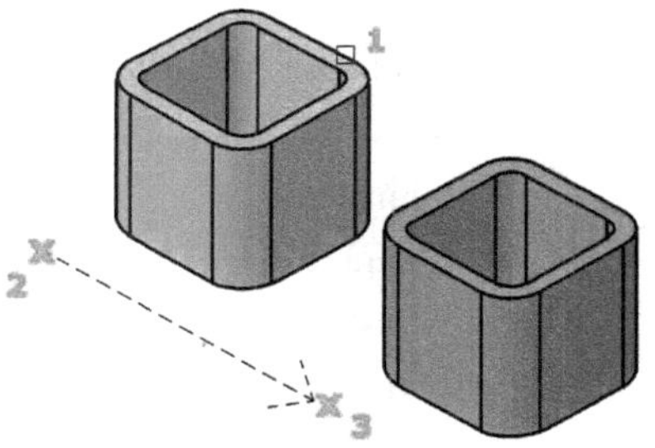

图 14-2　三维移动命令

（2）三维旋转命令 在三维视图中，显示三维旋转小控件以协助绕基点旋转三维对象，如图 14-3 所示。

（3）三维镜像命令 创建镜像平面上选定三维对象的镜像副本，如图 14-4 所示。

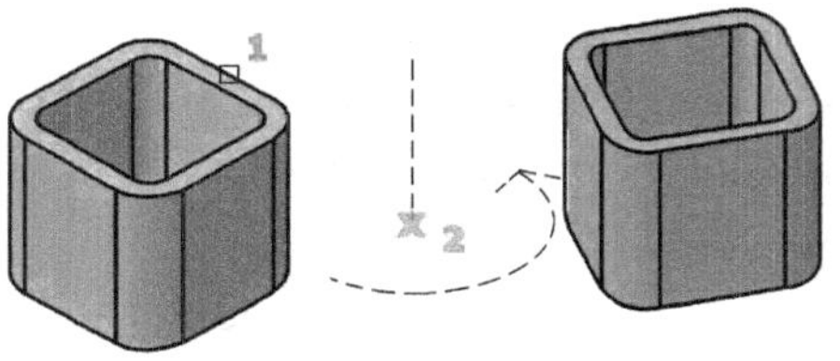

图 14-3　三维旋转命令

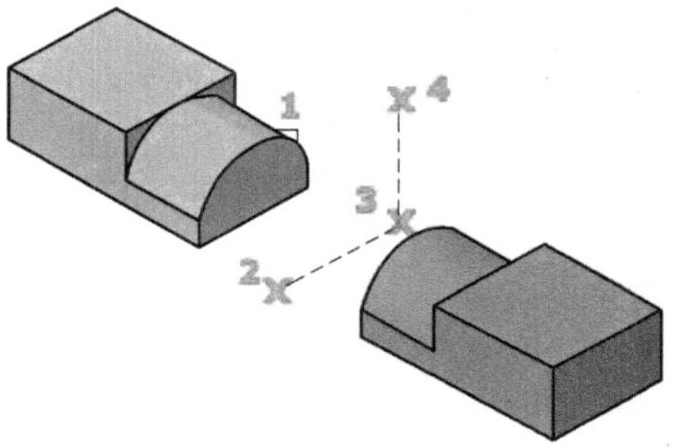

图 14-4　三维镜像命令

【计划与实施】

一、制订绘图方案

装配图用于表达部件或机器的工作原理、零件之间的装配关系和位置，是装配、检验、安装所需要的尺寸数据的技术文件。绘制三维实体装配图形，对了解装配体的工作原理，各个零件之间的装配关系等有重要意义。绘制三维装配图一般有两种方法：一是按照装配关系，在同一绘图区中，逐一完成零件的三维图形的绘制后，再完成三维装配图；二是分别完成多个零件的三维图形绘制，以创建块或直接插入的方式，通过三维旋转、三维镜像、三维对齐等编辑命令对所引入的块进行位置的确定，组装成三维装配图。

本例中选择第二种方法。

1）编写渐开线齿轮外形轮廓 AutoLISP 语言程序，绘制渐开线圆柱齿轮。

2）通过【插入】的方式分别导入各三维零件图，完成装配。

3）使用三维移动工具，生成爆炸图。

4）添加材质、渲染爆炸效果图。

二、实施绘图

（一）绘制圆柱齿轮

1. 编写渐开线齿轮轮廓线的 AutoLISP 程序

打开 Windows 系统【记事本】程序，输入以下程序语言（从左往右），也可以在网上下载相关的资源。

```
(defun C:GEAR()
  (setq numt nil
          diap nil
           prsa nil
           pnts nil
           test nil
           pwd nil
  )
  (setq numt (getint" Number of teeth: <24
>"))
  (if(= numt nil)
    (setq numt 24)
  )
  (setq diap (getreal" Modulus of gear: <0.5
>"))
  (if(= diap nil)
    (setq diap(/ 1 0.5))
    (setq diap(/ 1 diap))
  )
  (setq prsa (getreal" Pressure angle: <20.0
>"))
  (if(= prsa nil)
    (setq prsa 20.0)
  )
  (setq pnts(getint"number of points on curve:
<40>"))
  (if(= pnts nil)
    (setq pnts 40)
  )
;  (setq pwd(getreal"Please input password:"))
;     (if(/= pwd 8833)
;          (setq numt 0)
;  )
;     (if(= pwd nil)
;          (setq numt 0)
;  )
;
  (command"osnap" "non")
  (setvar"cmdecho" 0)
  (setq oldvar(getvar"pickbox"))
  (setvar"pickbox" 0)
  (setvar"aperture" 1)
  (command"osmode" "0")
;
  (setq prsa(/(* prsa pi)180.0))
  (setq pitd(/ numt diap))
  (setq outd(/(+ numt 2)diap))
  (setq basr(/(* pitd(cos prsa))2))
  (setq orad(/ outd 2.0))
  (setq z(-(expt orad 2.0)(expt basr 2.0)))
  (setq x(sqrt z))
  (setq paodd(atan(/ x basr)))
  (setq incr(/ paodd pnts))
  (setq p 0.0)
  (setq pitr(/ pitd 2.0))
  (setq pang(/ 360. (* numt 4.0)))
(setq pang(/(* pang pi)180.0))
  (graphscr)
  (setq p2(getpoint"center of gear:"))
  (setq y2(cadr p2))
  (setq x2(car p2))
  (setq r0(/(/(-numt 2.5)diap)2))
  (setq r1(/ 0.2 diap))
  (setq h(sqrt(-(*(+ r1 r0)(+ r1 r0))(*
r1 r1))))
setq ang0(/(* pi 2)numt))
  (setq y5(+ y2 basr))
(setq p5(list x2 y5))
  (setq y55(+y2 r0))
  (setq p55(list x2 y55))
(setq p88(list(+ x22)(+ y52)))
  (setq a3(/(* pi 5)4))
  (setq a4(/ pi 4))
  (setq pz3(polar p2 a3(* orad 1.5)))
  (setq pz4(polar p2 a4(* orad 1.5)))
  (command"zoom" "w" pz3 pz4)
;
  (setq clay(getvar"CLAYER"))
  (setq sblip(getvar"BLIPMODE"))
  (setq ts(tblsearch"LAYER" "CEN"))
  (if(null ts)
      (progn
```

```
        (prompt" \nCreating new layer-CEN.
")
        (setvar"BLIPMODE" 0)
         (command" LAYER"" M"" CEN""
LT""CENTER""CEN""C""RED""CEN""")
        )
        (progn
        (if(>(cdr(assoc 70 ts))0)(command"
LAYER"" T"" CEN"" ON"" CEN"" U""
CEN""))
        (command"LAYER""S""cen"")
        )
     )
(command"circle"   p2 pitr)
  (setvar"BLIPMODE" sblip)
  (command"LAYER""S" clay"")
;
(setq a1(-(/ pi 2 )0.1))
  (setq a2(+(/ pi 2)0.1))
  (setq pz1(polar p2 a1 basr))
  (setq pz2(polar p2 a2 orad))
  (command"zoom""w" pz1 pz2)
(setq s(ssadd))
  (setq le(entlast))
  (setq test 0)
  (command"pline" p5)
(setq p(+ incr p ))
  (while(> pnts 0)
(setq e1(sin p))
(setq e2(cos p))
(setq e(/ e1 e2))
(setq j(-e p))
(setq x1( * (/(sin j)(cos p))basr))
(setq y1( * (/(cos j)(cos p))basr))
(setq x3(+ x2 x1))
(setq y3(+ y2 y1))
(setq p3(list x3 y3))
(command p3)
(setq p(+ incr p))
(setq pnts  (-pnts 1))
(if(/= test 1)
  (progn
  (setq hyp(sqrt(+(expt x1 2)(expt y1 2))))
  (if(> hyp pitr)
    (progn
      (setq pint p3)
      (setq test 1)
      )
    )
   );endif
  );endif
  )
  (command"")
  (setq L2(ssget"L"))
  (initget"Y y N n")
  (setq ans(getkword"\n Finish the gear ?:
<Y>"))
  (if(/= ans"N")
    (progn
(command"zoom""w" pz1 pz2)
  (setq p11(osnap pint"inter"))
 (setq ang(angle p2 p11))
 (setq angi(-ang pang))
 (setq p12(polar p2 angi 1.0))
;
 (if(<( *0.94 numt(/ 1 diap))( *h 2.0005))
    (progn
         (if(< numt 42)
         (progn
(setq p56(list x2(+ y2 r0)))
  (command"line" p56 p5"")
  (setq L33(entlast))
  (command"zoom""w" p77 p88)
  (command"mirror" L2 L33"" p2 p12"")
  (setq adj1(-angi(/ pi 2)))
  (setq adj2(-(/ pi 2)( * pang 4)))
  (setq p17(polar p2(+ angi adj1)r0))
  (setq p16(polar p2 adj2 r0))
  (command"arc" p16"c" p2 p17)
           );end progn
         (progn
(command"zoom""w" p77 p88)
```

```
(command"mirror" L2"" p2 p12"")
(setq pL1(entlast))
(setq adj1(- angi(/ pi 2)))
(setq adj2(-(/ pi 2)(* pang 4)))
(setq p17(polar p2(+ angi adj1)r0))
(setq p16(polar p2  adj2 r0))
         (if(> numt 101)
(command"arc" p17"c" p2 p16)
(command"arc" p16"c" p2 p17))
(setq arc4(entlast))
(setq p171(polar p17 0.7854(/ 0.4 diap)))
(setq p172(polar p17 3.9(/ 0.4 diap)))
         (if(> numt 101)
(setq p18(polar p2(+ angi adj1 ang0)r0))
(setq p18(polar p2(+ adj2 ang0)r0)))
(setq p181(polar p18 2.3(/ 0.4 diap)))
(setq p182(polar p18 5.5(/ 0.4 diap)))
(command"zoom""w" p171 p172)
         (if(> numt 101)
(command"extend" pL1"" p16"")
(command"extend" pL1"" p17""))
(setq ang0(/(* ang0 180)pi))
(command"rotate" arc4"" p2 ang0)
(command"zoom""w" p181 p182)
(command"extend" L2"" p18"")
(command"zoom""w" pz1 pz2)
(command"trim" arc4"" p5"")
(command"erase" pl1"")
(command"mirror" L2"" p2 p12"")

      );end progn
        );end if
    );end progn
    (progn
(setq ang12(-(/ pi 2)(angle p2 p12)))
(setq ang57(atan(/ r1 h)))
(setq ang58 (- ang0 ( * ang12 2 ) ( * ang57
2)))
(setq ang577(+(/ pi 2)ang57))
(setq ang588(+ ang577 ang58))
(setq p57(polar p2 ang577(+ r1 r0)))
(setq p577(polar p2 ang577 r0))
(setq p577(polar p2 ang577 r0))
(setq p588(polar p2 ang588 r0))
   (setq p56(list x2(+ y2 h)))
   (command"arc" p577"c"p57 p56)
   (setq arc1(entlast))
   (command"arc" p577"c" p2 p588)
(setq arc2(entlast))
 (command"line" p56 p5"")
   (setq L33(entlast))
   (command"zoom""w" p77 p88)
   (command"mirror" arc1 arc2 L2 L33""
p2  p12"")
   (command"erase" arc2"")
      );end progn
   );end if

;
   (setq beta(angle p2 p3))
   (setq ang2(-(* angi 2)beta))
   (setq p15(polar p2 ang2 orad))
   (command"arc" p15"c" p2 p3)
   (while(setq le(entnext le))
     (ssadd le s)
      )
     ( command " array " s """ p " p2
numt"""")
   (setq q1(nth 0 p2))
   (setq q2(nth 1 p2))
   (setq q5(+q1 pitr 2))
   (setq q6(-q2 pitr 2))
   (setq q3(-q1 pitr 2))
   (setq q4(+ q2 pitr 2))
   (setq q1(list q5 q6))
   (setq q2(list q3 q4))
   (command"zoom""w" q1 q2)
   )
   )
   (setvar"pickbox" 5)
   (setvar"aperture" 5)
   (setvar"osmode" 37)
   (princ"Finish gear")
   (princ numt)
   (princ"T")
   (princ)
 )
```

完成编程语言的输入后，另存为文件名为 GEAR. lsp，如图 14-5 所示。

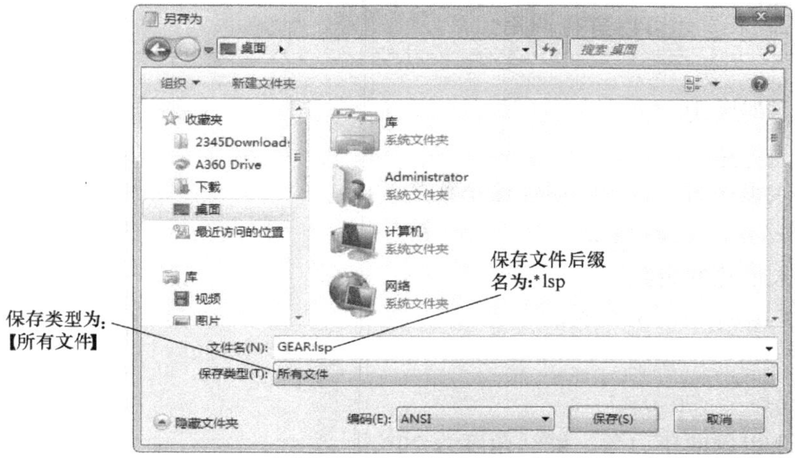

图 14-5　文件名为 GEAR. lsp

2. 生成渐开线齿轮外轮廓

单击【管理】⇨【应用程序】功能区中的【加载应用程序】命令按钮，加载 GEAR. lsp 程序，如图 14-6 所示。

图 14-6　加载 GEAR 程序

注意：

1. 程序段的第一段 defun C：后面所带的字符是调用 lsp 程序的快捷键。

2. 本项目编写的程序 GEAR，最终只需输入齿轮的齿数、模数、压力角，齿轮廓线上的曲线点的数量，即可完成齿轮的绘制。绘制齿轮的小程序具有多种编程方式，不同的程序，其要求输入的参数也不同，可在网络资源中搜索下载。

3. AutoCAD 环境中，无法直接调用二次开发工具编程的语言，必须通过加载应用程序的方式将其嵌入，才可以进行调用。

绘制齿形，如图 14-7 所示。

命令：GEAR ↵

//输入程序名，调用绘制齿轮小程序。

Number of teeth：<24>14 ↵

//输入齿轮的齿数。

Modulus of gear：<0.5>2.5 ↵

//输入齿轮的模数。

Pressure angle：<20.0>↵

//输入齿轮的压力角，默认角度为 20°。

Number of points on curve：<40>↵

//输入齿轮廓线上的曲线点的数量，数值越大，齿形越精确，默认为 40。

Center of gear：0，0，0 ↵

//输入齿轮的中心点。

Finish the gear ?：<Y>↵

//完成齿轮绘制。

为方便后续绘图，将其中一个齿槽旋转至正上方位置，并绘制半径为 6.5mm 的中心孔，效果如图 14-8 所示。

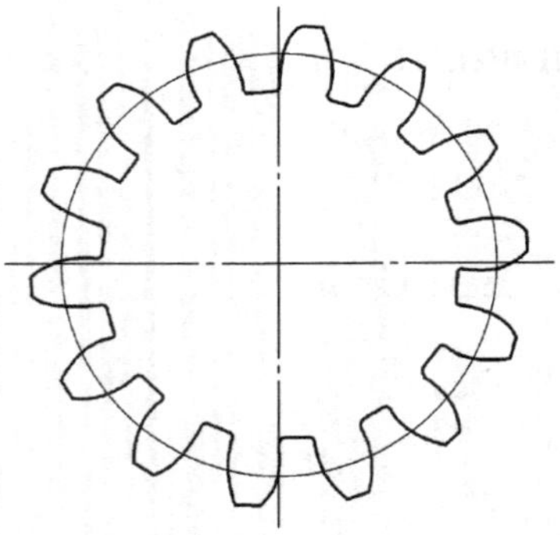

图 14-7 齿形绘制效果

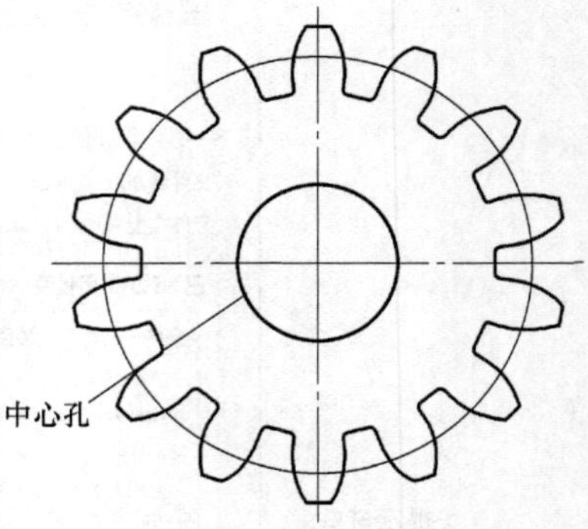

图 14-8 齿轮中心孔

3. 创建齿轮三维实体

1）创建齿形面域，并切换至【灰度】视觉样式，效果如图 14-9 所示。

2）创建齿轮实体。分别拉伸中心孔与齿形面域，拉伸高度均为齿厚（$b=18$mm），并进行差集运算，效果如图 14-10 所示。

4. 绘制齿端倒角与销孔

（1）绘制齿端倒角　单击【实体编辑】功能区中【倒角边】命令按钮，此时命令提示栏显示如下内容。

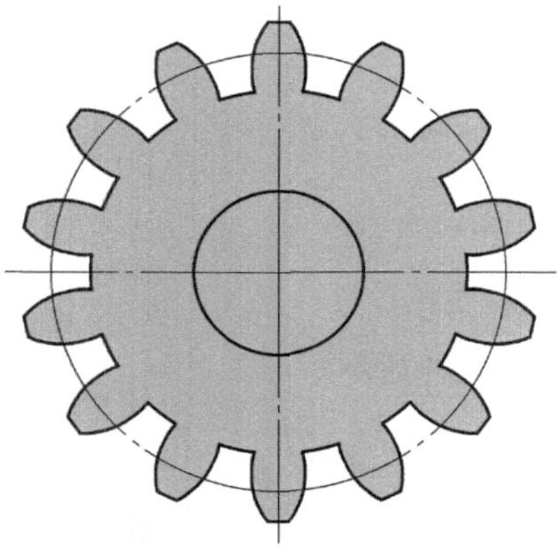

图 14-9　齿形面域

图 14-10　齿轮实体

命令:_CHAMFEREDGE

*选择一条边或[环(L)距离(D)]:*D ↵

　　//选择设置两个倒角边的距离。

制定距离 1 表达式(E)]<1.0000> :0.5 ↵

　　//设置第一个倒角边距离。

制定距离 2 表达式(E)]<1.0000> :0.5 ↵

　　//设置第二个倒角边距离。

选择同一个面上的其他边或[环(L)距离(D)]:↵

　　//选取上表面的 14 条边,如图 14-11 所示。

按 Enter 键接受倒角或[距离(D)]:↵

　　//接受倒角。

再次执行上述操作，完成下表面齿端倒角的绘制。

(2) 绘制销孔　将视图切换到【右视图】方向，【隐藏】视觉模式。

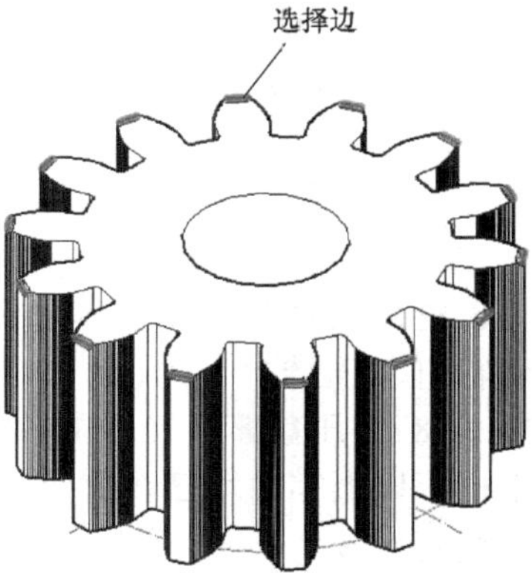

图 14-11　选取倒角边

单击【绘图】功能区中的【直线】命令按钮，打开正交模式，绘制长度为 18mm（齿厚）的线段。

命令:_LINE

指定第一点:

　　//指定第一点作为分度圆与中心线交点。

*指定下一点或 [放弃(U)]:*18 ↵

　　//输入直线长度。

指定下一点或 [放弃(U)]:↵

　　//接受直线,如图 14-12 所示。

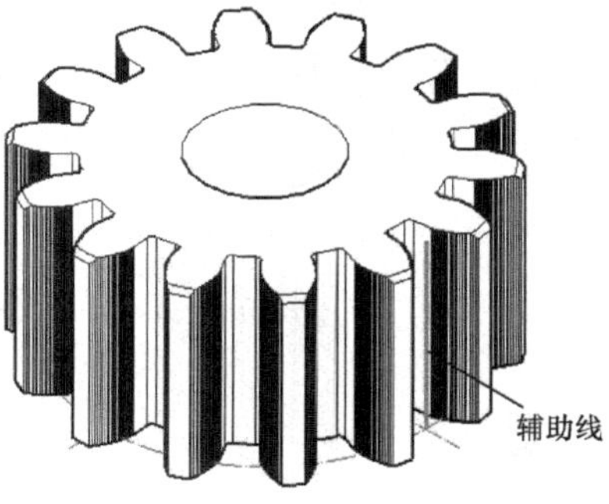

图 14-12　辅助线效果

单击【建模】功能区中的【圆柱体】命令按钮，此时命令提示栏显示如下内容。

命令:_CYLINDER

指定底面的中心点或[三点(3P)/两点(2P)/相切、相切、半径(T)/椭圆(E)]:

//单击选取辅助线中点作为底面中心点。

*指定底面的半径或[直径(D)]:*1.25↵

//输入圆柱底面半径。

*指定高度或[两点(2P)/轴端点(A)]:*35↵

//指定圆柱体高度，贯穿整个齿轮即可。

绘制效果如图 14-13 所示。

执行布尔运算差集功能，完成齿轮绘制，效果如图 14-14 所示。

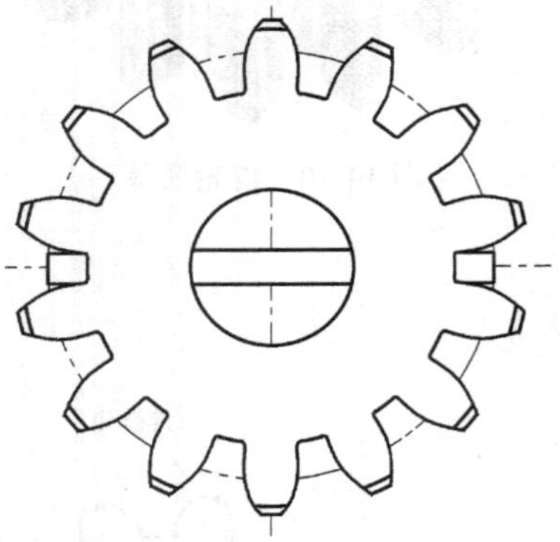

图 14-13 齿轮绘制效果图

图 14-14 齿轮绘制效果

(二）通过【插入】的方式分别导入三维零件图，并完成装配

齿轮泵主要由齿轮泵体（图 13-1）、泵盖（图 13-76）、齿轮（图 14-14）、主动轴（齿轮轴）（图 12-1）、从动轴（图 12-27）、填料压盖（套筒）（图 12-28）、压盖螺母（图 13-74）、螺栓（图 13-75）和圆柱销（图 12-26）零件组成，以上零件均已在前面的项目与练习中绘制完成。

思考与练习：

① 装配时，应选择哪个零件作为主零件？

② 如何合理地选择插入零件的基点进行装配？

③ 当插入零件的视图方向配合关系不正确时，可以通过哪些方式进行调整？

1. 导入主零件齿轮泵体

新建图形文件：装配图，打开【插入】选项卡，单击【块】功能区中的【插入】命令按钮，弹出【插入】对话框，如图 14-15 所示。

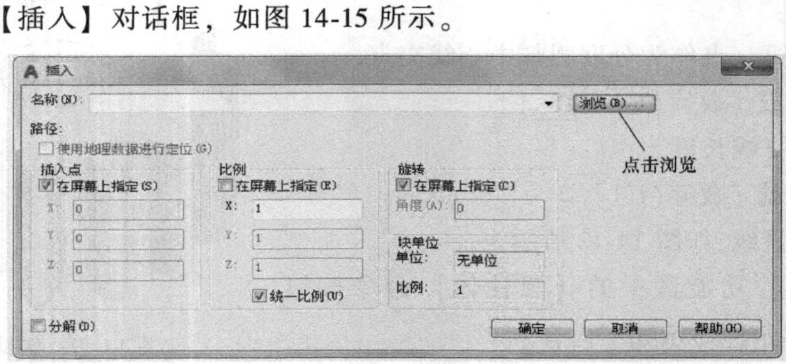

图 14-15 【插入】对话框

单击【浏览】按钮，弹出【选择图形文件】对话框，如图 14-16 所示，选择齿轮泵体文件，单击【打开】按钮。

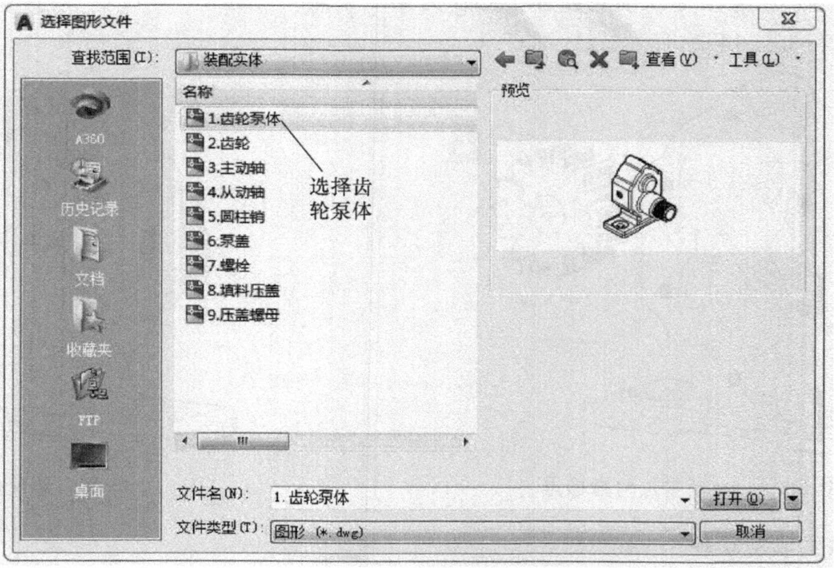

图 14-16　选择齿轮泵体

再次弹出【插入】对话框，指定【插入点】为坐标原点（0，0，0），其他参数为默认值，单击【确定】按钮，插入齿轮泵体，如图 14-17 所示。

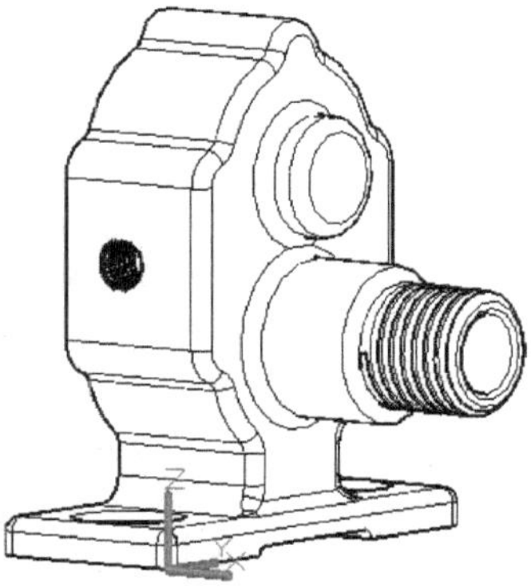

图 14-17　导入齿轮泵体

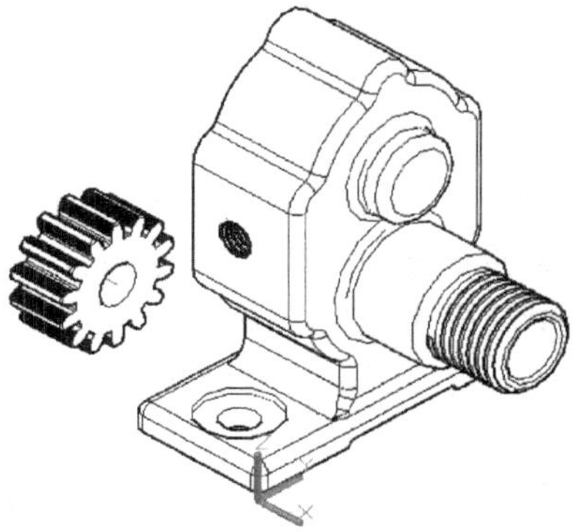

图 14-18　插入齿轮效果

2. 插入从动轮并装配

采用相同的方法插入齿轮，效果如图 14-18 所示。

单击【修改】功能区中的【三维移动】命令按钮，此时命令提示栏显示如下内容。

命令:_3DMOVE

*选择对象:*找到 1 个↵

//选择齿轮为移动对象。

指定基点或［位移(D)］<位移>:↵

//指定齿轮中心孔圆心作为基点，如图 14-19 所示。

指定第二个点或 <使用第一个点作位移>:↵

//指定齿轮泵体从动轮腔体中心作为第二个点。

装配效果如图 14-20 所示。

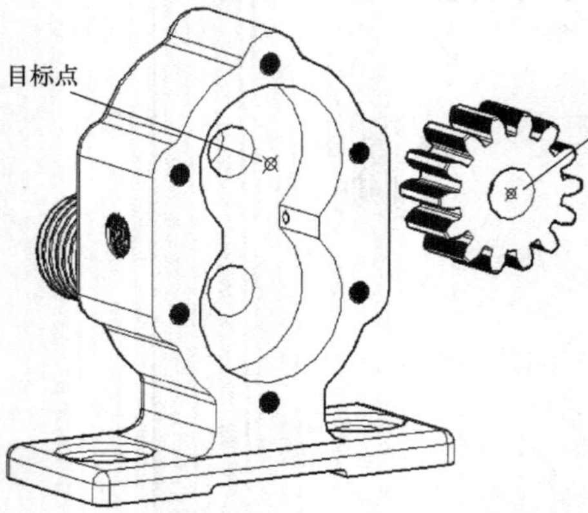

图 14-19 移动基点与目标点

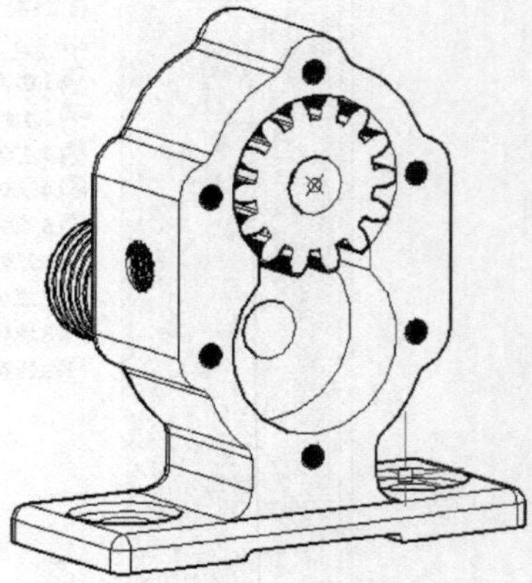

图 14-20 装配效果

3. 镜像生成主动轮

单击【修改】功能区中的【三维镜像】命令按钮，此时命令提示栏显示如下内容。

命令:_MIRROR3D

*选择对象:*找到 1 个↵

//选择从动轮。

指定镜像平面(三点)的第一个点或[对象(O)/最近的(L)/Z 轴(Z)/视图(V)/XY 平面(XY)/YZ 平面(YZ)/ZX 平面(ZX)/三点(3)] <三点>:↵

//指定镜像平面方式为三点。

在镜像平面 上指定第一个点:↵

在镜像平面 上指定第二个点:↵

在镜像平面 上指定第三个点:↵

//指定三点为两腔体对称面上任意三点。

三维镜像效果如图 14-21 所示。

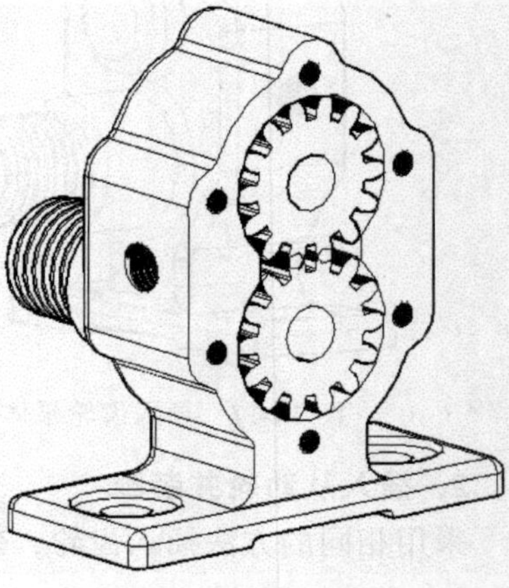

图 14-21 三维镜像效果

单击【修改】功能区中的【三维旋转】命令按钮，此时命令提示栏显示如下内容。

命令:_3DROTATE

*选择对象:*找到 1 个↵

//选择主动轮。

指定基点:↵

//默认基点为齿轮几何中心，并选择旋转轴如图 14-22 所示。

*指定旋转角度或［基点(B)/复制(C)/放弃(U)/参照(R)/退出(X)］:*12. 86↵

//指定旋转角度为 12. 86°(两齿之间夹角的一半)。

三维旋转使两齿轮啮合，效果如图 14-23 所示。

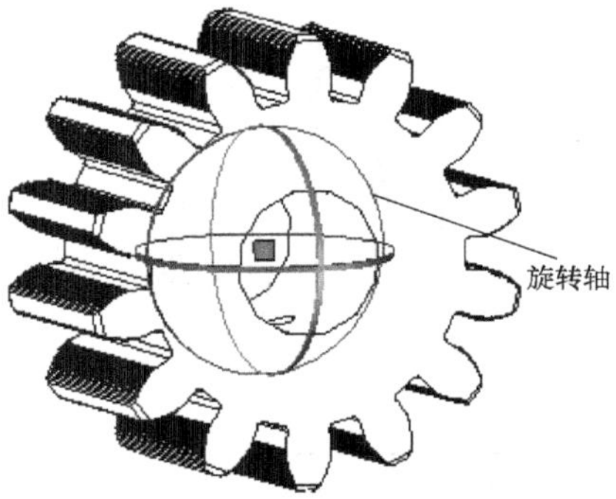

图 14-22　选择旋转轴

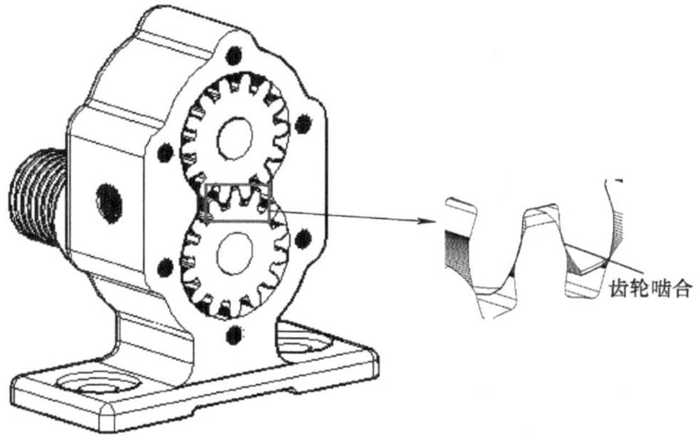

图 14-23　齿轮啮合效果

4. 插入主动轴并装配

通过图层设置将泵体与从动轮隐藏，参照上述方法插入主动轴，分别绘制主动轮与主动轴销孔轴线，效果如图 14-24 所示。旋转主动轴，使其销孔与主动轮销孔方向一致，单击选取两轴线的中点进行三维移动装配，效果如图 14-25 所示。

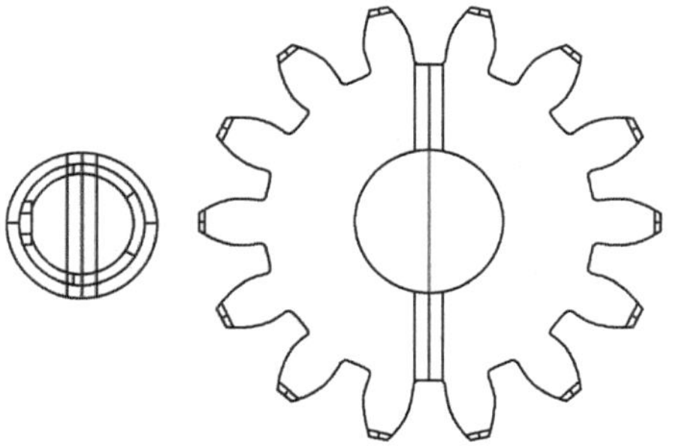

图 14-24　销孔轴线

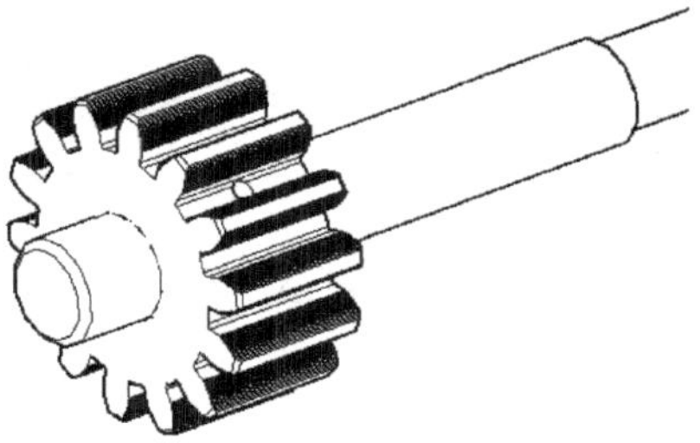

图 14-25　主动轮与主动轴装配

5. 插入圆柱销并装配

参照上述方法插入圆柱销，效果如图 14-26 和图 14-27 所示。

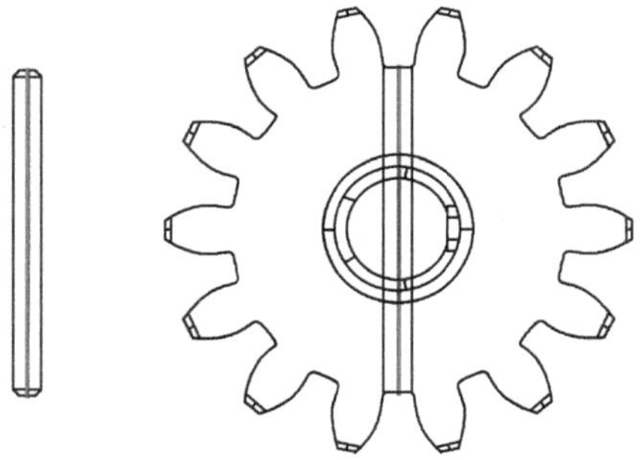

图 14-26　销孔轴线

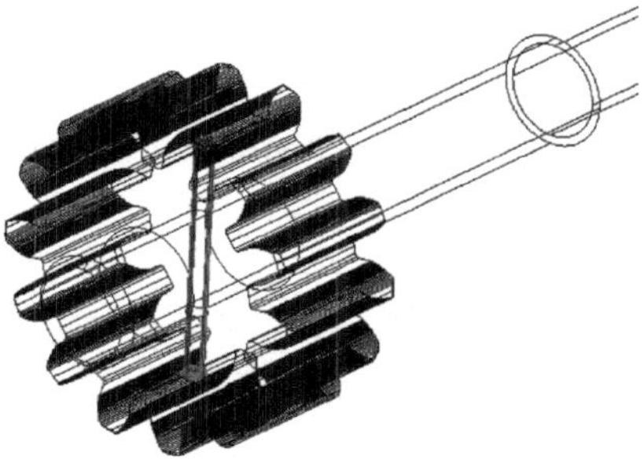

图 14-27　装配圆柱销

6. 插入从动轴、圆柱销并装配

参照上述步骤，完成从动轴与圆柱销的装配，打开隐藏的零件，效果如图 14-28 所示。

7. 插入泵盖并装配

保留齿轮泵体，隐藏其他零件，参照上述步骤，插入泵盖零件，装配效果如图 14-29 所示。

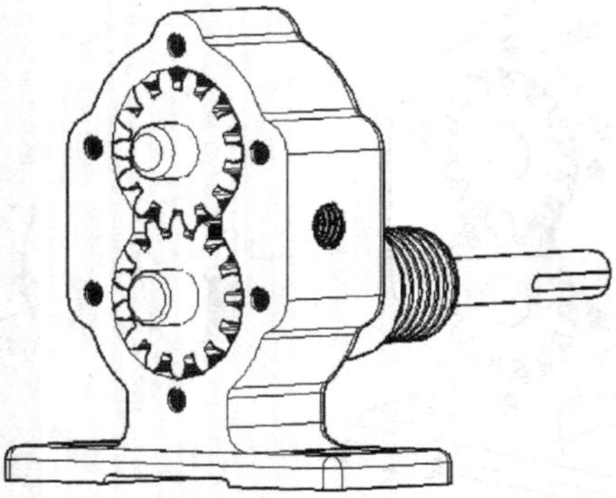

图 14-28　从动轴装配效果

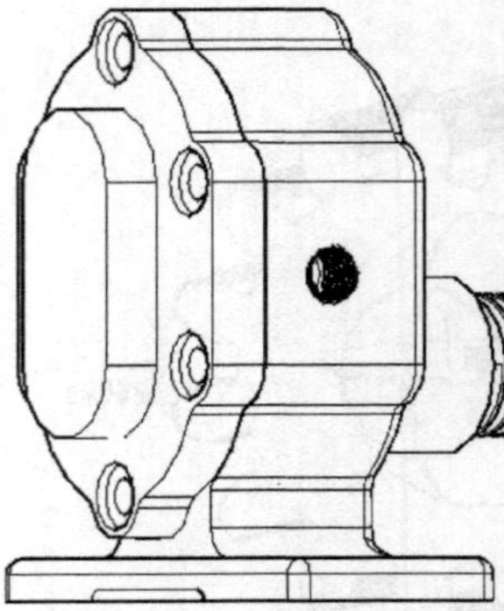

图 14-29　插入泵盖装配效果

8. 插入螺栓并装配

参照上述步骤，插入六个螺栓零件，三维移动基点与目标点如图 14-30 所示，装配效果如图 14-31 所示。

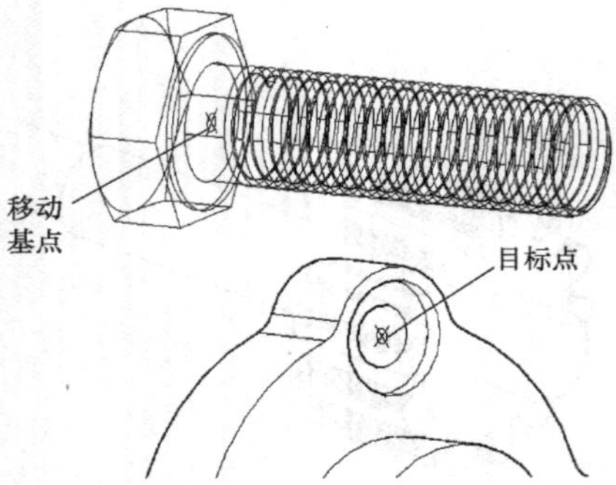

图 14-30　移动基点与目标点

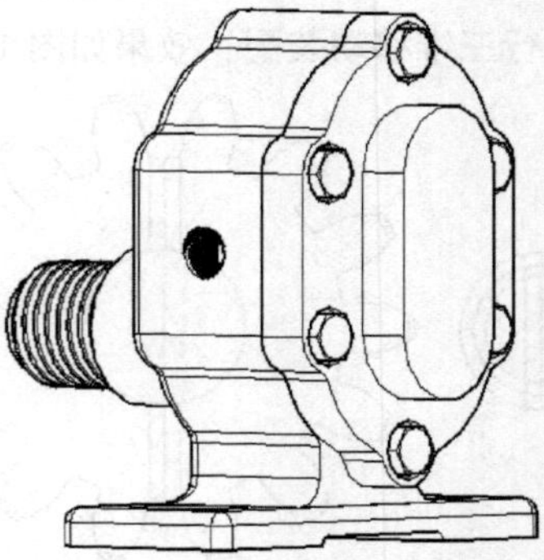

图 14-31　螺栓装配效果

9. 插入填料压盖并装配

使用同样的方法，插入填料压盖，三维移动基点与目标点如图 14-32 所示，装配效果如图 14-33 所示。

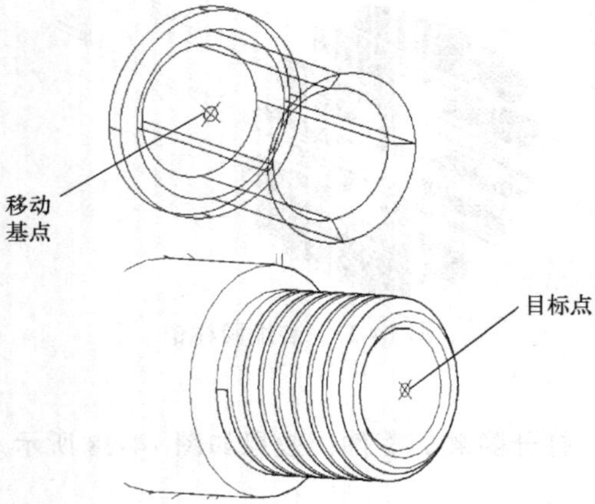

图 14-32　移动基点与目标点

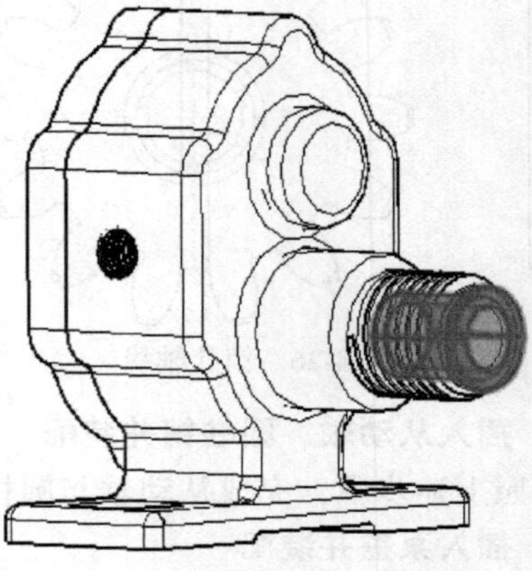

图 14-33　填料压盖装配效果

10. 插入压盖螺母并装配

使用同样的方法，插入压盖螺母，三维移动基点与目标点如图 14-34 所示，装配效果如图 14-35 所示。

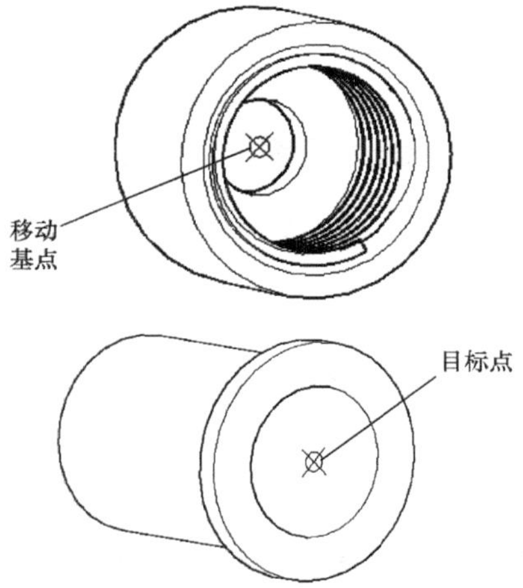

图 14-34　移动基点与目标点

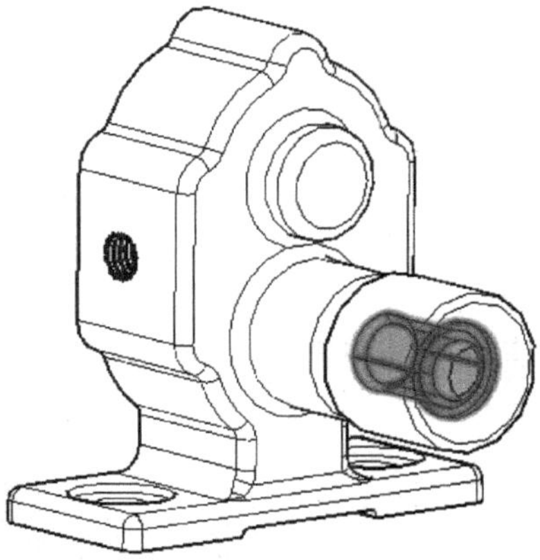

图 14-35　压盖螺母装配效果

完成所有零件装配，效果如图 14-36 所示。

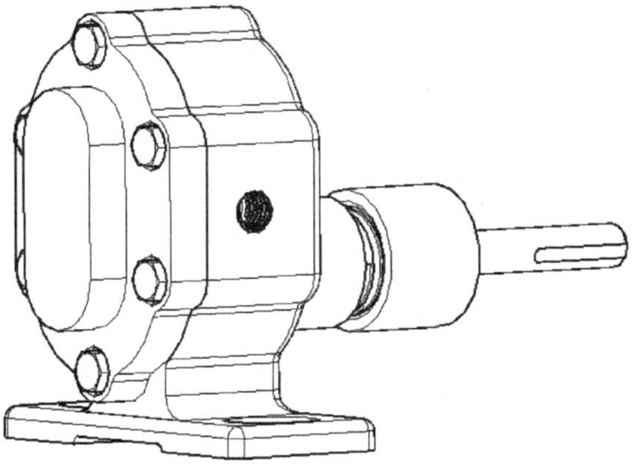

图 14-36　齿轮泵三维装配图

（三）使用三维移动工具，生成装配爆炸图

单击【修改】功能区中的【三维移动】命令按钮，此时命令提示栏显示如下内容。

命令：_3DMOVE

*选择对象：*总计 6 个↵

　　//选择六个螺栓作为三维移动对象。

指定基点或［位移(D)］<位移>：↵

　　//基点为默认，指定移动方向与螺栓轴线。

*指定移动点 或［基点(B)/复制(C)/放弃(U)/退出(X)］：*100 ↵

　　//指定移动距离。

三维移动效果如图 14-37 所示。

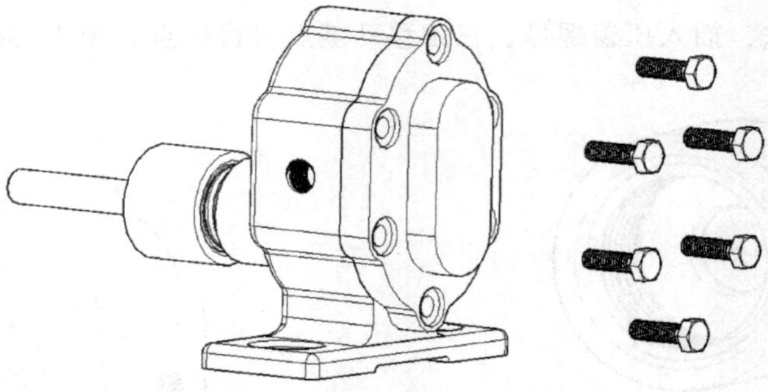

图 14-37　三维移动效果图

同上步骤，调整合适的移动距离，完成齿轮泵装配爆炸图，效果如图 14-38 所示。

图 14-38　装配爆炸图

（四）添加材质，渲染爆炸效果图

在任务十二中，消隐视图和着色视图可以比较直观、形象地表现模型的整体效果，但其真实感还不能令人满意。在 AutoCAD 2018 中，还可以使用渲染命令给模型对象赋予各种材质属性，创建具有最终演示质量的渲染图。

打开【视图】选项卡，在【选项板】功能区中单击【材质浏览器】命令按钮，弹出【材质浏览器】对话框，如图 14-39 所示。

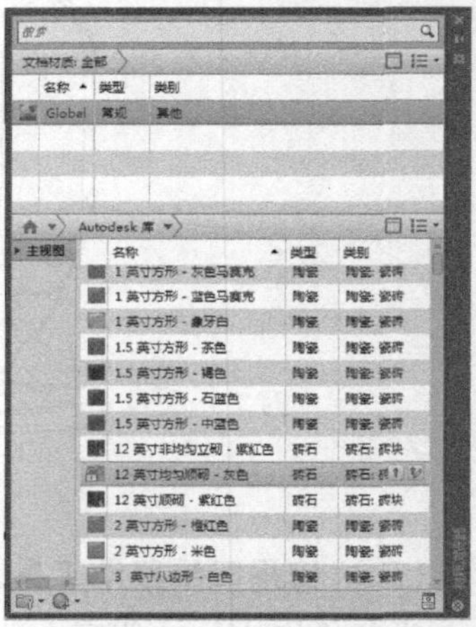

图 14-39　【材质浏览器】对话框

依次选择【Autodesk 库】⇨【金属】⇨【钢】⇨【机械加工 02】选项，如图 14-40 所示。选中齿轮泵体，单击鼠标右键弹出快捷菜单，选择【指定给当前选择】选项，如图 14-41 所示。

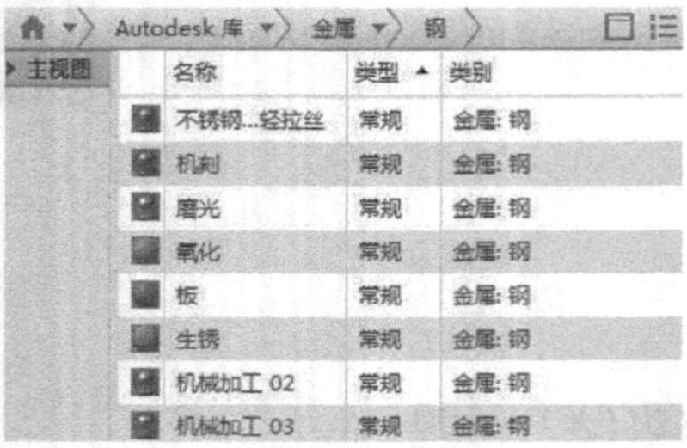

图 14-40　选择【机械加工 02】选项

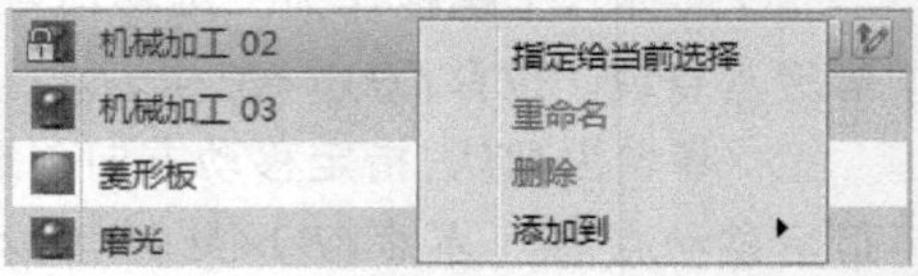

图 14-41　添加材质至泵体

添加材质效果如图 14-42 所示。

图 14-42　添加材质效果图

同上步骤，为其他零件添加不同的材质。

【检查与评价】（表 14-1）

表 14-1　项目十四学生表现评价表

评价项目		具体评价内容	配分	自评	互评	教师评
项目完成的质量		项目按时且保质完成,绘制正确	25			
知识与技能	实施方案	制订绘图方案正确合理,切实可行	10			
	Visual Lisp	了解 Visual Lisp 的开发,掌握 Lisp 程序的使用方式,完成齿轮绘制	15			
	三维实体装配	掌握三维移动、旋转、镜像等编辑命令,利用插入方式装配零件图	20			
	形成爆炸图	利用三维移动命令形成装配爆炸图,正确表达零件之间的装配关系	5			
	模型的渲染	使用渲染命令添加材质,直观表达物体外形	10			
学习过程	信息技能	钻研书本知识,正确应用到实际操作中	5			
	创新	提出可行的绘图实施方案,具有创新意识	5			
	合作	小组互动性好,主动提问并正确解决	5			
评语(优、缺点与建议):			合计			
			总评价(等级)			

注：评价等级与分数的关系是 85≤优≤100，70≤良<85，55≤中<70，40≤差<55。

附录

AutoCAD 2018常用快捷命令一览表

快捷键	命令	功　能
		一、对象特性
ADC	ADCENTER	启动设计中心<Ctrl+2>
CH, MO	PROPERTIES	打开【修改特性】对话框<Ctrl+1>
MA	MATCHPROP	执行【属性匹配】命令,将新图素的属性与已有的图素进行匹配
ST	STYLE	打开【文字样式】对话框,设置字体、文字高度等
COL	COLOR	打开【选择颜色】对话框,修改工作图层的所绘图素的颜色
LA	LAYER	打开【图层特性管理器】对话框,设置图层的颜色、线型、线宽
LT	LINETYPE	打开【线形管理器】对话框
LTS	LTSCALE	执行【线形比例】命令
LW	LWEIGHT	打开【线宽设置】对话框
UN	UNITS	打开【图形单位】对话框
ATT	ATTDEF	对所创建的【块】的属性进行定义
ATE	ATTEDIT	对所创建的【块】的属性进行编辑
BO	BOUNDARY	边界创建,包括创建闭合多段线和面域
AL	ALIGN	执行对齐命令
EXIT	QUIT	执行退出命令,关闭软件
EXP	EXPORT	将当前文件输出成其他格式文件
IMP	IMPORT	将其他格式的文件图形调入到当前绘图区
OP,PR	OPTIONS	打开【选项】对话框,对系统进行自定义设置
PRINT	PLOT	打开【打印-模型】对话框
PU	PURGE	打开【清理】对话框,清除垃圾
R	REDRAW	执行【重新生成】命令
REN	RENAME	打开【重命名】对话框
SN	SNAP	设置【捕捉栅格】的相关选项
DS	DSETTINGS	打开【草图设置】对话框,设置【极轴追踪】
OS	OSNAP	打开【草图设置】对话框,设置【对象捕捉】
PRE	PREVIEW	执行【打印预览】命令
TO	TOOLBAR	打开【自定义用户界面】对话框,添加命令到工具栏中
V	VIEW	打开【视图管理器】对话框

（续）

快捷键	命令	功　能
		一、对象特性
AA	AREA	执行面积命令，计算指定区域的面积和周长
DI	DIST	执行距离命令，计算指定两点之间的距离、坐标轴增量尺寸
LI	LIST	显示图形数据信息
		二、绘图命令
PO	POINT	绘制单个点
L	LINE	绘制单一或封闭的直线
XL	XLINE	绘制射线
PL	PLINE	绘制连续的多段线，可设置线宽或绘制圆弧
ML	MLINE	绘制连续的直线
SPL	SPLINE	绘制样条曲线
POL	POLYGON	绘制正多边形
REC	RECTANGLE	绘制矩形
C	CIRCLE	绘制圆
A	ARC	绘制圆弧
DO	DONUT	绘制圆环
EL	ELLIPSE	绘制椭圆
REG	REGION	执行面域命令
MT	MTEXT	执行多行文本命令
T	MTEXT	执行多行文本命令
B	BLOCK	打开【块定义】对话框
I	Insert	打开【插入块】对话框
W	WBLOCK	打开【写块】对话框，定义新的块
DIV	DIVIDE	执行等分命令
H	BHATCH	打开【图案填充和渐变色】对话框，对图形进行填充
		三、修改命令
CO	COPY	执行复制命令
MI	MIRROR	执行镜像命令
AR	ARRAY	执行阵列命令
O	OFFSET	执行偏移命令
RO	ROTATE	执行旋转命令
M	MOVE	执行移动命令
E，Delete	ERASE	执行删除命令
X	EXPLODE	执行分解命令
TR	TRIM	执行修剪命令
EX	EXTEND	执行延伸命令
S	STRETCH	执行拉伸命令

（续）

快捷键	命令	功　能
		三、修改命令
LEN	LENGTHEN	执行直线拉长命令
SC	SCALE	执行比例缩放命令
BR	BREAK	执行打断命令
CHA	CHAMFER	执行倒角命令
F	FILLET	执行倒圆角命令
PE	PEDIT	执行多段线编辑命令
ED	DDEDIT	执行修改文本命令
		四、视窗缩放
P	PAN	执行平移命令
Z	实时缩放	执行实时缩放命令
Z+P	返回上一视图	执行返回上一视图命令
Z+E	显示全图	执行显示全图命令
		五、尺寸标注
DLI	DIMLINEAR	执行直线标注命令
DAL	DIMALIGNED	执行对齐标注命令
DRA	DIMRADIUS	执行半径标注命令
DDI	DIMDIAMETER	执行直径标注命令
DAN	DIMANGULAR	执行角度标注命令
DCE	DIMCENTER	执行中心标注命令
DOR	DIMORDINATE	执行点标注命令
TOL	TOLERANCE	执行标注形位公差命令
LE	QLEADER	执行快速引出标注命令
DBA	DIMBASELINE	执行基线标注命令
DCO	DIMCONTINUE	执行连续标注命令
D	DIMSTYLE	执行标注样式命令
DED	DIMEDIT	执行编辑标注命令
DOV	DIMOVERRIDE	执行替换标注系统变量命令
		六、常用 Ctrl 快捷键
<Ctrl+1>	PROPERTIES	打开修改特性对话框
<Ctrl+2>	ADCENTER	打开【设计中心】对话框
<Ctrl+O>	OPEN	打开【打开文件】对话框
<Ctrf+N>	M NEW	打开【新建文件】对话框
<Ctrl+P>	PRINT	打开【打印-模型】对话框
<Ctrl+S>	SAVE	打开【保存文件】对话框
<Ctrl+Z>	UNDO	执行放弃命令

（续）

快捷键	命令	功 能
六、常用 Ctrl 快捷键		
<Ctrl+X>	CUTCLIP	执行剪切命令
<Ctrl+C>	COPYCLIP	执行复制命令
<Ctrl+V>	PASTECLIP	执行粘贴命令
<Ctrl+B>	SNAP	开启【栅格捕捉】功能
<Ctrl+F>	OSNAP	开启【对象捕捉】功能
<Ctrl+G>	GRID	显示栅格
<Ctrl+L>	ORTHO	开启【正交】功能
<Ctrl+W>	对象追踪	开启【选择循环】功能
<Ctrl+U>	极轴	开启【极轴】功能

七、其他

快捷键	功能
F1	显示【帮助】对话框
F2	打开【文本窗口】对话框
F3	开启【对象捕捉】功能
F7	开启【栅格】功能
F8	开启【正交】功能
DT	开启【文字】功能

参考文献

[1] 徐国庆. 实践导向职业教育课程研究：技术学范式［M］. 上海：上海教育出版社，2005.
[2] 姜大源. 职业教育学研究新论［M］. 北京：教育科学出版社，2007.
[3] 李柏枝. AutoCAD 应用基础：机械类［M］. 广州：广东高等教育出版社，2008.